“十三五”国家重点出版物出版规划项目
现代机械工程系列精品教材
普通高等教育“十一五”国家级规划教材

机电一体化技术与系统

第2版

主　编　梁景凯　刘会英
参　编　焦清国　张筱磊
主　审　蔡鹤皋

机械工业出版社

本书系统地介绍了机电一体化技术与系统，内容包括：机电一体化的机械传动与支撑技术、传感检测与接口电路、伺服传动系统、计算机控制技术、简单机电一体化系统、工业机器人、智能制造系统等。

本书可用作高等院校本科机械电子工程、机械设计制造及其自动化、机械工程等专业的教材，也可作为相关专业研究生的教材，还可供从事机电一体化设计制造的工程技术人员参考。

图书在版编目（CIP）数据

机电一体化技术与系统/梁景凯，刘会英主编．—2版．—北京：机械工业出版社，2020.7（2024.11重印）

“十三五”国家重点出版物出版规划项目 现代机械工程系列精品教材 普通高等教育“十一五”国家级规划教材

ISBN 978-7-111-64759-1

Ⅰ.①机… Ⅱ.①梁…②刘… Ⅲ.①机电一体化-高等学校-教材 Ⅳ.①TH-39

中国版本图书馆CIP数据核字（2020）第024929号

机械工业出版社（北京市百万庄大街22号 邮政编码100037）

策划编辑：刘小慧 责任编辑：刘小慧 徐鲁融 韩 静 刘丽敏

责任校对：张 薇 封面设计：张 静

责任印制：单爱军

北京虎彩文化传播有限公司印刷

2024年11月第2版第10次印刷

184mm×260mm · 15印张 · 344千字

标准书号：ISBN 978-7-111-64759-1

定价：39.80元

电话服务	网络服务
客服电话：010-88361066	机 工 官 网：www.cmpbook.com
010-88379833	机 工 官 博：weibo.com/cmp1952
010-68326294	金 书 网：www.golden-book.com
封底无防伪标均为盗版	机工教育服务网：www.cmpedu.com

前　言

机电一体化是集机械、电子、光学、控制、计算机、信息等多学科为一体的综合性学科，从20世纪70年代开始到80年代后期发展迅速，从理论到实践日趋成熟。为了适应高等工科院校机械电子工程、机械设计制造及其自动化以及其他相近专业的教学要求，满足从事机电一体化技术人员知识更新的迫切需要，梁景凯教授等教师于2006年出版了《机电一体化技术与系统》。本书已在全国许多高校使用13年（重印了30次），得到广大教师、同学和工程技术人员的充分肯定，也收到不少宝贵的意见和建议。与此同时，机电一体化技术发展迅速，使得本书部分章节的内容已不能满足实际需要。因此，我们在本书的基础上进行了修订。本书第2版继承了第1版的体系结构，在内容上做了许多修改，并增加了智能制造系统的内容。

机电一体化技术应用广泛，其系统种类繁多，如果内容面面俱到，势必形成繁琐的罗列。本次修订遵循理论与实际相结合的原则，将书中内容分为八章。前五章主要介绍机电一体化的相关技术，内容包括：机械传动与支撑技术、传感检测与接口电路、伺服传动系统、计算机控制技术等；后三章主要介绍典型的机电一体化系统，内容包括：简单机电一体化系统、工业机器人、智能制造系统。

本书第2版由哈尔滨工业大学（威海）梁景凯教授、刘会英教授任主编，焦清国老师、张筱磊老师参加编写。中国工程院院士蔡鹤皋教授担任主审。蔡院士对书稿进行了认真细致的审阅，并提出了极为宝贵的修改意见，对提高书稿编写质量给予了很大帮助，在此致以衷心的感谢。

本书第2版在编写过程中参考了许多教材和资料，并在书后的参考文献中列出。参加第1版教材编写的各位编者对本书有着不可磨灭的贡献，在此谨致衷心的谢意。

由于编者水平有限，且机电一体化技术与系统的研究工作发展很快，不断有新的理论和方法产生，因此书中难免有不当之处，殷切期望广大读者批评指正。

本书以二维码的形式引入“科普之窗”“信物百年”“我们的征途”“精神的追寻”模块，将党的二十大精神融入其中，树立学生的科技自立自强意识，助力培养德才兼备的高素质人才。

编　者

目　录

第一章
绪　　论

第一节　机电一体化的定义

机电一体化一词（メカトロニクス（Mechatronics））最早（1971年）起源于日本。它取英语Mechanics（机械学）的前半部和Electronics（电子学）的后半部拼合而成，字面上表示机械学和电子学两个学科的综合。在我国通常称为机电一体化或机械电子学。但是机电一体化并不是机械技术和电子技术的简单叠加，而是有着自身体系的新型学科。

目前，人们对机电一体化存在不同的认识，随着生产和科学技术的发展，机电一体化本身的含义也还在被赋予新的内容。因此，机电一体化这一术语尚无统一的定义，其基本概念和含义可概括为：机电一体化是在以微型计算机为代表的微电子技术、信息技术迅速发展，向机械工业领域迅猛渗透，机械、电子技术深度结合的现代工业的基础上，综合应用机械技术、微电子技术、信息技术、自动控制技术、传感测试技术、电力电子技术、接口技术和软件编程技术等群体技术，从系统的观点出发，根据系统功能目标和优化组织结构目标，以智能、动力、结构、运动和感知组成要素为基础，对各组成要素及其间的信息处理、接口耦合、运动传递、物质运动、能量变换机理进行研究，使得整个系统有机结合与综合集成，并在系统程序和微电子电路的有序信息流控制下，形成物质和能量的有规则运动，在高功能、高质量、高精度、高可靠性、低能耗意义上实现多种技术功能复合的最佳功能价值系统工程技术。

机电一体化的产生与迅速发展的根本原因在于社会的发展和科学技术的进步。系统工程、控制论和信息论是机电一体化的理论基础，也是机电一体化技术的方法论。微电子技术的发展和半导体大规模集成电路制造技术的进步，则为机电一体化技术奠定了物质基础。机电一体化技术的发展有一个从自发状况向自为方向发展的过程。早在机电一体化这一概念出现之前，世界各国从事机械总体设计、控制功能设计和生产加工的科技工作者，已为机械与电子的有机结合自觉不自觉地做了许多工作，目前人们对机电一体化的认识早已不是机械技术、微电子技术以及其他新技术的简单组合，而是有机的相互结合或融合，是有其客观规律的。以汽车工业为例，20世纪60年代人们开始研究在汽车产品中应用电子技术，70年代前后实现了充电机电调压器和点火装置的集成电路化，研制了电子控制的燃料喷射装置。20世纪70年代后期，由于计算机的发展，使汽车产品的机电一体化进入实用阶段。从汽车发动机系统看，安装在汽车上的微型计算机可以通过各个传感器检测出曲轴位置、气缸负压、冷却水温度、发动机转速、吸入空气量、排气中的氧浓度等参量，然后计算并发出最佳控制信号，控制执行机构调整发动机燃油与空气的混合比例、点火时间等，使发动机获得最佳技术经济性能。电子控制是汽车工业的产品技术改造的重要领域，电子技术和产品将会越来越广泛地应用到汽车发动机、悬架、转向、制动等各个部位，新型机电一体化的现代汽车在高速、安全可靠、操作方便、乘坐舒适、低油耗、少污染及易于维修等方面将大幅度提高其性能。

第二节 机电一体化系统的基本功能要素

机电一体化系统的形式多种多样，其功能也各不相同。一个较完善的机电一体化系统，应包括以下几个基本要素：机械本体、动力部分、传感检测部分、执行部分、驱动部分、控制与信息处理部分、各要素和环节之间相联系的接口。这些基本要素的关系及功能如图1-1所示。

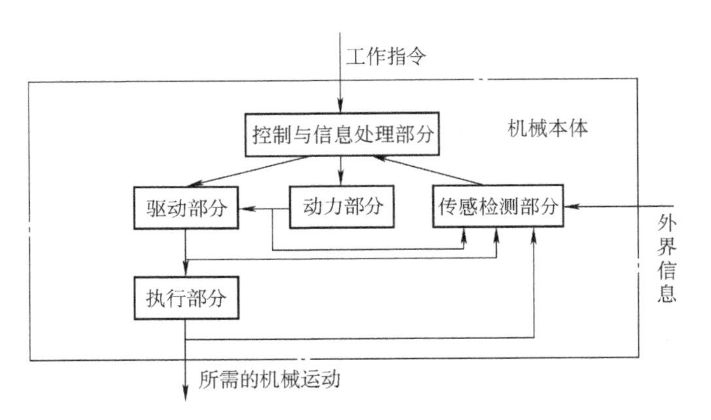

图1-1 机电一体化系统的组成及工作原理

一、机械本体

机械本体包括机械传动装置和机械结构装置。其主要功能是使构造系统的各子系统、零部件按照一定的空间和时间关系安置在一定位置上，并保持特定的关系。由于机电一体化产品的技术性能、水平和功能不断提高，机械本体需在机械结构、材料、加工工艺性以及几何尺寸等方面适应产品高效、多功能、可靠和节能、小型、轻量、美观等要求。

二、动力部分

动力部分的功能是按照机电一体化系统的控制要求，为系统提供能量和动力，以保证系统正常运行。机电一体化系统的显著特征之一，是用尽可能小的动力输入获得尽可能大的功能输出。

三、传感检测部分

传感检测部分的功能是对系统运行过程中所需要的本身和外界环境的各种参数及状态进行检测，并转换成可识别信号，传输到信息处理单元，经过分析、处理后产生相应的控制信息。其功能通常由专门的传感器和仪器仪表完成。

四、执行部分

执行部分的功能是根据控制信息和指令完成所要求的动作。执行部分是运动部件，一般采用机械、电磁、电液等机构。它将输入的各种形式的能量转换为机械能。根据机电一体化系统的匹配性要求，需要考虑改善执行部分的工作性能，如提高刚性、减轻重量，实现组件化、标准化和系列化，提高系统整体可靠性等。

五、驱动部分

驱动部分的功能是在控制信息作用下，驱动执行部分完成各种动作和功能。机电一体化系统一方面要求驱动的高效率和快速响应特性，同时要求对水、油、温度、尘埃等外部环境的适应性和可靠性。由于几何尺寸上的限制，导致其动作范围狭窄，此外，还需考虑维修方便和实行标准化等的因素。目前，随着电力电子技术的高度发展，高性能步进电动机、直流和交流伺服驱动装置被大量应用于机电一体化系统。

六、控制与信息处理部分

控制与信息处理部分是机电一体化系统的核心部分。其功能是将来自各传感器的检测信息和外部输入命令进行集中、存储、分析、加工，根据信息处理结果，按照一定的程序发出相应的控制信号，通过输出接口送往执行机构，控制整个系统有目的地运行，并达到预期的性能。控制与信息处理部分一般由计算机、可编程序控制器（PLC）、数控装置以及逻辑电路、A/D 与 D/A 转换、I/O 接口和计算机外部设备等组成。

七、接口

接口的作用是将各要素或子系统连接成为一个有机整体，使各个功能环节有目的地协调一致运动，从而形成机电一体化的系统工程。如上所述，机电一体化系统由许多要素或子系统组成，各子系统之间必须能够顺利地进行物质、能量和信息的传递和交换，为此，各要素或各子系统相接处必须具备一定的连接部件，这个部件就可称为接口。其基本功能主要有三个：一是交换，需要进行信息交换和传输的环节之间，由于信号的模式不同（如数字量与模拟量、串行码与并行码、连续脉冲与序列脉冲等），无法直接实现信息或能量的交流，需要通过接口完成信号或能量的统一；二是放大，在两个信号强度相差悬殊的环节间，经接口放大，达到能量匹配；三是传递，变换和放大后的信号在环节间能可靠、快速、准确地交换，必须遵循协调一致的时序、信号格式和逻辑规范。接口具有保证信息传递的逻辑控制功能，使信息按规定模式进行传递。

第三节 机电一体化的相关技术

机电一体化是多学科技术领域综合交叉的技术密集型系统工程。其主要的相关技术可以归纳为六个方面：机械技术、传感检测技术、信息处理技术、自动控制技术、伺服传动技术和系统总体技术。

一、机械技术

机械技术是机电一体化的基础。机电一体化的机械产品与传统的机械产品的区别在于：机械结构更简单、机械功能更强、性能更优越。现代机械不仅要求具有更新颖的结构、更小的体积、更轻的重量，还要求精度更高、刚度更大、动态性能更好。因此，机械技术的出发点在于如何与机电一体化技术相适应，利用其他高、新技术来更新概念，实现结构上、材料上、性能上以及功能上的变更。在设计和制造机械系统时除了考虑静态、动态刚度及热变形等问题外，还应考虑采用新型复合材料和新型结构以及新型的制造工艺和工艺装置。

二、传感检测技术

传感检测装置是机电一体化系统的“感觉器官”，即从待测对象那里获取能反映待测对象特征与状态的信息。它是实现自动控制、自动调节的关键环节，其功能越强，系统的自动化程度就越高。传感检测技术的内容，一是研究如何将各种被测量（包括物理量、化学量和生物量等）转换为与之成比例的电量；二是研究对转换的电信号的加工处理，如放大、补偿、标度变换等。

机电一体化系统要求传感检测装置能快速、准确、可靠地获取信息，与计算机技术相比，传感检测技术发展显得缓慢，难以满足控制系统的要求，因而不少机电一体化系统不能达到满意的效果或无法实现设计要求。因此，大力开展对传感检测技术的研究对于机电一体化技术的发展具有十分重要的意义。

三、信息处理技术

信息处理技术包括信息的交换、存取、运算、判断和决策。实现信息处理的主要工具是计算机，因此信息处理技术与计算机技术是密切相关的。

计算机技术包括计算机的软件技术、硬件技术、网络与通信技术和数据技术。机电一体化系统中主要采用工业控制机（包括可编程序控制器，单、多回路调节器，单片微控制器，总线式工业控制机，分布式计算机测控系统）进行信息处理。计算机应用及信息处理技术已成为促进机电一体化技术发展和变革的最重要因素，信息处理的发展方向是提高信息处理的速度、可靠性和智能化程度。人工智能技术、专家系统技术、神经网络技术等都属于计算机信息处理技术的范畴。

四、自动控制技术

自动控制技术的目的在于实现机电一体化系统的目标最佳化。自动控制所依据的理论是自动控制原理（包括经典控制理论、现代控制理论和智能控制理论），自动控制技术就是在此理论的指导下对具体控制装置或控制系统进行设计；之后进行系统仿真，现场调试；最后使研制的系统可靠地投入运行。由于控制对象种类繁多，所以自动控制技术的内容极其丰富。机电一体化系统中的自动控制技术主要包括位置控制、速度控制、最优控制、自适应控制和智能控制等。

随着计算机技术的高速发展，自动控制技术与计算机技术越来越密切相关，因而成为机电一体化中十分重要的关键技术。

五、伺服传动技术

伺服传动技术就是在控制指令的指挥下，控制驱动元件，使机械的运动部件按照指令要求运动，并具有良好的动态性能。伺服传动装置包括电动、气动、液压等各种类型的传动装置，这些传动装置通过接口与计算机相连接，在计算机控制下，驱动工作机械做回转、直线以及其他各种复杂运动。伺服传动技术是直接执行操作的技术，伺服系统是实现电信号到机械动作的转换装置或部件，对机电一体化系统的动态性能、控制质量和功能具有决定性的作用。常见的伺服驱动系统主要有电气伺服（如步进电动机、直流伺服电动机、交流伺服电动机等）和液压伺服（如液压马达、脉冲液压缸等）两类。由于变频技术的进步，交流伺服驱动技术取得了突破性进展，为机电一体化系统提供了高质量的伺服驱动单元，极大地促进了机电一体化技术的发展。

六、系统总体技术

系统总体技术是以整体的概念组织应用各种相关技术的应用技术。即从全局的角度和系统的目标出发，将系统分解为若干个子系统，从实现整个系统技术协调的观点来考虑每个子系统的技术方案，对于子系统与子系统之间的矛盾或子系统和系统整体之间的矛盾都要从总体协调的需要来选择解决方案。机电一体化系统是一个技术综合体，它利用系统总体技术将各有关技术协调配合、综合运用而达到整体系统的最佳化。

第四节 现代机械的机电一体化方法

一、机电一体化产品和系统的分类

机电一体化产品和系统种类繁多。按机电一体化产品和系统的用途分类，有产业机械、信息机械、民生机械等；按机械和电子的功能和含量分类，有以机械装置为主体的机械电子产品和以电子装置为主体的机械电子产品；按机电结合的程度分类，有功能附加型、功能替代型和机电融合型。

目前机电一体化产品和系统的分类如图 1-2 所示。

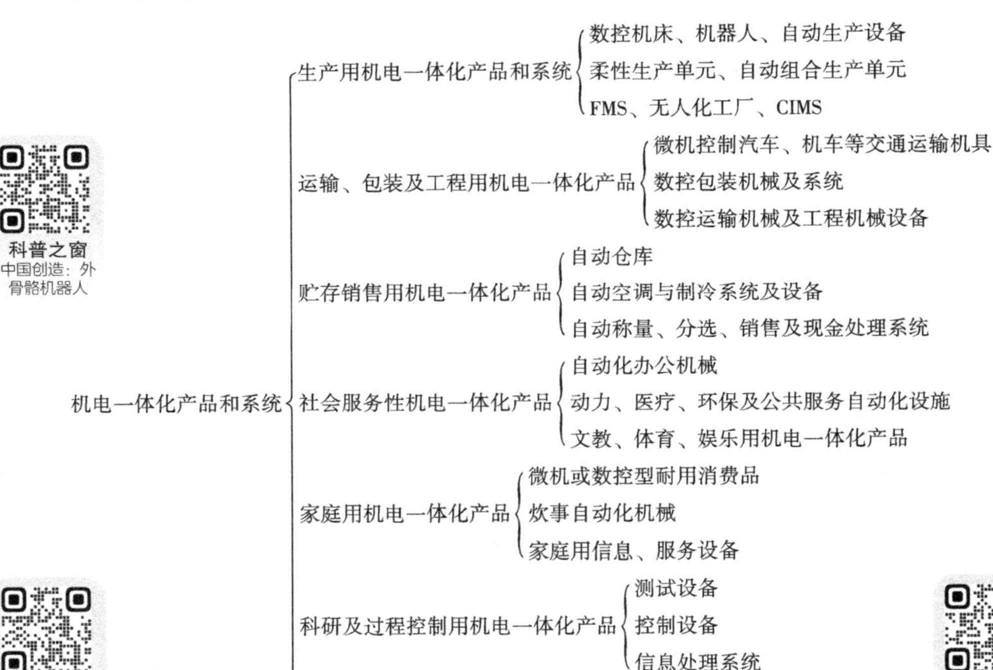

图 1-2 机电一体化产品和系统的分类
（扫描二维码观看典型机电一体化产品和系统视频）

二、现代机械的机电一体化目标

现代机械的机电一体化目标是综合利用机、电、信息、控制等各种相关技术的优势，扬长避短，以达到系统优化效果，取得显著的社会效益和技术经济效益。具体说来有以下几点：

1. 提高精度

机电一体化技术使机械传动部件减少，因而使由机械磨损、配合间隙及变形而引起的误差大为减小，同时由于机电一体化技术采用电子技术实现自动检测和控制、补偿、校正由各种干扰因素造成的动态误差，从而达到单纯机械装备所不能实现的工作精度。例如，采用微机分离技术的电子化圆度仪，其测量精度可由原来的 0.025μm 提高到 0.01μm；大型镗铣床装上感应同步数显装置可将加工精度从 0.06mm/1000mm 提高到 0.02mm/1000mm。

2. 增强功能

现代高新技术的引入使机械产品具有多种复合功能，成为机电一体化产品和系统的一个显著特点。例如，数控加工中心可以在一次装夹中完成由多台普通机床才能完成的多道工序，同时还有自动检测工件和刀具、自动显示刀具运动轨迹、自动保护和自动故障诊断等极强的应用功能；又如超市中使用的电子秤集称重、计价、打印等功能于一身。

3. 提高生产效率，降低成本

机电一体化系统可以有效地减少生产准备时间和辅助时间，缩短新产品的开发周期，提高产品的合格率，减少操作人员，从而提高生产效率，降低生产成本。

4. 节约能源，降低能耗

通过采用低能耗的驱动机构、采取最佳调节控制和提高能源利用率等措施，机电一体化产品和系统可以取得良好的节能效果。例如，在微型计算机的控制下，风机、水泵能够随工况变速运行，其节电率可达 30%；又如，由于汽车电子点火器的点火时间和状态得到最佳控制，因而大大节约了耗油量。

5. 提高安全性和可靠性

机电一体化系统通常具有自动检测监控子系统，因而可以对各种故障和危险情况自动采取保护措施并及时修正参数，提高系统的安全性和可靠性。特别是对于重型、大型设备和与人民生活、生命息息相关的设备的故障预测、预报、遥测，更是具有重要的意义。

6. 改善操作性和实用性

机电一体化系统的各相关子系统的动作顺序和功能协调关系由控制系统决定，因而随着计算机技术和自动控制技术的发展，可以通过简便的人-机界面操作实现复杂的功能控制和良好的使用效果。

7. 减轻劳动强度，改善劳动条件

减轻劳动强度包括繁重的体力劳动和复杂的脑力劳动。机电一体化系统能够由计算机完成设计制造和生产过程中极为复杂的人的智力活动和资料记忆查找工作，同时又能通过过程控制自动运行，从而替代人的紧张和单调重复操作以及在危险环境下的工作。

8. 简化结构，减轻重量

机电一体化系统采用先进的电力电子器件和传动技术，替代老式笨重的电气控制和机械变速结构，由微处理器和集成电路等微电子元件和程序逻辑软件，完成过去靠机械传动链来实现的关联运动，从而使机电一体化产品和系统的体积减小、结构简化、重量减轻。

9. 降低价格

由于机械结构简化，材料消耗减少，制造成本降低，而且电子器件的价格下降迅速，因此机电一体化产品和系统的价格日趋低廉，而使用性能、维修性能日趋改善，使用寿命延长。例如，石英晶振电子表以其功能强、使用方便和价格低廉的优势而迅速占领了计时商品市场。

10. 增强柔性应用功能

为了满足市场多样性的要求，机电一体化系统可以通过编制用户程序来实现工作方式的改变，适应各种用户对象及现场参数变化的需要。机电一体化系统的这种柔性应用功能构成了机械控制“软件化”和“智能化”特征。

三、机电一体化技术方向

按照微电子技术的发展、机电结合的深度以及机械产品发展的要求，机械系统的机电一体化技术方向可分为以下几类：

1）在原有机械系统的基础上采用微型计算机控制装置，使系统的性能提高，功能增强。例如，模糊控制洗衣机能根据衣物的洁净度自动控制洗涤过程，从而实现节水、节电、节时、节洗衣粉的功能；机床的数控化是另一个典型的例子。

2）用电子装置局部替代机械传动装置和机械控制装置，以简化结构，增强控制灵活性。例如，数控机床的进给系统采用伺服系统，简化了传动链，提高了进给系统的动态性能；将传统电机的电刷用电子装置替代，形成无刷电机，具有性能可靠、结构简单、尺寸减小等优点。

3）用电子装置完全替代原来执行信息处理功能的机构，既简化了结构，又极大地丰富了信息传输的内容，提高了速度。例如，石英电子钟表、电子秤、按键式电话等。

4）用电子装置替代机械的主功能，形成特殊的加工能力。例如，电火花加工机床、线切割加工机床、激光加工机床等。

5）机电技术完全融合形成新型机电一体化产品。例如，生产机械中的激光快速原型机；信息机械中的传真机、打印机、复印机；检测机械中的 CT 扫描诊断仪、扫描隧道显微镜等。

总之，拟定机电一体化系统设计方案的方法可归结为替代法、整体设计法和组合法。

四、机电一体化系统开发的工程路线

不同的机电一体化系统开发和产品化过程具有不同的具体特点，从基本规律出发，机电一体化系统开发的工程路线如图 1-3 所示。

在产品开发过程中，有两个容易被忽略的问题需要指出：一是系统模块化设计以后，关于某些功能组件外购还是制造问题，应充分考虑专业化组合生产方式，以取得高效、高质量和高可靠性的效果；二是充分利用广告宣传开拓产品市场。

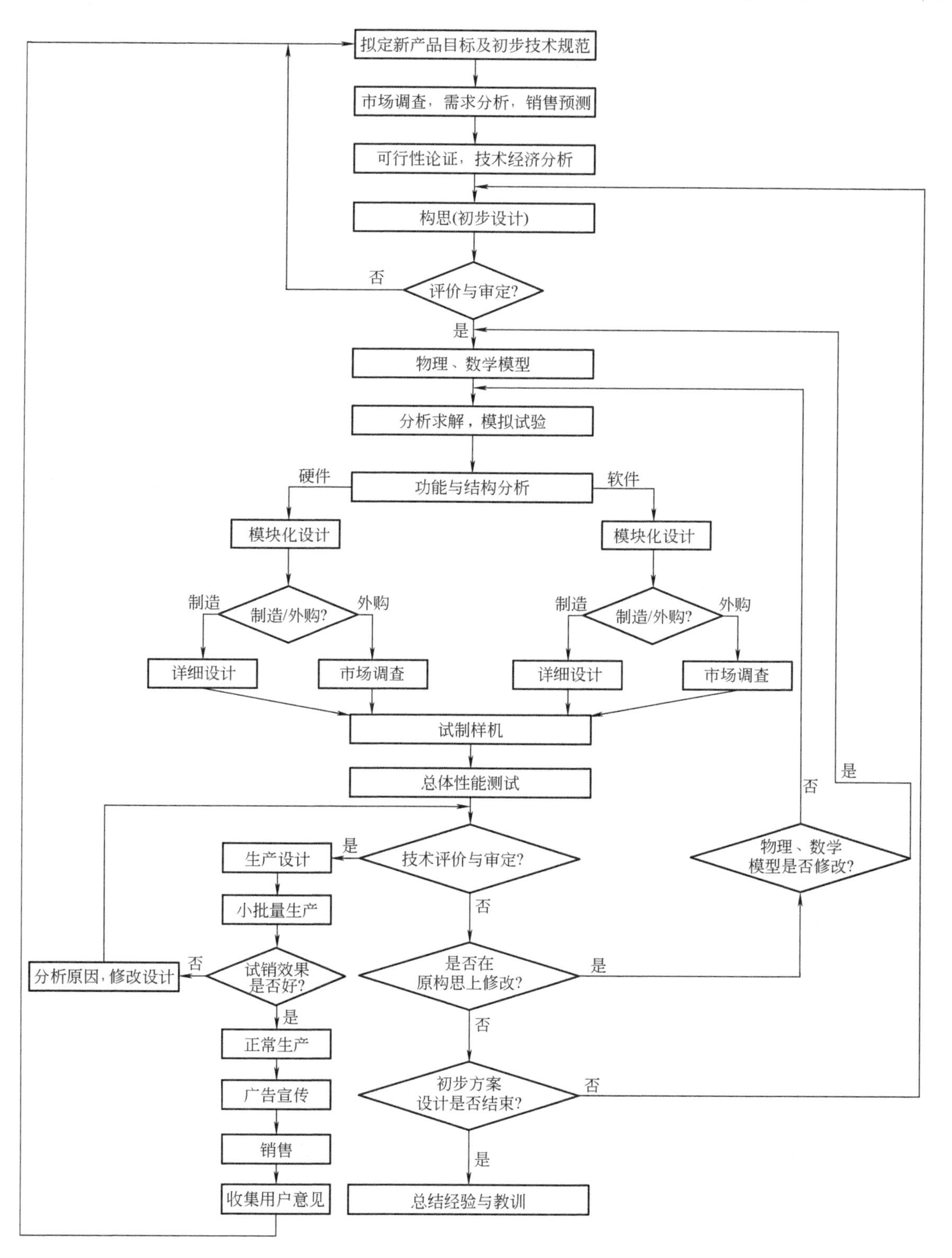

图 1-3　机电一体化系统基本开发工程路线

第二章
机械传动与支承技术

机械系统是机电一体化系统的最基本要素，主要用于执行机构、传动机构和支承部件，以完成规定的动作，传递功率、运动和信息，支承连接相关部件等。机械系统通常是微型计算机控制伺服系统的有机组成部分，因此，在机械系统设计时，除考虑一般机械设计要求外，还必须考虑机械结构因素与整个伺服系统的性能参数、电气参数的匹配，以获得良好的伺服性能。

本章首先介绍机械系统数学模型的建立；其次分析机械传动系统的特性；最后介绍机电一体化系统中常用的新型机械传动装置和支承部件。

第一节 机械系统数学模型的建立

一、机械移动系统

机械移动系统的基本元件是质量、阻尼和弹簧。建立机械移动系统数学模型的基本原理是牛顿第二定律。

下面以图 2-1a 所示的组合机床动力滑台铣平面为例说明移动系统的建模方法。

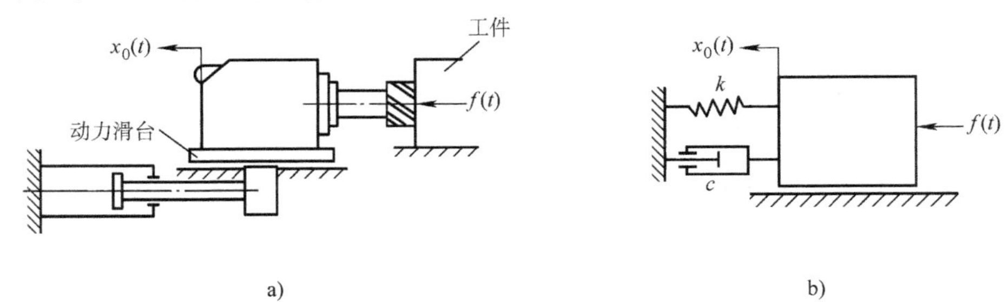

图 2-1 动力滑台铣平面及其力学模型

a）动力滑台铣平面 b）系统力学模型

设动力滑台的质量为 m，液压缸的刚度为 k，黏性阻尼系数为 c，外力为 $f(t)$。若不计动力滑台与支承之间的摩擦力，则系统可以简化为如图 2-1b 所示的力学模型。由牛顿第二定律知，系统的运动方程为

$$m\ddot{x}_0 + c\dot{x}_0 + kx_0(t) = f(t) \tag{2-1}$$

对式(2-1) 取拉普拉斯变换，得到系统的传递函数为

$$\frac{X_0(s)}{F(s)} = \frac{1}{ms^2 + cs + k} \tag{2-2}$$

对于图 2-2 所示的单自由度隔振系统，同样可以得到与式(2-1) 完全相同的运动方程和与式(2-2) 完全相同的传递函数。二者皆为典型的二阶系统。

根据式(2-2) 得到的系统传递函数框图如图 2-3 所示。

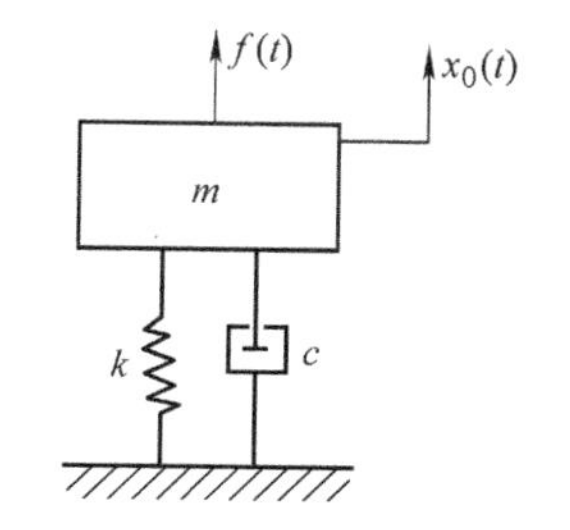

图 2-2　单自由度隔振系统

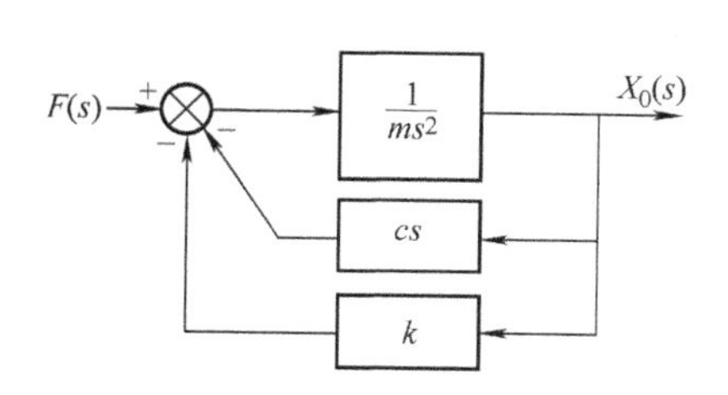

图 2-3　二阶系统框图

单轮汽车支承系统的力学模型如图 2-4 所示，图中，m_1 为汽车质量，c 为减振器阻尼系数，k_1 为弹簧刚度，m_2 为汽车轮子的质量，k_2 为轮胎弹性刚度，$x_1(t)$ 和 $x_2(t)$ 分别为 m_1 和 m_2 的绝对位移。由此可以得到系统的动力学方程为

$$m_1\ddot{x}_1 + c(\dot{x}_1 - \dot{x}_2) + k_1(x_1 - x_2) = 0 \tag{2-3}$$

$$m_2\ddot{x}_2 + c(\dot{x}_2 - \dot{x}_1) + k_1(x_2 - x_1) + k_2x_2 = f(t) \tag{2-4}$$

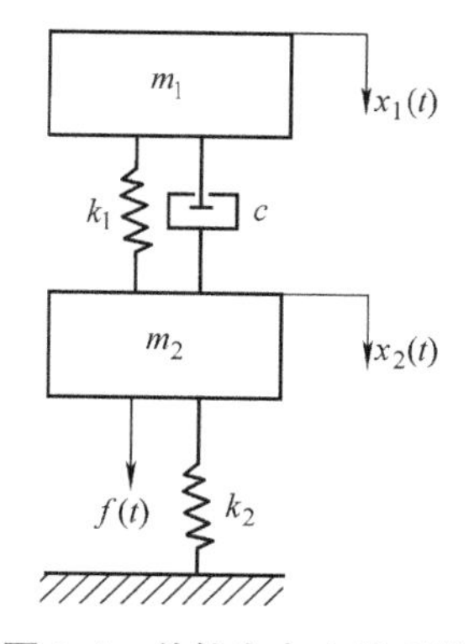

图 2-4　单轮汽车支承系统

对应于式(2-3) 和式(2-4) 的拉普拉斯变换为

$$m_1s^2X_1(s) + cs[X_1(s) - X_2(s)] + k_1[X_1(s) - X_2(s)] = 0 \tag{2-5}$$

$$m_2s^2X_2(s) + cs[X_2(s) - X_1(s)] + k_1[X_2(s) - X_1(s)] + k_2X_2(s) = F(s) \tag{2-6}$$

根据式(2-5) 和式(2-6) 可以画出如图 2-5 所示的框图。

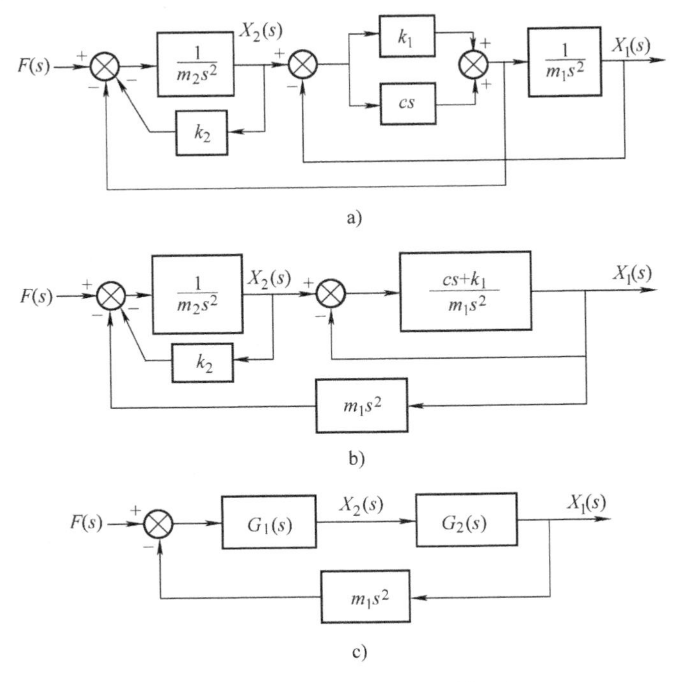

图 2-5 单轮汽车支承系统框图

a) 系统框图 b) 框图化简 c) 化简后的框图

因此可以得到以作用力 $F(s)$ 为输入，分别以 $X_1(s)$ 和 $X_2(s)$ 为输出的传递函数

$$\frac{X_1(s)}{F(s)}=\frac{cs+k_1}{m_1m_2s^4+(m_1+m_2)cs^3+(m_1k_1+m_1k_2+m_2k_1)s^2+ck_2s+k_1k_2} \tag{2-7}$$

$$\frac{X_2(s)}{F(s)}=\frac{m_1s^2+cs+k_1}{m_1m_2s^4+(m_1+m_2)cs^3+(m_1k_1+m_1k_2+m_2k_1)s^2+ck_2s+k_1k_2} \tag{2-8}$$

二、机械转动系统

机械转动系统的基本元件是转动惯量、阻尼器和弹簧。建立机械转动系统数学模型的基本原理仍是牛顿第二定律。

简单扭摆的工作原理如图 2-6 所示。图中 J 为摆锤的转动惯量；c 为摆锤与空气间的黏性阻尼系数；k 为扭簧的弹性刚度；$m(t)$为加在摆锤上的扭矩；θ 为摆锤转角。则系统的运动方程为

$$J\ddot{\theta}+c\dot{\theta}+k\theta=m(t) \tag{2-9}$$

对式(2-9) 取拉普拉斯变换，得系统的传递函数为

$$\frac{\theta(s)}{M(s)}=\frac{1}{Js^2+cs+k} \tag{2-10}$$

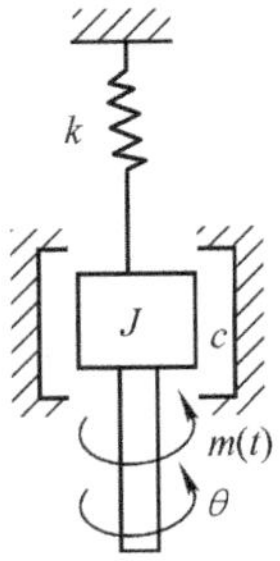

图 2-6 扭摆工作原理图

可以看出，式(2-10）与式(2-2）具有相同的形式。

打印机中的步进电动机—同步齿形带驱动装置可以简化为如图 2-7 所示的示意图。图中，k、c 分别为同步齿形带的弹性刚度和阻尼系数；$m(t)$为步进电动机的驱动力矩；J_m、J_l分别为步进电动机轴和负载的转动惯量；θ_i与 θ_o分别为输入轴和输出轴的转角。

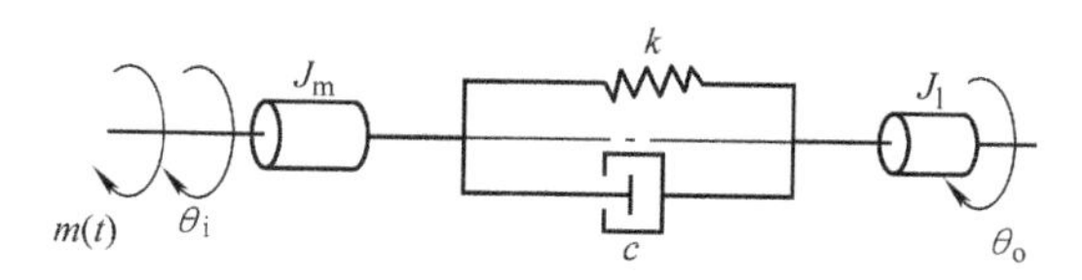

图 2-7　同步齿形带驱动系统

输入轴和输出轴的动力学方程分别为

$$J_m \ddot{\theta}_i + c(\dot{\theta}_i - \dot{\theta}_o) + k(\theta_i - \theta_o) = m(t) \tag{2-11}$$

$$J_l \ddot{\theta}_o + c(\dot{\theta}_o - \dot{\theta}_i) + k(\theta_o - \theta_i) = 0 \tag{2-12}$$

对式(2-11）和式(2-12）取拉普拉斯变换得

$$J_m s^2 \theta_i(s) + (cs + k)[\theta_i(s) - \theta_o(s)] = M(s) \tag{2-13}$$

$$J_l s^2 \theta_o(s) + (cs + k)[\theta_o(s) - \theta_i(s)] = 0 \tag{2-14}$$

根据式(2-13）和式(2-14）可以得到同步齿形带系统框图，如图2-8 所示。系统的以外力矩为输入、输出轴转角为输出的传递函数为

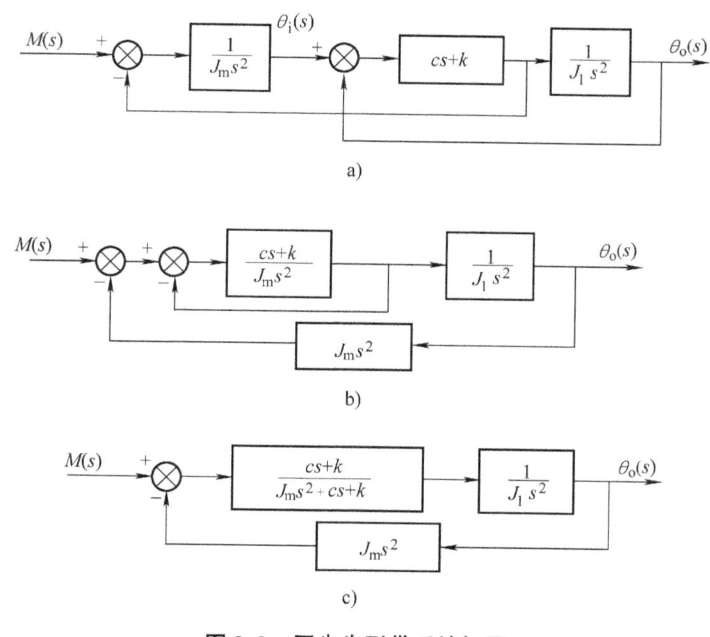

图 2-8　同步齿形带系统框图

a）系统框图　b）框图化简　c）化简后的框图

$$\frac{\theta_o(s)}{M(s)}=\frac{\dfrac{cs+k}{J_1s^2(J_ms^2+cs+k)}}{1+\dfrac{J_ms^2+cs+k}{J_1s^2(J_ms^2+cs+k)}}=\frac{cs+k}{J_1s^2(J_ms^2+cs+k)+J_ms^2(cs+k)}$$

$$=\frac{cs+k}{(J_1+J_m)s^2\left[\dfrac{J_1J_m}{J_1+J_m}s^2+cs+k\right]} \tag{2-15}$$

三、基本物理量的折算

在建立机械系统数学模型的过程中，经常会遇到基本物理量的折算问题，在此结合数控机床进给系统，介绍建模中的基本物理量的折算。

数控机床进给系统如图2-9所示。电动机通过两级减速齿轮 z_1、z_2、z_3、z_4 及丝杠螺母机构驱动工作台做直线运动。

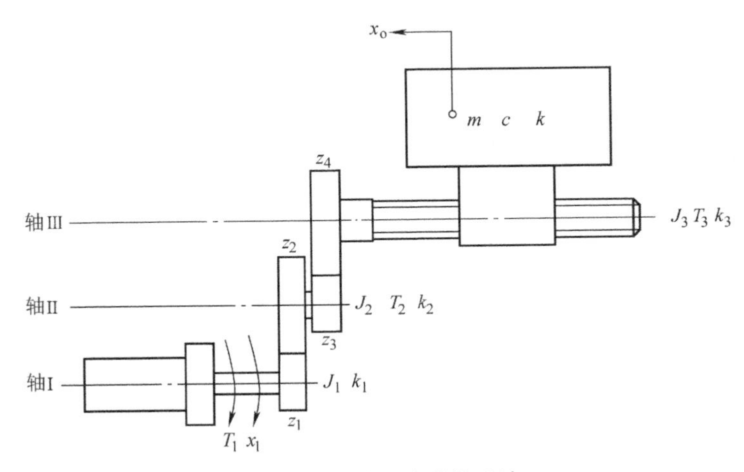

图2-9 数控机床进给系统

图2-9中，J_1 为轴Ⅰ部件和电动机转子构成的转动惯量；J_2、J_3 分别为轴Ⅱ、Ⅲ部件的转动惯量；k_1、k_2、k_3 分别为轴Ⅰ、Ⅱ、Ⅲ的扭转刚度系数；k 为丝杠螺母副的轴向刚度系数；m 为工作台质量；c 为工作台导轨黏性阻尼系数；T_1、T_2、T_3 分别为轴的输入转矩。

1. 转动惯量的折算

将轴Ⅰ、Ⅱ、Ⅲ上的转动惯量和工作台的质量都折算到轴Ⅰ上，作为系统总转动惯量。设 T_1'、T_2'、T_3' 分别为轴Ⅰ、Ⅱ、Ⅲ的负载转矩，ω_1、ω_2、ω_3 分别为轴Ⅰ、Ⅱ、Ⅲ的角速度，v 为工作台的运动速度。

（1）轴Ⅰ、Ⅱ、Ⅲ转动惯量的折算　根据动力平衡原理，对于轴Ⅰ有

$$T_1=J_1\dot{\omega}_1+T_1' \tag{2-16}$$

对于轴Ⅱ有

$$T_2=J_2\dot{\omega}_2+T_2' \tag{2-17}$$

由于轴Ⅱ的输入转矩是从轴Ⅰ上的负载转矩获得的，且与它们的转速成反比，所以有

$$T_2 = \frac{z_2}{z_1} T_1' \tag{2-18}$$

又由传动关系知

$$\omega_2 = \frac{z_1}{z_2} \omega_1 \tag{2-19}$$

将式(2-18)和式(2-19)代入式(2-17)得

$$T_1' = J_2 \left(\frac{z_1}{z_2}\right)^2 \dot{\omega}_1 + \left(\frac{z_1}{z_2}\right) T_2' \tag{2-20}$$

对于轴Ⅲ有

$$T_3 = J_3 \dot{\omega}_3 + T_3' \tag{2-21}$$

根据力学原理和传动关系，整理得

$$T_2' = J_3 \left(\frac{z_1}{z_2}\right)\left(\frac{z_3}{z_4}\right)^2 \dot{\omega}_1 + \left(\frac{z_3}{z_4}\right) T_3' \tag{2-22}$$

（2）工作台质量的折算　根据动力平衡关系，丝杠转动一周所做的功等于工作台前进一个导程时其惯性力所做的功，对于工作台和丝杠有

$$T_3' 2\pi = m \dot{v} L \tag{2-23}$$

式中　L——丝杠导程。

根据传动关系有

$$v = \frac{L}{2\pi} \omega_3 = \frac{L}{2\pi} \left(\frac{z_1 z_3}{z_2 z_4}\right) \omega_1 \tag{2-24}$$

将式(2-24)代入式(2-23)得

$$T_3' = \left(\frac{L}{2\pi}\right)^2 \left(\frac{z_1 z_3}{z_2 z_4}\right) m \dot{\omega}_1 \tag{2-25}$$

（3）折算到轴Ⅰ上的总转动惯量　将式(2-20)、式(2-22)、式(2-25)代入式(2-16)并整理得

$$T_1 = \left[J_1 + J_2 \left(\frac{z_1}{z_2}\right)^2 + J_3 \left(\frac{z_1 z_3}{z_2 z_4}\right)^2 + m \left(\frac{z_1 z_3}{z_2 z_4}\right)^2 \left(\frac{L}{2\pi}\right)^2\right] \dot{\omega}_1 = J_\Sigma \dot{\omega}_1 \tag{2-26}$$

式中　J_Σ——系统折算到轴Ⅰ上的总转动惯量。

$$J_\Sigma = J_1 + J_2 \left(\frac{z_1}{z_2}\right)^2 + J_3 \left(\frac{z_1 z_3}{z_2 z_4}\right)^2 + m \left(\frac{z_1 z_3}{z_2 z_4}\right)^2 \left(\frac{L}{2\pi}\right)^2 \tag{2-27}$$

其中，等号右侧第二项为轴Ⅱ转动惯量折算到轴Ⅰ上的当量转动惯量；第三项为轴Ⅲ转动惯量折算到轴Ⅰ上的当量转动惯量；第四项为工作台质量折算到轴Ⅰ上的当量转动惯量。

2. 黏性阻尼系数的折算

机械系统的相对运动元件之间存在着黏性阻尼，并以一定的形式表现出来。在机械系统的数学建模过程中，黏性阻尼同样需要折算到某一部件上，求出系统的当量阻尼系

数。其基本方法是将摩擦阻力、流体阻力及负载阻力折算成与速度有关的黏性阻尼力，再利用摩擦阻力与黏性阻尼力所消耗的功相等这一原则，求出黏性阻尼系数，最后进行相应的当量阻尼系数折算。

在本例中工作台的摩擦损失占主导地位，其他各环节的摩擦损失相对而言可以忽略不计。

当只考虑阻尼力时，根据工作台和丝杠之间的动力关系有

$$T_3 2\pi = cvL \tag{2-28}$$

即丝杠旋转一周所做的功，等于工作台前进一个导程时其阻尼力所做的功。

根据力学原理和传动关系有

$$T_3 = \left(\frac{z_2 z_4}{z_1 z_3}\right) T_1, \quad v = \left(\frac{z_1 z_3}{z_2 z_4}\right) \omega_1 \frac{L}{2\pi}$$

将以上两式代入式(2-28)，并整理得

$$T_1 = \left(\frac{z_1 z_3}{z_2 z_4}\right)^2 \left(\frac{L}{2\pi}\right)^2 c\omega_1 = c'\omega_1 \tag{2-29}$$

式中 c'——工作台导轨折算到轴Ⅰ上的黏性阻尼系数。

$$c' = \left(\frac{z_1 z_3}{z_2 z_4}\right)^2 \left(\frac{L}{2\pi}\right)^2 c \tag{2-30}$$

3. 刚度系数的折算

机械系统中各元件在工作时受到力和/或力矩的作用，将产生伸长（或压缩）和/或扭转等弹性变形，这些变形将影响整个系统的精度和动态性能。在机械系统的数学建模中，需要将其折算成相应的当量扭转刚度系数和/或线性刚度系数。

在本例中，首先将各轴的扭转角折算到轴Ⅰ上，丝杠与工作台之间的轴向弹性变形会使轴Ⅲ产生一个附加扭转角，所以也要折算到轴Ⅰ上，然后求出折算到轴Ⅰ上的系统的当量刚度系数。

（1）轴向刚度系数的折算　当系统受到载荷作用时，丝杠螺母副和螺母座都会产生轴向弹性变形，其示意图如图2-10所示。设丝杠的输入转矩为 T_3，丝杠和工作台之间的弹性变形为 δ，相应的丝杠附加转角为 $\Delta\theta_3$。根据动力平衡和传动关系，对于丝杠轴Ⅲ有

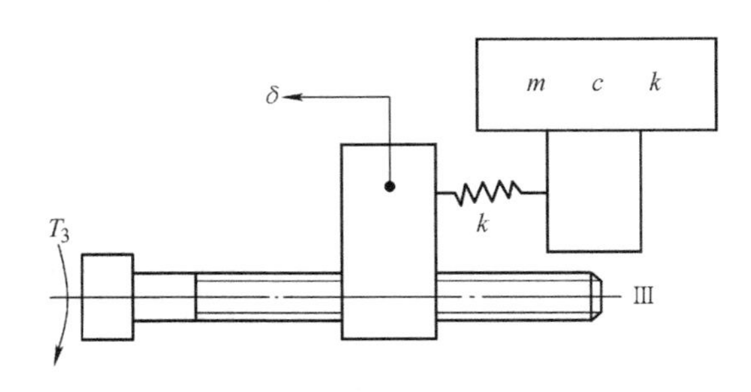

图2-10　弹性变形等效示意图

$$T_3 2\pi = k\delta L$$

$$\delta = \frac{\Delta\theta_3}{2\pi} L$$

所以

$$T_3 = \left(\frac{L}{2\pi}\right)^2 k\Delta\theta_3 = k'\Delta\theta_3 \quad 即 \quad \Delta\theta_3 = \frac{T_3}{k'} \tag{2-31}$$

式中 k'——附加扭转刚度系数。

$$k' = \left(\frac{L}{2\pi}\right)^2 k \tag{2-32}$$

（2）扭转刚度系数的折算　设 θ_1、θ_2、θ_3 分别为轴Ⅰ、Ⅱ、Ⅲ在输入转矩 T_1、T_2、T_3 作用下产生的扭转角，根据动力平衡和传动关系有

$$\theta_1 = \frac{T_1}{k_1} \tag{2-33}$$

$$\theta_2 = \frac{T_2}{k_2} = \left(\frac{z_2}{z_1}\right)\frac{T_1}{k_2} \tag{2-34}$$

$$\theta_3 = \frac{T_3}{k_3}\left(\frac{z_2 z_4}{z_1 z_3}\right)\frac{T_1}{k_3} \tag{2-35}$$

因为丝杠和工作台之间的轴向弹性变形，使得轴Ⅲ产生了一个附加扭转角 $\Delta\theta_3$，所以轴Ⅲ上的实际扭转角 θ_{III} 为

$$\theta_{\mathrm{III}} = \theta_3 + \Delta\theta_3 \tag{2-36}$$

将式(2-31) 和式(2-35) 代入式(2-36) 得

$$\theta_{\mathrm{III}} = \frac{T_3}{k_3} + \frac{T_3}{k'} = \left(\frac{z_2 z_4}{z_1 z_3}\right)\left(\frac{1}{k_3} + \frac{1}{k'}\right)T_1 \tag{2-37}$$

将各轴的扭转角折算到轴Ⅰ上，得到系统的当量扭转角

$$\theta = \theta_1 + \left(\frac{z_2}{z_1}\right)\theta_2 + \left(\frac{z_2 z_4}{z_1 z_3}\right)\theta_{\mathrm{III}} \tag{2-38}$$

将式(2-33)、式(2-34) 和式(2-37) 代入式(2-38) 得

$$\theta = \frac{T_1}{k_1} + \left(\frac{z_2}{z_1}\right)^2 \frac{T_1}{k_2} + \left(\frac{z_2 z_4}{z_1 z_3}\right)^2\left(\frac{1}{k_3} + \frac{1}{k'}\right)T_1 = \left[\frac{1}{k_1} + \left(\frac{z_2}{z_1}\right)^2\frac{1}{k_2} + \left(\frac{z_2 z_4}{z_1 z_3}\right)^2\left(\frac{1}{k_3} + \frac{1}{k'}\right)\right]T_1 = \frac{T_1}{k_\Sigma} \tag{2-39}$$

式中 k_Σ——折算到轴Ⅰ上的当量扭转刚度系数。

$$k_\Sigma = \frac{1}{\dfrac{1}{k_1} + \left(\dfrac{z_2}{z_1}\right)^2\dfrac{1}{k_2} + \left(\dfrac{z_2 z_4}{z_1 z_3}\right)^2\left(\dfrac{1}{k_3} + \dfrac{1}{k'}\right)} \tag{2-40}$$

4. 系统的数学模型

将基本物理量折算到某一部件后，即可按单一部件对系统进行建模。在本例中，设输入量为轴Ⅰ的转角 x_{i}，输出量为工作台的线位移 x_{o}，则可以得到数控机床进给系统的数学模型

$$J_\Sigma \ddot{x}_{\mathrm{o}} + c'\dot{x}_{\mathrm{o}} + k_\Sigma x_{\mathrm{o}} = \left(\frac{z_1 z_3}{z_2 z_4}\right)\left(\frac{L}{2\pi}\right)k_\Sigma x_{\mathrm{i}} \tag{2-41}$$

对应于该二阶线性微分方程的传递函数为

$$G(s) = \frac{X_{\mathrm{o}}(s)}{X_{\mathrm{i}}(s)} = \frac{\left(\dfrac{z_1 z_3}{z_2 z_4}\right)\left(\dfrac{L}{2\pi}\right)k_\Sigma}{J_\Sigma s^2 + c's + k_\Sigma} = \left(\frac{z_1 z_3}{z_2 z_4}\right)\frac{L}{2\pi}\frac{\omega_{\mathrm{n}}^2}{s^2 + 2\zeta\omega_{\mathrm{n}} + \omega_{\mathrm{n}}^2} \tag{2-42}$$

式中 ω_n——系统的固有频率，$\omega_n=\sqrt{k_\Sigma/J_\Sigma}$；

ζ——系统的阻尼比，$\zeta=c'/(2\sqrt{k_\Sigma/J_\Sigma})$。

ω_n 和 ζ 是二阶系统的两个特征参数，对于不同的系统可由不同的物理量确定，对于机械系统而言，它们是由质量、阻尼系数和刚度系数等结构参数决定的。

四、液压系统

液压系统是广义的机械系统，以下仅以做直线运动的阀控液压缸系统为例讨论其数学模型的建立。

阀控液压缸系统如图 2-11 所示。

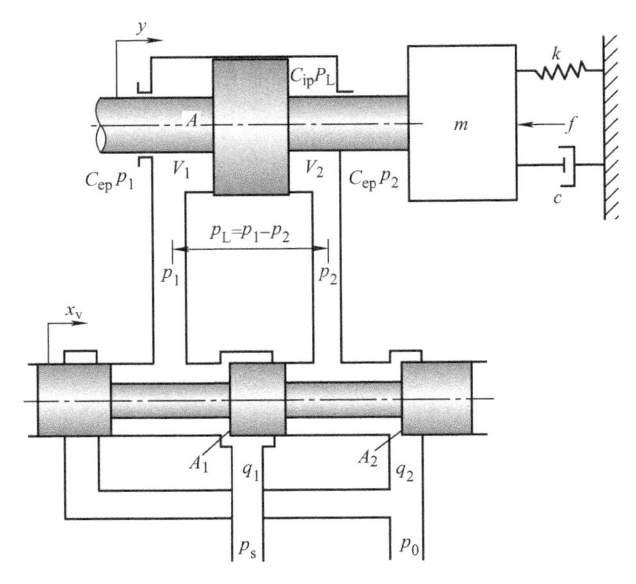

图 2-11 阀控液压缸系统

1. 液压阀的流量方程

设液压阀内液压油具有不可压缩性，又因为液压阀结构上的对称性，则对于进油口的面积 A_1、流量 q_1 与出油口的面积 A_2、流量 q_2，有 $A_1=A_2=A$ 和 $q_1=q_2$。

根据流量计算公式有

$$q_1=C_dA_1\sqrt{\frac{2}{\rho}(p_s-p_1)}=C_dA\sqrt{\frac{2}{\rho}(p_s-p_1)}=q \tag{2-43}$$

$$q_2=C_dA_2\sqrt{\frac{2}{\rho}(p_2-p_0)}=C_dA\sqrt{\frac{2}{\rho}p_2}=q \tag{2-44}$$

式中 C_d——流量系数；

ρ——流体密度；

p_s——供油压力；

p_0——回油压力；

p_1——进油腔压力；

p_2——回油腔压力。

由式(2-43）和式(2-44）得

$$p_s = p_1 + p_2 \tag{2-45}$$

而负载压力为

$$p_L = p_1 - p_2 \tag{2-46}$$

由式(2-45）和式(2-46）得

$$2p_1 = p_s + p_L \quad 和 \quad 2p_2 = p_s - p_L$$

将以上两式代入式(2-43）和式(2-44）得

$$q_1 = q_2 = C_d A \sqrt{\frac{1}{\rho}(p_s - p_L)}$$

对于阀芯肩宽等于阀套槽宽的零开口滑阀，假定阀及液压缸无泄漏，则负载流量 q_L 与 q_1、q_2 相等，即

$$q_L = C_d A \sqrt{\frac{1}{\rho}(p_s - p_L)} = C_d w x_v \sqrt{\frac{1}{\rho}(p_s - p_L)} \tag{2-47}$$

式中　w——滑阀窗口的宽度；

x_v——阀芯的位移。

式(2-47）表明，在供油压力 p_s 恒定时，负载流量 q_L 与滑阀的负载压力 p_L 呈非线性关系，当阀芯位移 x_v 取不同值时，可以得到如图 2-12 所示的液压滑阀特性曲线。

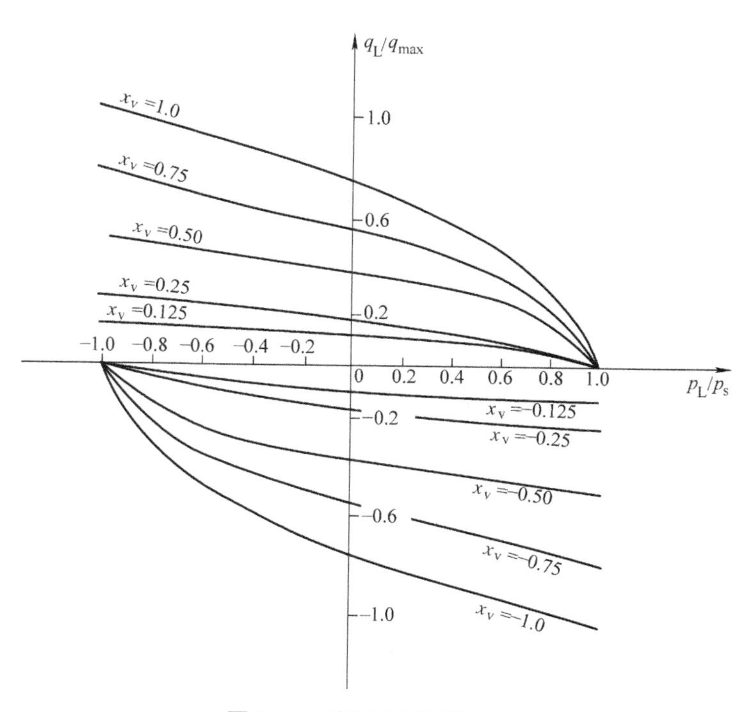

图 2-12　液压滑阀特性曲线

为了使问题简化，将非线性函数 $q_L=f(p_L)$ 在其工作点（x_{v0}，p_{L0}）展开为一阶泰勒级数

$$q_L=q_{L0}+\left.\frac{\partial q_L}{\partial x_v}\right|_{x_{v0}}\Delta x_v+\left.\frac{\partial q_L}{\partial p_L}\right|_{p_{L0}}\Delta p_L$$

其增量方程为

$$\Delta q_L=q_L-q_{L0}=K_q\Delta x_v-K_c\Delta p_L$$

将坐标原点置于工作点（x_{v0}，p_{L0}）上，则得到相应的滑阀流量—压力特性的线性化方程

$$q_L=K_q x_v-K_c p_L \tag{2-48}$$

式中 K_q——滑阀流量增益；

K_c——滑阀流量压力系数。

$$K_q=\left.\frac{\partial q_L}{\partial x_v}\right|_{x_{v0}}=C_d w\sqrt{\frac{1}{\rho}(p_s-p_L)}$$

$$K_c=-\left.\frac{\partial q_L}{\partial p_L}\right|_{p_{L0}}=C_d w x_v\frac{\sqrt{(1/\rho)(p_s-p_L)}}{2(p_s-p_L)}$$

2. 液压缸工作腔的连续方程

前面假设滑阀内的液体具有不可压缩性，但是液压缸的容积相对来说较大，所以在此不能忽略液体的可压缩性。设进油腔的容积为 V_1，进油腔中的油液质量为 m_1，则其质量流量为

$$q_{m1}=\rho q_1$$

泄漏的质量流量为

$$q_{mc1}=\rho q_{c1}$$

式中 q_{c1}——进油腔泄漏容积系数。

左半腔的工作流量为以上二者之差

$$q_{m1}-q_{mc1}=\frac{\mathrm{d}m_1}{\mathrm{d}t}=\frac{\mathrm{d}\rho V_1}{\mathrm{d}t}=\rho\frac{\mathrm{d}V_1}{\mathrm{d}t}+V_1\frac{\mathrm{d}\rho}{\mathrm{d}t}\frac{\rho}{\rho}\frac{\mathrm{d}p_1}{\mathrm{d}p_1}$$

或

$$\rho(q_1-q_{c1})=\rho\frac{\mathrm{d}V_1}{\mathrm{d}t}+\rho V_1\left(\frac{\mathrm{d}\rho}{\rho\mathrm{d}p_1}\right)\frac{\mathrm{d}p_1}{\mathrm{d}t}$$

式中 $\rho\mathrm{d}p_1/\mathrm{d}\rho=V\mathrm{d}p/\mathrm{d}V=E_0$——油液的弹性模量。

所以考虑到油液弹性的左半腔的流动连续方程为

$$q_1-q_{c1}=\frac{\mathrm{d}V_1}{\mathrm{d}t}+\frac{V_1}{E_0}\frac{\mathrm{d}p_1}{\mathrm{d}t} \tag{2-49}$$

将式(2-49) 应用到左右两油腔，并考虑泄漏系数得

$$q_1-q_{c1}=q_1-C_{ip}(p_1-p_2)-C_{ep}p_1=\frac{\mathrm{d}V_1}{\mathrm{d}t}+\frac{V_1}{E_0}\frac{\mathrm{d}p_1}{\mathrm{d}t} \tag{2-50}$$

$$q_{c2}-q_2=C_{ip}(p_1-p_2)-C_{ep}p_2-q_2=\frac{\mathrm{d}V_2}{\mathrm{d}t}+\frac{V_2}{E_0}\frac{\mathrm{d}p_2}{\mathrm{d}t} \tag{2-51}$$

式中 V_2——回油腔的容积；

C_{ip}——活塞内部（旁路）泄漏系数；

C_{ep}——活塞外部泄漏系数。

设活塞位移为 y，进油腔和回油腔的初始容积为 V_{01} 和 V_{02}，且 $V_{01}=V_{02}=V_0$，则进油腔、回油腔容积始终保持常数

$$V_{\mathrm{t}}=V_1+V_2=V_{01}+V_{02}=2V_0 \tag{2-52}$$

式中 V_{t}——液压缸两油腔总容积。

综合式(2-50)~式(2-52)得

$$q_{\mathrm{L}}=A\frac{\mathrm{d}y}{\mathrm{d}t}+C_{\mathrm{tp}}p_{\mathrm{L}}+\frac{V_{\mathrm{t}}}{4E_0}\frac{\mathrm{d}p_{\mathrm{L}}}{\mathrm{d}t} \tag{2-53}$$

式中 $q_{\mathrm{L}}=\dfrac{q_1+q_2}{2}$——负载流量；

$C_{\mathrm{tp}}=C_{\mathrm{ip}}+\dfrac{C_{\mathrm{ep}}}{2}$——总泄漏系数；

$A\mathrm{d}y=\mathrm{d}V$；$\dfrac{V_{\mathrm{t}}}{2}\dfrac{\mathrm{d}p_{\mathrm{L}}}{\mathrm{d}t}=V_1\dfrac{\mathrm{d}p_1}{\mathrm{d}t}-V_2\dfrac{\mathrm{d}p_2}{\mathrm{d}t}$。

3. 液压系统的数学模型

在图 2-11 中，设 m 为负载质量，c 为负载阻尼，k 为负载的弹性刚度，f 为负载力，则液压缸的动力学方程为

$$p_{\mathrm{L}}A=m\ddot{y}+c\dot{y}+ky+f \tag{2-54}$$

对式(2-48)、式(2-53)、式(2-54)取拉普拉斯变换得

$$q_{\mathrm{L}}=K_{\mathrm{q}}x_{\mathrm{v}}-K_{\mathrm{c}}p_{\mathrm{L}} \tag{2-55}$$

$$p_{\mathrm{L}}=(q_{\mathrm{L}}-AsY)\Big/\left(C_{\mathrm{tp}}+\frac{V_{\mathrm{t}}}{4E_0}s\right) \tag{2-56}$$

$$Y=\frac{A}{ms^2+cs+k}\left(p_{\mathrm{L}}-\frac{1}{A}F\right) \tag{2-57}$$

由式(2-55)~式(2-57)可以得到阀控液压缸系统的框图如图 2-13 所示。

当阀芯位移 x_{v} 为系统的输入量，外力 f 为干扰输入量时，可以得到系统的输出量 y 相对于 x_{v} 和 f 的传递函数分别为

$$\frac{Y(s)}{X_{\mathrm{v}}(s)}=\frac{AK_{\mathrm{q}}}{\dfrac{V_{\mathrm{t}}m}{4E_0}s^3+\left[(K_{\mathrm{c}}+C_{\mathrm{tp}})m+\dfrac{V_{\mathrm{t}}c}{4E_0}\right]s^2+\left[(K_{\mathrm{c}}+C_{\mathrm{tp}})c+\dfrac{V_{\mathrm{t}}k}{4E_0}+A^2\right]s+k(K_{\mathrm{c}}+C_{\mathrm{tp}})} \tag{2-58}$$

$$\frac{Y(s)}{F(s)}=\frac{\dfrac{V_{\mathrm{t}}}{4E_0}s+K_{\mathrm{c}}+C_{\mathrm{tp}}}{\dfrac{V_{\mathrm{t}}m}{4E_0}s^3+\left[(K_{\mathrm{c}}+C_{\mathrm{tp}})m+\dfrac{V_{\mathrm{t}}c}{4E_0}\right]s^2+\left[(K_{\mathrm{c}}+C_{\mathrm{tp}})c+\dfrac{V_{\mathrm{t}}k}{4E_0}+A^2\right]s+k(K_{\mathrm{c}}+C_{\mathrm{tp}})} \tag{2-59}$$

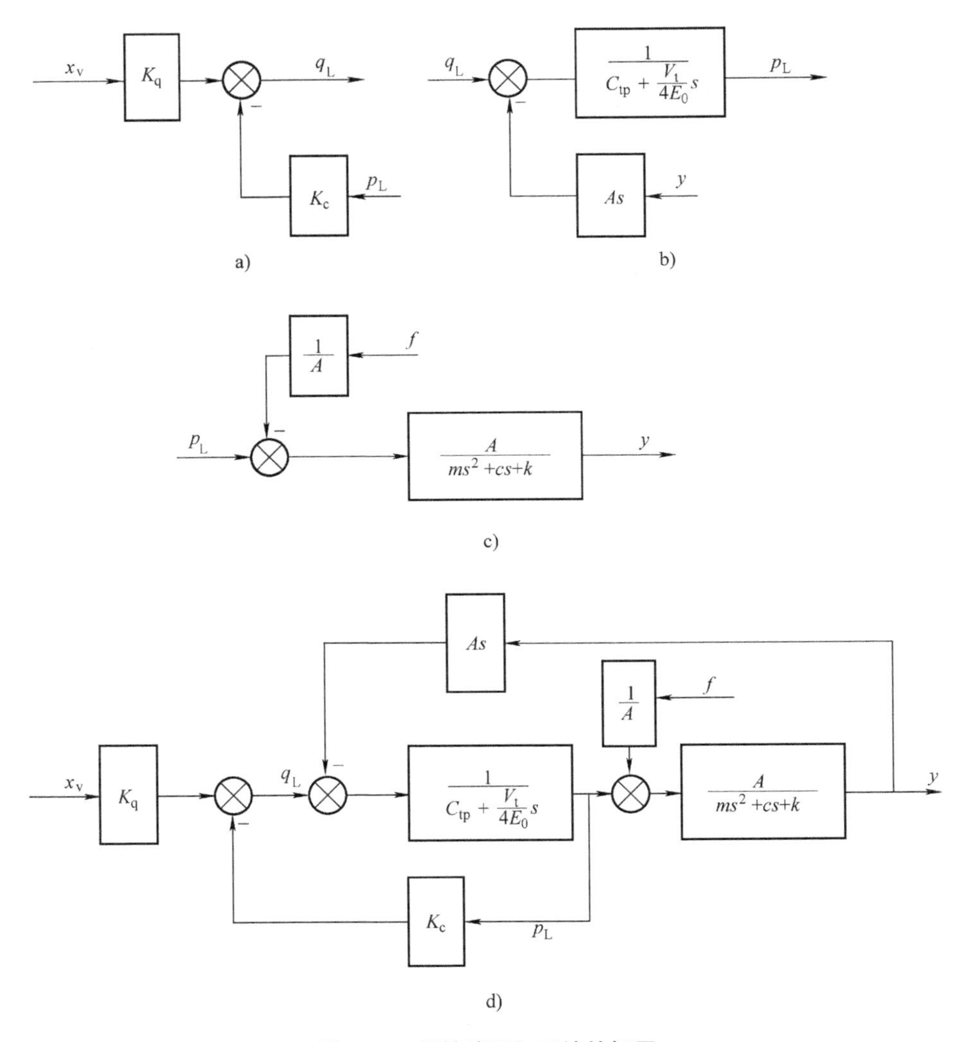

图 2-13 阀控液压缸系统的框图

第二节 机械传动系统的特性

一、机电一体化对机械传动的要求

机械的主功能是完成机械运动。一部机器必须完成相互协调的若干机械运动，每个机械运动可由单独的控制电动机、传动件和执行机构组成的若干子系统来完成，若干个机械运动则由计算机来协调与控制。这就要求设计机械时的总体布局、机械选型和结构造型更加合理和多样化。

受技术发展水平的限制，目前机电一体化的各种元器件还不能完全满足需要，因此机械传动链还不能完全取消。但是，机电一体化机械系统中的机械传动装置，已不仅仅是变换转速和转矩的变换器，而成为伺服系统的组成部分，要根据伺服控制的要求来进行选择设计。近年来，由控制电动机直接驱动负载的“直接驱动”技术得到发展。但一般都需要低转速、大转矩的伺服电动机，并要考虑负载的非线性耦合性等因素对执行电动机的影响，从而增加了控制系统的复杂性，所以在一般情况下，应尽可能缩短传动链，但还不能取消传动链。在伺服控制中，还要考虑其对伺服系统的精度、稳定性和快速性的影响。开环伺服系统中传动链的传动精度，不仅取决于组成系统的各单个传动件的精度，还取决于传动链的系统精度。闭环伺服系统中的传动链，虽然对单个传动件的精度要求可以降低，但对系统精度仍有相当高的要求，以免在控制时因误差随机性太大不能补偿。此外，机电一体化系统中的传动链还需满足小型、轻量、高速、低冲击振动、低噪声和高可靠性等要求。

传动的主要性能取决于传动类型、传动方式、传动精度、动态特性及可靠性等。影响机电一体化系统中传动链的动力学性能的因素一般有以下几个：

（1）负载的变化　负载包括工作负载、摩擦负载等。要合理选择驱动电动机和传动链，使之与负载变化相匹配。

（2）传动链惯性　惯性既影响传动链的起停特性，又影响控制的快速性、定位精度和速度偏差的大小。

（3）传动链固有频率　固有频率影响系统谐振和传动精度。

（4）间隙、摩擦、润滑和温升　它们影响传动精度和运动平稳性。

二、机械传动系统的特性

为满足机电一体化机械系统的良好伺服性能，要求机械传动部件满足转动惯量小、摩擦小、阻尼合理、刚度大、抗振动性能好、间隙小的要求，还要求机械部分的动态特性与电动机速度环的动态特性相匹配。

1. 转动惯量

在满足系统刚度的条件下，机械部分的质量和转动惯量越小越好。转动惯量大会使机械负载增大、系统响应速度变慢、降低灵敏度、系统固有频率下降，容易产生谐振。同时，转动惯量的增大会使电气驱动部件的谐振频率降低，而阻尼增大。

机械传动部件的转动惯量与小惯量电动机驱动系统谐振频率的关系如图 2-14 所示。纵坐标为折算到电动机轴上的外载荷转动的谐振频率 ω_{oa} 与不带外载荷的谐振频率 ω_{oa}^* 之比。

（1）转动惯量

1）圆柱体的转动惯量。

$$J=\frac{1}{8}md^2 \tag{2-60}$$

式中　m——质量；

d——圆柱体直径。

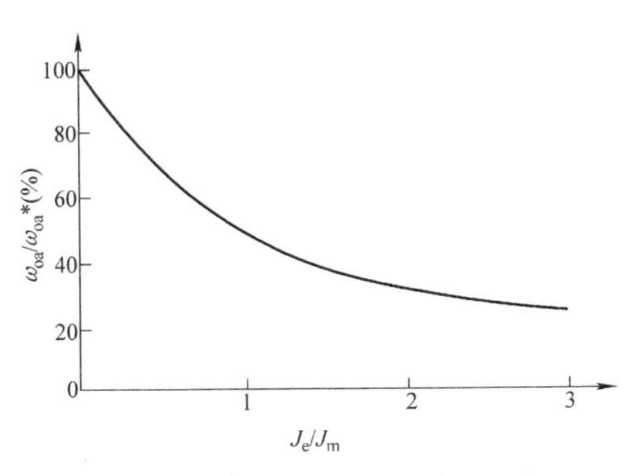

图 2-14 外载荷对谐振频率的影响

2）直线运动物体的转动惯量。如图 2-15a 所示，由导程为 L_0 的丝杠驱动质量为 m_r 的工作台和质量为 m_ω 的工件，折算到丝杠上的总转动惯量 $J_{T\omega}$ 为

$$J_{T\omega}=(m_r+m_\omega)\left(\frac{L_0}{2\pi}\right)^2 \tag{2-61}$$

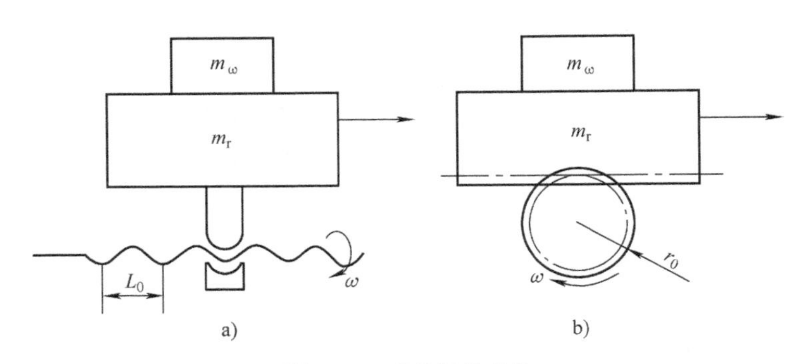

图 2-15 直线运动物体

a）丝杠传动 b）齿轮齿条传动

如图 2-15b 所示，由齿轮齿条驱动的工作台与工件质量折算到节圆半径为 r_0 的小齿轮上的转动惯量 $J_{T\omega}$ 为

$$J_{T\omega}=(m_r+m_\omega)r_0^{\ 2} \tag{2-62}$$

3）传动齿轮。轴 1 上传动齿轮 1 的转动惯量 J_1，折算到轴 2 上的折算转动惯量 J_{1c} 为

$$J_{1c}=i_{12}^2J_1 \tag{2-63}$$

式中 i_{12}——轴 1 与轴 2 间的总传动比。

（2）GD^2 GD^2 即转动物体的重量 G 与回转直径 D 的二次方的乘积。GD^2 与转动惯量 J 的等价关系为

$$GD^2=4gJ \tag{2-64}$$

式中 g——重力加速度。

1）转动物体的 GD^2。典型形状转动物体的 GD^2 见表 2-1。

2）直线运动物体的 GD^2。如图 2-16 所示，在导程为 L_0（m）的丝杠传动条件下，总

重量为 W（N）的工作台与工件折算到丝杠上的等效 GD^2 为

$$GD_0^2 = W\left(\frac{L_0}{\pi}\right)^2 \tag{2-65}$$

表 2-1 典型形状转动物体的 GD^2

物体形状	W、各轴 GD^2
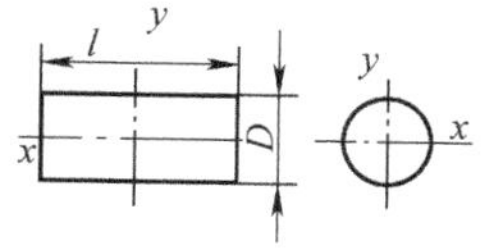	$W=\frac{\pi}{4}rD^2l$ $GD_x^2=GD_y^2=W\left(\frac{D^2}{4}+\frac{l^2}{3}\right)$ $GD_x^2=\frac{1}{2}WD^2$
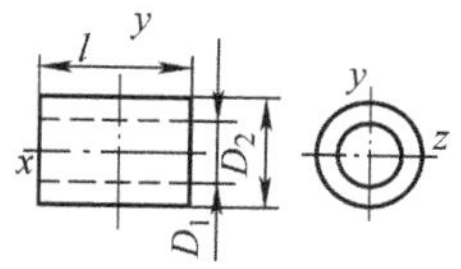	$W=\frac{\pi}{4}r(D_2^2-D_1^2)l$ $GD_x^2=GY_y^2=W\left(\frac{D_2^2+D_1^2}{4}+\frac{l^2}{3}\right)$ $GD_2^2=\frac{1}{2}W(D_2^2+D_1^2)$
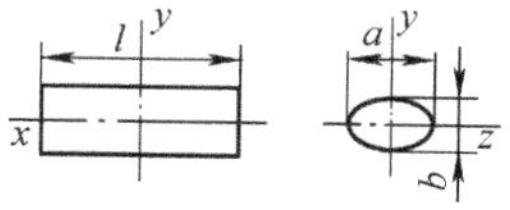	$W=\frac{\pi}{6}rabl$ $GD_x^2=W\left(\frac{b^2}{4}+\frac{l^2}{3}\right)$，$GD_y^2=W\left(\frac{a^2}{4}+\frac{l^2}{3}\right)$ $GD_2^2=\frac{W}{4}(a^2+b^2)$
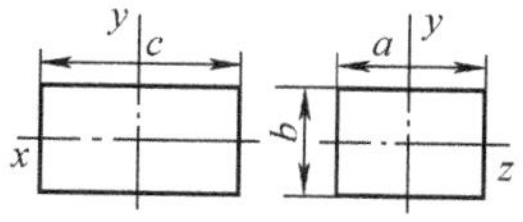	$W=rabc$ $GD_x^2=\frac{1}{3}W(b^2+c^2)$，$GD_y^2=\frac{1}{3}W(c^2+a^2)$ $GD_2^2=\frac{1}{3}W(a^2+b^2)$
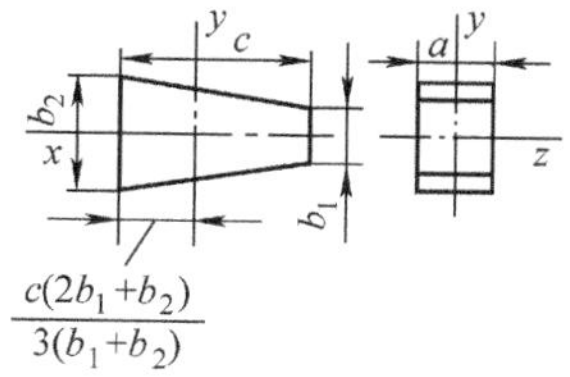 $\frac{c(2b_1+b_2)}{3(b_1+b_2)}$	$W=\frac{1}{2}ra(b_1+b_2)c$ $GD_x^2=\frac{1}{6}W(b_1^2+b_2^2)+\frac{1}{9}Wc^2\left[3-\left(\frac{b_2-b_1}{b_2+b_1}\right)^2\right]$ $GD_y^2=\frac{1}{3}Wa^2+\frac{1}{9}Wc^2\left[3-\left(\frac{b_2-b_1}{b_2+b_1}\right)^2\right]$ $GD_2^2=\frac{1}{3}Wa^2+\frac{1}{6}(b_1^2+b_2^2)$

如图 2-17 所示，传送带上重量为 W（N）的物体折算到驱动轴上的等效 GD^2 为

$$GD^2 = 4W\left(\frac{v}{\omega}\right)^2 = 365W\left(\frac{v}{n}\right)^2 \tag{2-66}$$

式中 v——传送带上物体的速度；

ω——驱动轴的角速度；

n——驱动轴的转速。

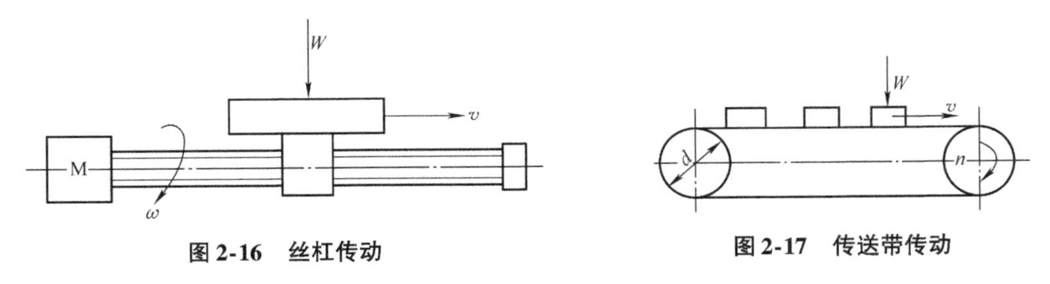

图 2-16 丝杠传动　　图 2-17 传送带传动

如图 2-18 所示，车体重量为 W（N），车轮直径为 d（m）的自行式台车的等效 GD^2 为

$$GD^2 = Wd^2 \tag{2-67}$$

2. 摩擦

两物体接触面间的摩擦力在应用上可简化为黏性摩擦力、库仑摩擦力与静摩擦力三类，方向均与运动方向（或有运动趋势方向）相反。黏性摩擦力的大小与两物体相对运动的速度成正比，如图 2-19a 所示；库仑摩擦力是接触面对运动物体的阻力，大小为一常数，如图2-19b所示；静摩擦力是有相对运动趋势但仍处于静止状态时摩擦面间的摩擦力，其最大值发生在相对运动开始前的一瞬间，运动开始后静摩擦力即消失。

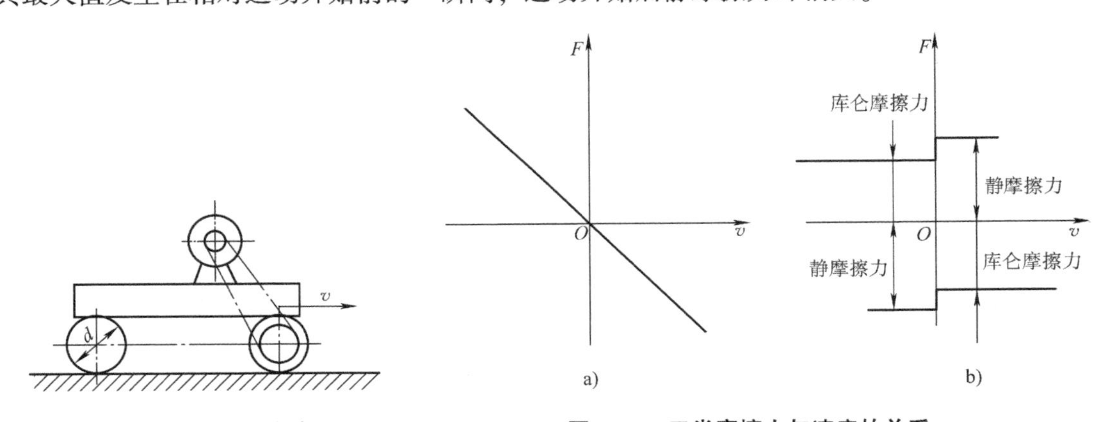

图 2-18 自行式台车

图 2-19 三类摩擦力与速度的关系
a）黏性摩擦 b）静摩擦与库仑摩擦

机械系统的摩擦特性随材料和表面状态的不同有很大差异。例如，机械导轨在质量为 3200kg 的重物作用下，不同导轨表现出不同的摩擦特性，如图 2-20 所示。滑动摩擦导轨易产生爬行现象，低速运动稳定性差。滚动摩擦导轨和静压摩擦导轨不产生爬行，但有微小超程。贴塑导轨的特性接近于滚动导轨，但是各种高分子塑料与金属的摩擦特性有较大的差别。另外，摩擦力与机械传动部件的弹性变形产生位置误差，运动反向时，位置误差形成回程误差（回差）。

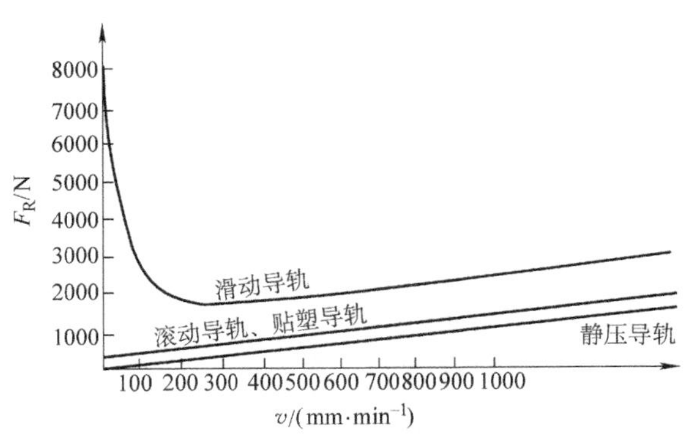

图 2-20 不同导轨的摩擦特性

综上所述，机电一体化系统对机械传动部件的摩擦特性的要求为：静摩擦力尽可能小，动摩擦力应为尽可能小的正斜率，若为负斜率则易产生爬行，降低精度，减少寿命。

3. 阻尼

由振动理论可知，运动中的机械部件易产生振动，其振幅取决于系统的阻尼和固有频率，系统的阻尼越大，最大振幅越小，且衰减越快；线性阻尼下的振动为实模态，非线性阻尼下的振动为复模态。机械部件振动时，金属材料的内摩擦较小（附加的非金属减振材料内摩擦较大），而运动副（特别是导轨）的摩擦阻尼是占主导地位的。实际应用中一般将摩擦阻尼简化为黏性摩擦的线性阻尼。

阻尼对弹性系统的振动特性的主要影响如下：

1）系统的静摩擦阻尼越大，系统的失动量和反转误差越大，使定位精度降低，加上摩擦—速度特性的负斜率，易产生爬行，降低机械的性能。

2）系统的黏性阻尼摩擦越大，系统的稳态误差越大，精度越低。

3）对于质量大、刚度低的机械系统，为了减小振幅、加速振动衰减，可增大黏性摩擦阻尼。

机械传动部件一般可简化为式(2-1）所示的二阶振动系统，其阻尼比 ζ 为

$$\zeta = \frac{c}{2\sqrt{mk}} \tag{2-68}$$

式中 ζ——黏性阻尼系数；

m——系统的质量；

k——系统的刚度。

实际应用中一般取 $0.4 \leqslant \zeta \leqslant 0.8$ 的欠阻尼，既能保证振荡在一定的范围内过渡过程较平稳、过渡过程时间较短，又具有较高的灵敏度。

4. 刚度

由力学知识可知，刚度为使弹性体产生单位变形量所需的作用力。机械系统的刚度包括构件产生各种基本变形时的刚度和两接触面的接触刚度两类。静态力和变形之比为静刚度；动态力（交变力、冲击力）和变形之比为动刚度。

对于伺服系统的失动量来说，系统刚度越大，失动量越小。对于伺服系统的稳定性来说，刚度对开环系统的稳定性没有影响，而对闭环系统的稳定性有很大影响，提高刚度可增加闭环系统的稳定性。但是，刚度的提高往往伴随着转动惯量、摩擦和成本的增加，在方案设计中要综合考虑。

5. 谐振频率

包括机械传动部件在内的弹性系统，若阻尼不计，可简化为质量、弹簧系统。对于质量为 m、拉压刚度系数为 k 的单自由度直线运动弹性系统，其固有频率 ω 为

$$\omega = \frac{1}{2\pi}\sqrt{\frac{k}{m}} \tag{2-69}$$

对于转动惯量为 J、扭转刚度系数为 k 的单自由度扭转运动弹性系统，其固有频率 ω 为

$$\omega = \frac{1}{2\pi}\sqrt{\frac{k}{J}} \tag{2-70}$$

当外界的激振频率接近或等于系统的固有频率时，系统将产生谐振，而不能正常工作。机械传动部件实际上是个多自由度系统，有一个基本固有频率和若干高阶固有频率，分别称为机械传动部件的一阶谐振频率（ω_{omech1}）和 n 阶谐振频率（$\omega_{omech\,n}$）。

电气驱动部件是位于位置调节环之内的速度调节环。为减少机械传动部件的扭矩反馈对电动机动态性能的影响，机械部件的谐振频率 ω_{omech} 必须大于电气驱动部件的谐振频率 ω_{0A}。以进给驱动系统为例，系统中各谐振频率的相互关系见表 2-2。

表 2-2 进给驱动系统各谐振频率的相互关系

位置调节环的谐振频率 w_{op}	40～120（rad/s）
电气驱动部件（速度环）的谐振频率 w_{oA}	$(2\sim3)w_{op}$
机械传动部件一阶谐振频率 w_{omech1}	$(2\sim3)w_{oA}$
机械传动部件 n 阶谐振频率 w_{omechn}	$(2\sim3)w_{omech(n-1)}$

6. 间隙

间隙将使机械传动系统中间隙产生回程回差，影响伺服系统中位置环的稳定性。有间隙时应减小位置环增益。

间隙的主要形式有齿轮传动的齿侧间隙、丝杠螺母的传动间隙、丝杠轴承的轴向间隙、联轴器的扭转间隙等。在机电一体化系统中，为了保证系统良好的动态性能，要尽可能避免间隙的出现，当间隙出现时，要采取消隙措施。

（1）齿轮传动齿侧间隙的消除

1）刚性消隙法。刚性消隙法是在严格控制齿轮齿厚和齿距误差的条件下进行的，调整后齿侧间隙不能自动补偿，但能提高传动刚度。

偏心轴套式消隙机构如图 2-21 所示。电动机 1 通过偏心轴套 2 装在箱体上。转动偏心轴套可调整两齿轮中心距，消除齿侧间隙。

锥度齿轮消除间隙的结构如图 2-22 所示。将齿轮 1、2 的分度圆柱改为带锥度的圆锥面，使齿轮的齿厚在轴向产生变化。装配时通过改变垫片 3 的厚度，来改变两齿轮的轴向相对位置，以消除侧隙。

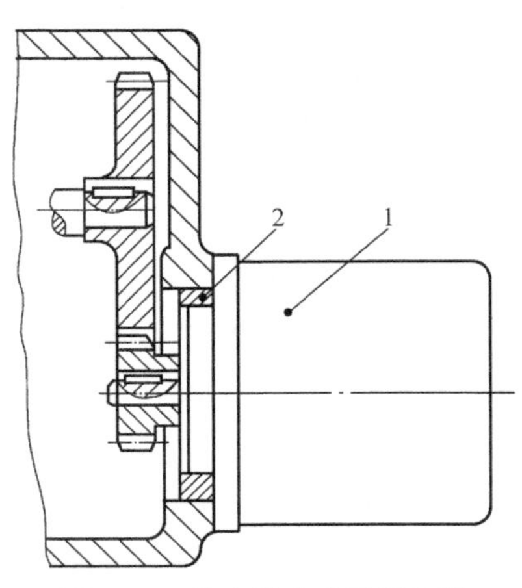

图 2-21 偏心轴套式消隙机构

1—电动机 2—偏心轴套

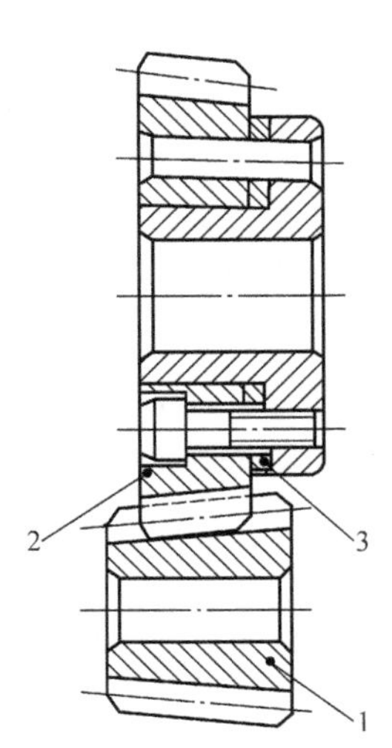

图 2-22 锥度齿轮消隙机构

1、2—齿轮 3—垫片

斜齿圆柱齿轮消隙机构如图2-23所示。宽齿轮4同时与两相同齿数的窄斜齿轮1和2啮合。斜齿轮1和2的齿形和键槽均拼装起来同时加工，加工时在两窄斜齿轮间装入厚度为t的垫片3。装配时，通过改变垫片3的厚度，使两齿轮的螺旋面错位，两齿轮的左右两齿面分别与宽齿轮齿面接触，以消除齿侧间隙。

2）柔性消隙法。柔性消隙法指调整后齿侧间隙可以自动补偿。采用这种消隙方法时，对齿轮齿厚和齿距的精度要求可适当降低，但对影响传动平稳性有负面影响，且传动刚度低，结构也较复杂。

双齿轮错齿式消隙机构如图2-24所示。相同齿数的两薄片齿轮1和2同时与另一宽齿轮啮合，两齿轮薄片套装在一起，并可做相对转动。每个齿轮均布四个螺孔，分别安装凸耳4和8。弹簧3两端分别钩在凸耳4和调节螺钉5上，由螺母6调节弹簧3的拉力，再由螺母7锁紧。在弹簧的拉力作用下，两薄齿轮的左右齿面分别与宽齿轮的左右齿面接触，从而消除侧隙。需要指出，弹簧拉力必须保证能承受最大转矩。

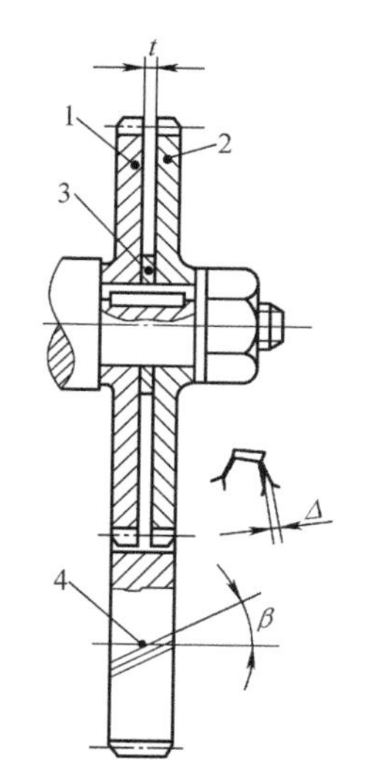

图2-23 斜齿圆柱齿轮消隙机构

1、2—窄斜齿轮 3—垫片 4—宽齿轮

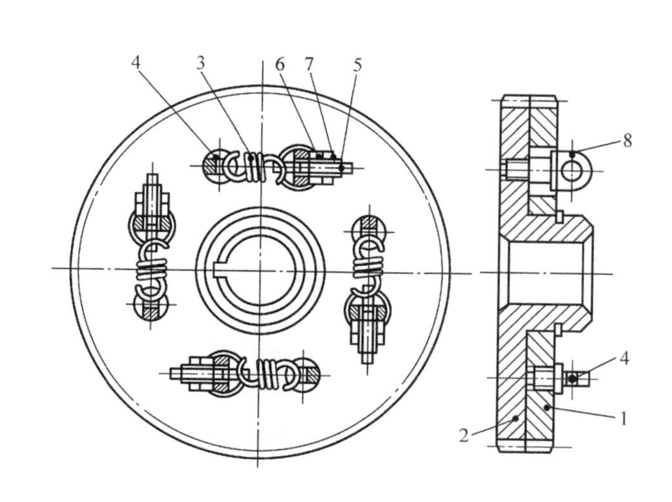

图2-24 双齿轮错齿式消隙机构

1、2—薄片齿轮 3—弹簧 4、8—凸耳 5—调节螺钉 6、7—螺母

蝶形弹簧消除斜齿圆柱齿轮侧隙的机构如图2-25所示。薄片斜齿轮1和2同时与宽齿轮6啮合，螺母5通过垫片4调节蝶形弹簧3的压力，以达到消除侧隙的目的。

压力弹簧消隙机构如图2-26所示，这种消隙机构适用于圆锥齿轮传动。一个圆锥齿轮由内外两个可在切向相对转动的圆锥齿圈1和2组成。齿轮的外圈1有三个周向圆弧槽8，齿轮的内圈2端面有三个凸爪4，套装在圆弧槽内。弹簧6的两端分别顶在凸爪4和镶块7上，使内外两齿圈切向错位进行消隙。螺钉5在安装时用，用毕卸去。

双斜齿轮消隙机构如图2-27所示。轴2输入进给运动，通过两对斜齿轮将运动传给轴1和轴3，再由直齿轮4和5驱动齿条运动。轴2上两个斜齿轮的螺旋方向相反。轴2在弹簧力F的作用下产生轴向位移，使斜齿轮产生微量轴向运动，轴1和轴3以相反方向转过微小角度，使齿轮4和5分别与同一根齿条的两齿面贴紧，消除侧隙。

（2）丝杠螺母间隙的调整　丝杠螺母传动系统的轴向间隙为丝杠静止时螺母沿轴向

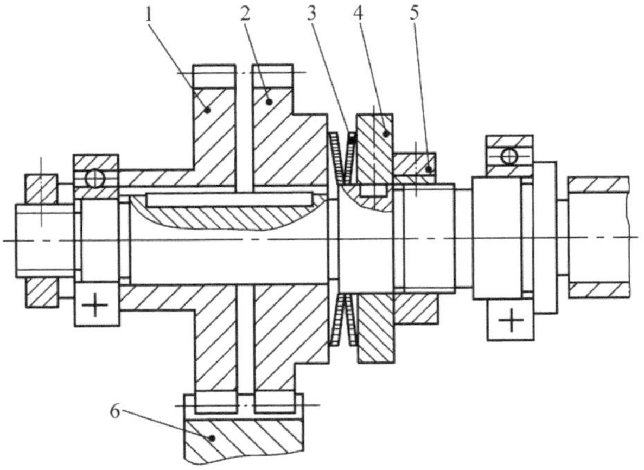

图 2-25 蝶形弹簧消隙机构

1、2—薄片斜齿轮 3—蝶形弹簧 4—垫片 5—螺母 6—宽齿轮

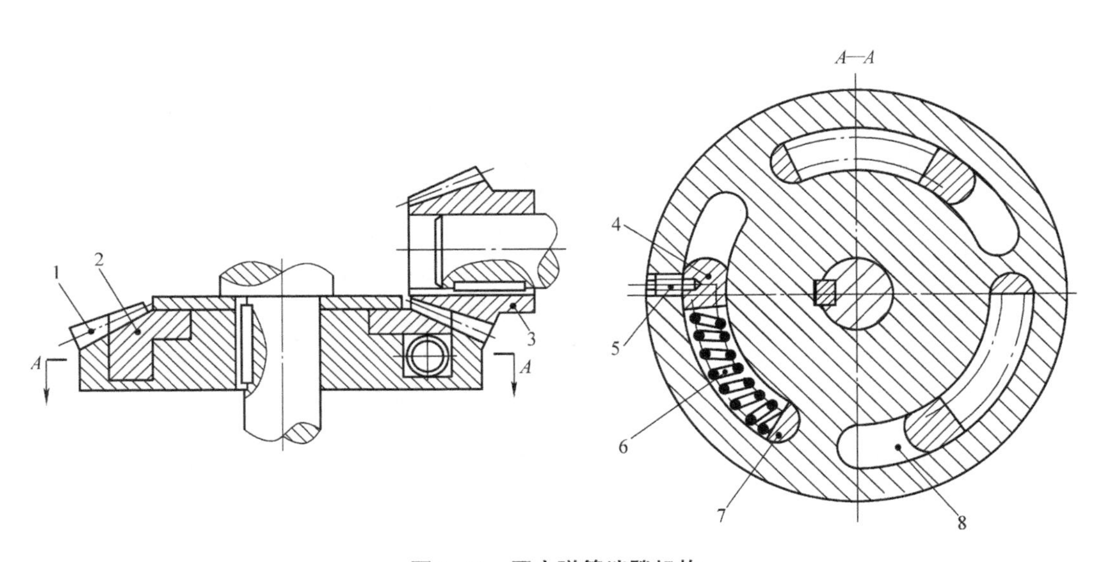

图 2-26 压力弹簧消隙机构

1—锥齿轮外圈 2—锥齿轮内圈 3—锥齿轮 4—凸爪 5—螺钉 6—弹簧 7—镶块 8—圆弧槽

的位移量。机电一体化系统中常用滚珠丝杠螺母传动，其间隙的调整既要考虑轴向间隙又要考虑滚珠与滚道的接触弹性变形。丝杠螺母传动系统的调隙一般采用双螺母结构。

垫片式调隙机构如图 2-28 所示。通过调整垫片的厚度，使两螺母产生轴向相对位移，以消隙和预紧。这种结构简单可靠，装卸方便，刚性好，但调整费时，且不能在工作中调整。

螺纹式调隙机构如图 2-29 所示。双螺母结构中的右螺母带有外螺纹套筒，两螺母用平键联接以防止转动，以右端两锁紧螺母调隙并预紧。这种结构紧凑可靠，调整方便，但调隙不精确。

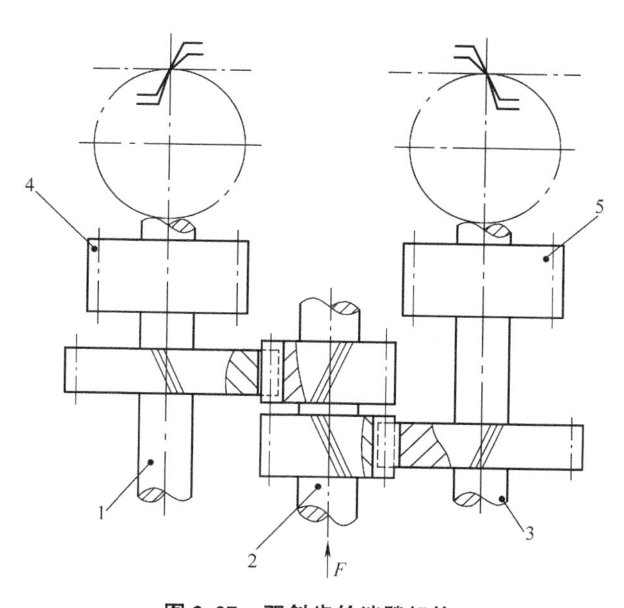

图 2-27 双斜齿轮消隙机构

1、3—被动斜齿轮轴 2—主动斜齿轮轴 4、5—直齿轮

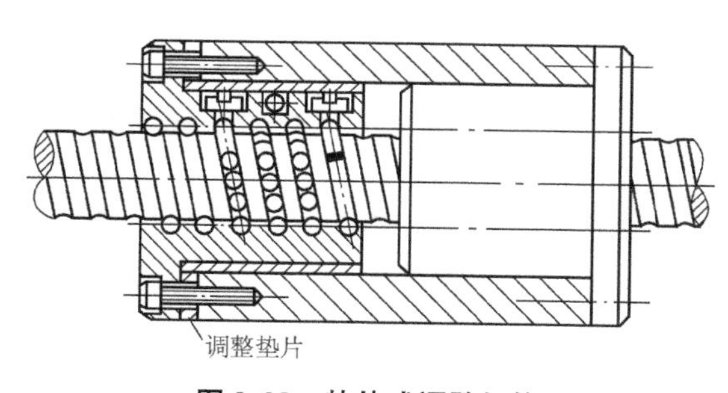

图 2-28 垫片式调隙机构

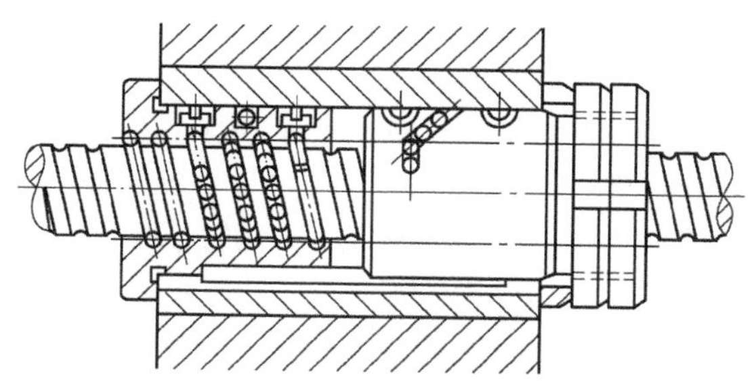

图 2-29 螺纹式调隙机构

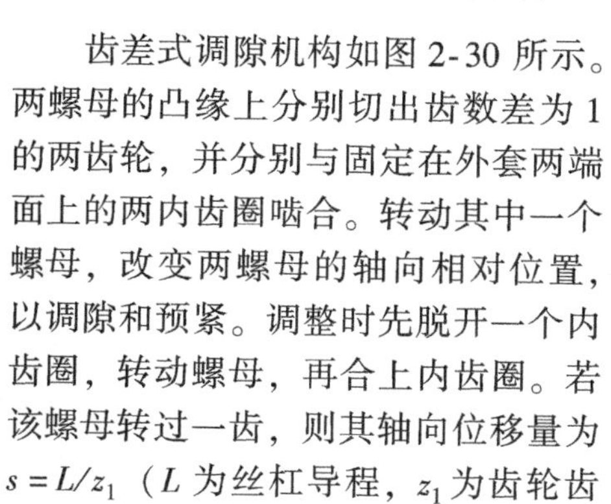

齿差式调隙机构如图 2-30 所示。两螺母的凸缘上分别切出齿数差为 1 的两齿轮，并分别与固定在外套两端面上的两内齿圈啮合。转动其中一个螺母，改变两螺母的轴向相对位置，以调隙和预紧。调整时先脱开一个内齿圈，转动螺母，再合上内齿圈。若该螺母转过一齿，则其轴向位移量为 $s=L/z_1$（L 为丝杠导程，z_1 为齿轮齿数），若两个齿轮沿同一方向各转过

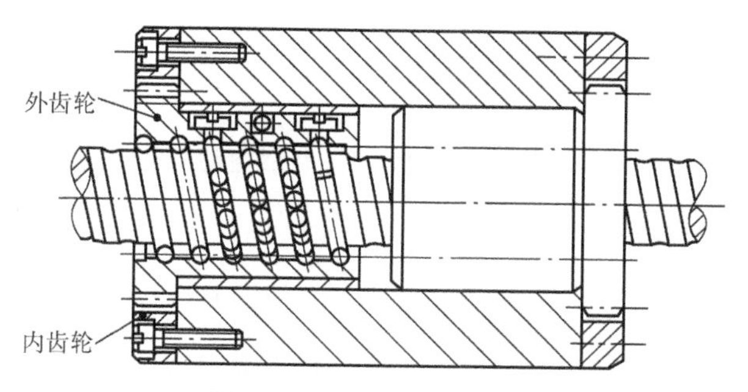

图 2-30 齿差式调隙机构

一齿，则其轴向相对位移量为 $s=\left(\frac{1}{z_1}-\frac{1}{z_2}\right)L=\frac{(z_2-z_1)L}{z_1z_2}=\frac{L}{z_1z_2}$（$z_2$ 为另一齿轮齿数，且

$|z_2-z_1|=1$）。例如，$z_1=99$，$z_2=100$，$L=100\text{mm}$，则 $s=10/9900\mu\text{m}\approx1\mu\text{m}$。这种结构调整准确可靠，精度较高，但结构较复杂。

第三节 机械传动装置

机电一体化系统中的机械传动装置不仅是扭矩和转速的变换器，而且是伺服系统的重要组成部分，所以机电一体化机械系统应具有良好的伺服性能，要求其转动惯量小、摩擦小、阻尼合理、刚性大、抗振性好、间隙小，并满足小型、轻量、高速、低噪声和高可靠性。

一、齿轮传动

齿轮传动是机电一体化系统中使用最多的机械传动装置，主要原因是齿轮传动的瞬时传动比为常数，传动精确，且强度大、能承受重载、结构紧凑、摩擦力小、效率高。

1. 齿轮传动总传动比的选择

用于伺服系统的齿轮传动一般是减速系统，其输入是高速、小转矩，输出是低速、大转矩，用以使负载加速。要求齿轮系统不但有足够的强度，还要有尽可能小的转动惯量，在同样的驱动功率下，其加速度响应为最大。此外，齿轮副的啮合间隙会造成不明显的传动死区。在闭环系统中，传动死区能使系统以 1～5 倍的间隙角产生低频振荡，为此，要调小齿侧间隙，或采用消隙装置。在上述条件下，通常采用负载角加速度最大原则选择总传动比，以提高伺服系统的响应速度。

设惯量为 J_m 的伺服电动机，通过传动比为 i 的齿轮系 G 克服摩擦阻抗力矩 T_{LF} 驱动惯性负载 J_L，其传动模型如图 2-31 所示。

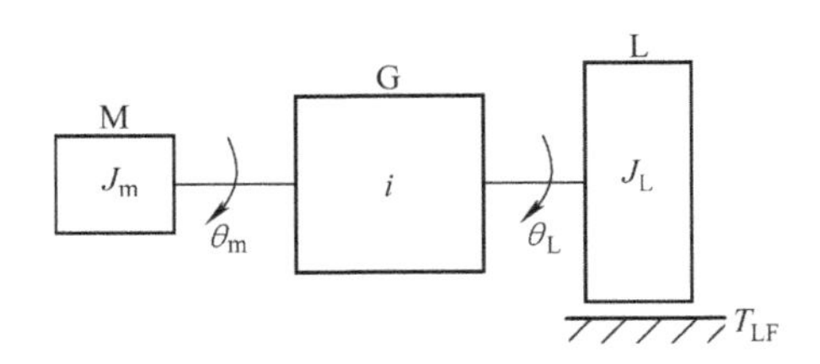

图 2-31 伺服电动机驱动齿轮系统和负载的计算模型

其传动比为

$$i=\theta_m/\theta_L=\dot{\theta}_m/\dot{\theta}_L=\ddot{\theta}_m/\ddot{\theta}_L>1 \tag{2-71}$$

式中 θ_m、$\dot{\theta}_m$、$\ddot{\theta}_m$——电动机的角位移、角速度、角加速度；

θ_L、$\dot{\theta}_L$、$\ddot{\theta}_L$——负载的角位移、角速度、角加速度。

T_{LF} 折算到电动机轴上的阻抗力矩为 T_{LF}/i，J_L 折算到电动机轴上的转动惯量为 J_L/i^2，所以电动机轴上的等效转动惯量为

$$T_a = T_m - \frac{T_{LF}}{i} = \left(J_m + \frac{J_L}{i^2}\right)\ddot{\theta}_m = \left(J_m + \frac{J_L}{i^2}\right)i\,\ddot{\theta}_L \tag{2-72}$$

或

$$\ddot{\theta}_m = \frac{T_m i - T_{LF}}{J_m i^2 + J_L} = \frac{iT_a}{J_m i^2 + J_L} \tag{2-73}$$

根据负载角加速度最大原则，令$\frac{\partial \dot{\theta}_L}{\partial i}=0$，则

$$i = \frac{T_{LF}}{T_m} + \sqrt{\left(\frac{T_{LF}}{T_m}\right)^2 + \frac{J_L}{J_m}}$$

若不计摩擦，即 $T_{LF}=0$，则

$$i = \sqrt{J_L/J_m}$$

2. 齿轮传动链的级数和各级传动比的分配

虽然周转轮系可以满足总传动比的要求，且结构紧凑，但由于效率等原因，常用多级圆柱齿轮传动副串联组成齿轮系。齿轮副级数的确定和各级传动比的分配，按以下三种不同原则进行。

（1）最小等效转动惯量原则

1）小功率传动装置。电动机驱动的二级齿轮传动系统如图 2-32 所示。假定各主动小齿轮具有相同的转动惯量 J_1，轴与轴承的转动惯量不计，各齿轮均为实心圆柱体，且齿宽和材料均相同，效率为 1，则

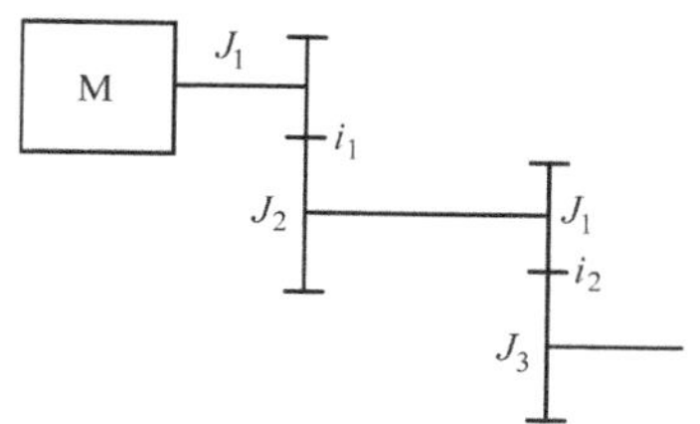

图 2-32 电动机驱动的二级齿轮机构

$$i_2 \approx i_1^2/\sqrt{2} \tag{2-74}$$

或

$$i_1 = (\sqrt{2}i)^{1/3} \tag{2-75}$$

式中 i_1、i_2——齿轮系中第一、二级齿轮副的传动比；

i——齿轮系总传动比，$i = i_1 i_2$。

同理，对于 n 级齿轮传动系统

$$i_1 = 2^{\frac{2^n-n-1}{2(2^n-1)}} i^{\frac{1}{2^n-1}} \tag{2-76}$$

$$i_k = \sqrt{2}\left(\frac{i}{2^{n/2}}\right)^{\frac{2(k-1)}{2^n-1}} \tag{2-77}$$

由此可见，各级传动比分配的结果应为“前大后小”。

2）大功率传动装置。大功率传动装置传递的转矩大，各级齿轮副的模数、齿宽、直径等参数逐级增加。这时小功率传动的假定不适用，可用图 2-33 来确定传动级数和传动比，分配结果应为“前小后大”。

（2）质量最小原则

1）小功率传动装置。仍以图 2-32 所示的传动齿轮系为例，假设条件不变，若齿轮直径为 D_i（$i=1，2，3，4$），宽度为 b，密度为 ρ，则齿轮的质量和为

$$m = \sum_{i=1}^{4} m_i = \pi\rho b \sum_{i=1}^{4} (D_i/2)^2 \tag{2-78}$$

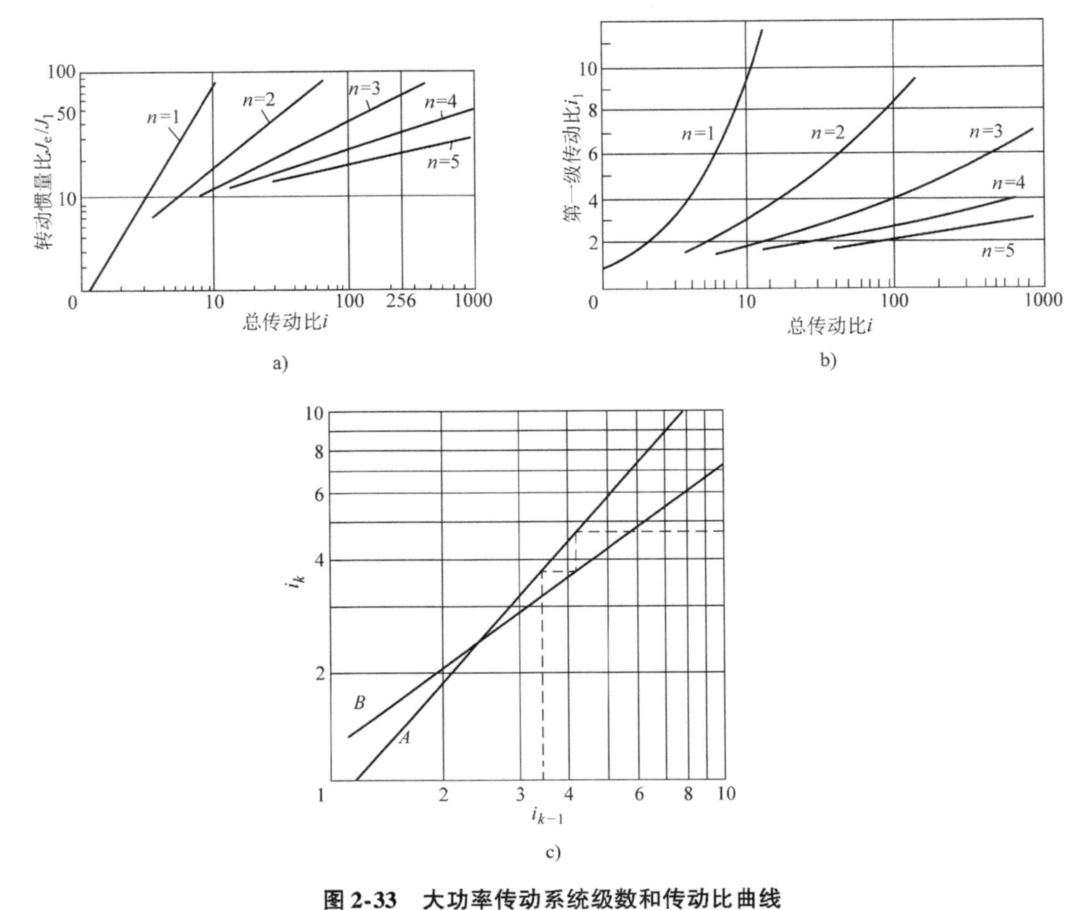

图 2-33 大功率传动系统级数和传动比曲线

a）级数曲线 b）第一级传动比曲线 c）其他级传动比曲线

根据假设条件 $D_1=D_3$，而 $i=i_1i_2$

则
$$m=\pi\rho bD_1^2(2+i_1^2+i^2/i_1^2)/4$$

令
$$\mathrm{d}m/\mathrm{d}i_1=0$$

得
$$i_1=i_2 \tag{2-79}$$

同理，对 n 级传动，可得

$$i_1=i_2=\cdots=i_n \tag{2-80}$$

2）大功率传动装置。仍以图 2-32 所示的齿轮系为例。假设所有主动小齿轮的模数为 m_1、m_3，分度圆直径为 D_1、D_3，齿宽为 b_1、b_3，都与所在轴上的转矩 T_1、T_3的三次方根成正比，即

$$m_3/m_1=D_3/D_1=b_3/b_1=\sqrt[3]{T_3/T_1}=\sqrt[3]{i_1} \tag{2-81}$$

另设每个齿轮副中齿宽相等，即 $b_1=b_2$，$b_3=b_4$，可得

$$i=i_1\sqrt{2i+1} \tag{2-82}$$

$$i_2=\sqrt{2i_1+1} \tag{2-83}$$

所得各级传动比应为“前大后小”。

(3) 输出轴的转角误差最小原则　在减速齿轮传动链中，从输入端到输出端的各级传动比按“前小后大”原则排列，则总转角误差较小，且低速级的转角误差占的比重很大。因此，为了提高齿轮传动精度，应减少传动级数，并使末级齿轮的传动比尽可能大、制造精度尽量高。

(4) 三种原则的选择

上述三种原则的选择，应根据具体的工作条件综合考虑。

1）对于以提高传动精度和减小回程误差为主的降速齿轮传动链，可按输出轴转角误差最小原则设计。若为增速传动链，则应在开始几级就增速。

2）对于要求运动平稳、起停频繁和动态性能好的伺服减速传动链，可按最小等效转动惯量和输出轴转角误差最小原则进行设计。对于负载变化的齿轮传动装置，各级传动比最好采用不可约的比数，避免同时啮合。

3）对于要求重量尽可能轻的降速传动链，可按重量最轻原则进行设计。

4）对于传动比很大的齿轮传动链，可把定轴轮系和行星轮系结合使用。

二、滚珠花键

滚珠花键结构如图2-34所示。花键轴的外圆上均布三条凸起轨道，配有六条负载滚珠列，相对应有六条退出滚珠列。轨道横截面为近似滚珠的凹圆形，以减小接触应力。承受载荷转矩时，三条负载滚珠列自动定心。反转时，另三条负载滚珠列自动定心。这种结构使切向间隙（角冲量）减小，必要时还可用一个花键螺母的旋转方向施加预紧力后再锁紧，故刚度高、定位准确。外筒上开键槽，以备联接其他传动件。保持架可使滚珠互不摩擦，且拆卸时不会脱落。用橡皮密封垫防尘，以提高使用寿命，通过油孔润滑以减少磨损。

外筒与花键轴之间既可以轴带筒或以筒带轴做回转运动，又可以做灵活、轻便的相对直线运动，所以滚动花键既是一种传动装置，又是一种直线运动支承。可用于机器人、机床、自动搬运车等各种机械。

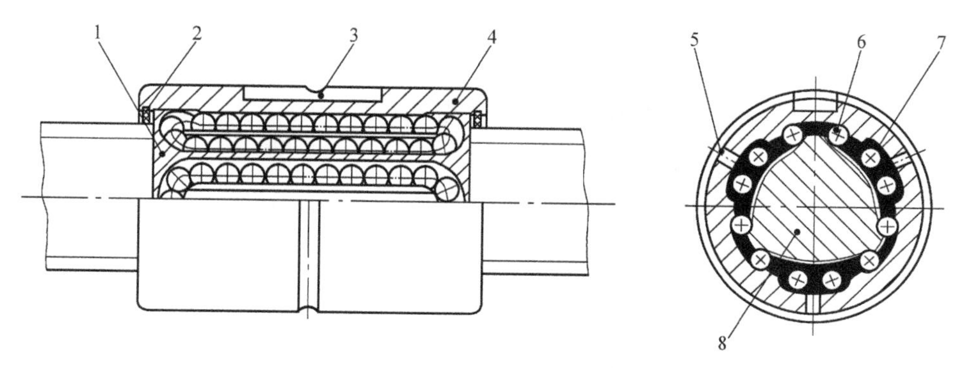

图2-34　滚珠花键结构

1—保持架　2—橡皮密封圈　3—键槽　4—外筒　5—油孔　6—负载滚珠列　7—退出滚珠列　8—花键轴

三、谐波齿轮减速器

谐波齿轮减速器的工作原理如图2-35所示。若将刚轮5固定，将外装柔性轴承4的波发生器凸轮3装入柔轮2中，使原形为圆环形的柔轮产生弹性变形，柔轮两端的齿与刚轮的齿完全啮合，而柔轮短轴两端的齿与刚轮的齿完全脱开，长轴与短轴间的齿侧逐渐啮入和啮出。当高速轴带动波发生器凸轮和柔性轴承逆时针连续转动时，柔轮上原来与刚轮啮合的齿对开始啮出后脱开，再转入啮入，然后重新啮合，这样柔轮就相对于刚轮沿着与波发生器相反的方向低速旋转，通过低速轴输出运动。若将柔轮2固定，由刚轮5输出运动，其工作原理完全相同，只是刚轮的转向将与波发生器的转向相同。

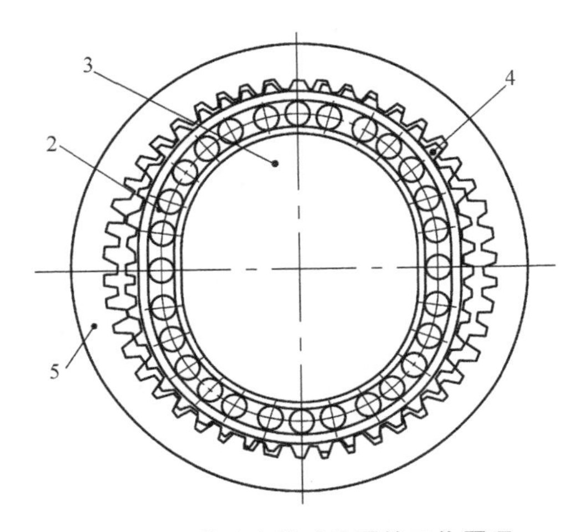

图2-35 谐波齿轮减速器的工作原理

1—输入轴（图中未表示） 2—柔轮 3—波发生器凸轮 4—柔性轴承 5—刚轮

谐波齿轮减速器的结构如图2-36所示，输入轴1带动波发生器凸轮3，经柔性轴承4，使柔轮2的齿在产生弹性变形的同时与刚轮5的齿相互作用，完成减速功能。

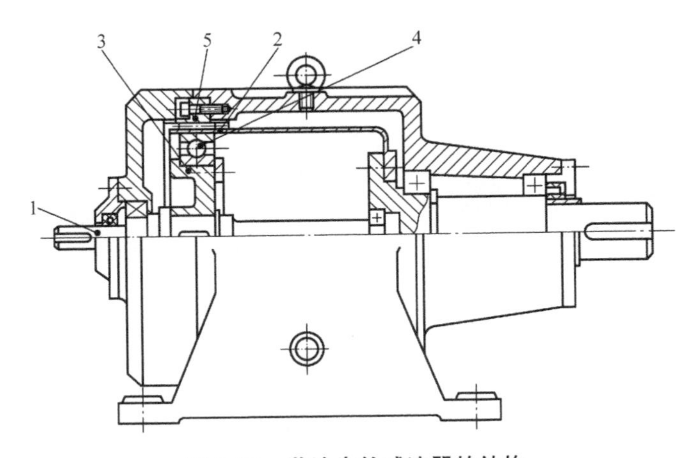

图2-36 谐波齿轮减速器的结构

1—输入轴 2—柔轮 3—波发生器凸轮 4—柔性轴承 5—刚轮

谐波齿轮传动与一般齿轮传动相比有下列特点：

（1）传动比大　单级谐波齿轮传动比为 50～500。多级或复式传动比更大，可达 30000 以上。

（2）承载能力大　在传输额定输出转矩时，谐波齿轮传动同时啮合的齿对数可达总齿对数的 30%～40%。

（3）传动精度高　在同样的制造精度条件下，谐波齿轮的传动精度比一般齿轮的传动精度至少要高一级。

（4）齿侧间隙小　通过调整齿侧间隙可减到最小，以减少回差。

（5）传动平稳　基本上无冲击振动。

（6）结构简单、体积小、重量轻　在传动比和承载能力相同的条件下，谐波齿轮减速器比一般齿轮减速器的重量减少 1/2～1/3。

四、机械传动系统方案的选择

机电一体化机械系统要求精度高、运行平稳、工作可靠，这不仅是机械传动和结构本身的问题，而且要通过控制装置，使机械传动部分与伺服电动机的动态性能相匹配，在设计过程中要综合考虑这几部分的相互影响。

如前所述，对于伺服机械传动系统，一般要求具有高的机械固有频率、高刚度、合适的阻尼、线性的传递性能、小惯量等，这些都是保证伺服系统具有良好的伺服特性（精度、快速响应和稳定性）所必需的。设计过程中应考虑多种设计方案，优化评价决策，反复比较，选出最佳方案。

以数控机床进给系统为例，可以有以下几种选择：丝杠传动、齿条传动和蜗杆传动（蜗轮、旋转工作台）。如图 2-37 所示，若丝杠行程大于 4m，则刚度难以保证，所以可选择齿条传动。

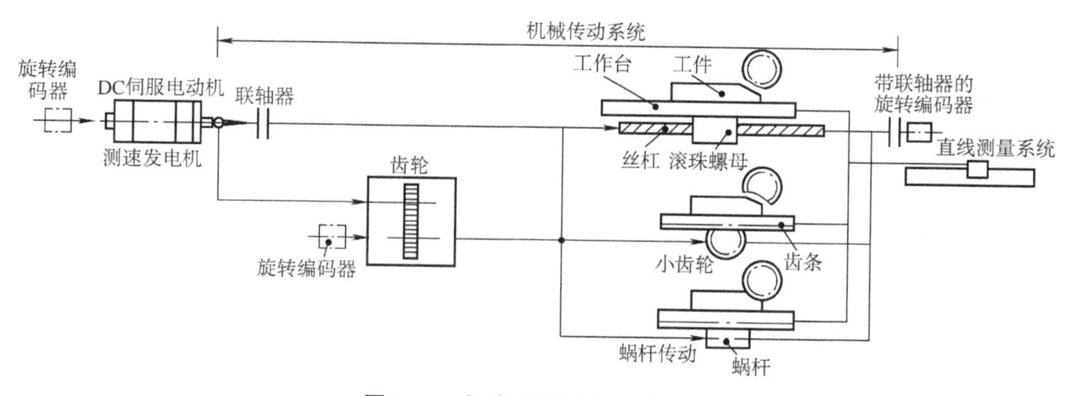

图 2-37　机床进给系统方案举例

当选择丝杠传动后，丝杠与伺服电动机的连接关系有直接传动和中间用齿轮或同步带传动两种。在同样的工作条件下，选择不同类型的电动机，相应的丝杠尺寸和齿轮传动比也不同。例如，要求进给力 $F_v = 12.5\mathrm{kN}$，快速行程速度 $v = 12\mathrm{m/min}$ 时，可采用不同的伺服电动机与传动方案，见表2-3。表中，T_R为额定转矩，n_R为额定转速，E为能量，ε_m为线加速度，F_v为进给力，v为快进速度，ω_n为固有频率。成本比较只是三相全波与三相半波无环流反并联式线路成本，不包括齿轮传动装置。

表2-3 不同传动方案比较

传　动	电动机	T_R/ N·m	n_R/ (r/min)	E/ J	ε_m/ (m/s²)	F_v /kN	v/ (m/min)	ω_n/ (rad/s)	成本比较（%）	
									6脉冲	3脉冲
L_0=10mm	1HU3104	25	1200	364	3.5	12.5	12	137	100	112
i=1.66 L_0=10mm	1HU3078	14	2000	250	4.7	11.6	12	244	88	98
i=2.5 L_0=10mm	1HU3076	10	3000	510	2.5	12.5	12	308	85	98
L_0=6mm	1HU3078	14	2000	290	4	11.6	12	232	88	98
L_0=15mm	1HU3108	38	800	210	6.1	12.5	18	107	121	138
i=5 L_0=10mm	1GS3107	6.8	6000	590	2.9	17	12	143	106	114

注：1. 1HU型为永磁式DC伺服电动机，1GS型为电磁式DC伺服电动机，均为德国电动机型号。
2. 工作台与工件质量为3000kg。

第四节 支承部件

支承部件是机电一体化系统中的重要部件，它不仅要支承、固定和连接系统中的其他零部件，还要保证这些零部件之间的相对位置要求和相对运动的精度要求，而且还是伺服系统的组成部分。机电一体化系统对支承部件的主要要求是精度高、刚度大、热变形小、抗振性好、可靠性高，并且具有良好的摩擦特性和结构工艺性。

一、回转运动支承

回转运动支承主要由滚动轴承、动压轴承、静压轴承、磁轴承等支承元件承担。

1. 非标准滚动轴承

标准滚动轴承的应用范围可由相关资料提供。当对轴承有特殊要求而又不可能采用标准滚动轴承时，就需根据使用要求自行设计非标准滚动轴承。

（1）微型滚动轴承　如图 2-38 所示的微型向心推力轴承，具有杯形外圈，尺寸 $D \geqslant$ 1.1mm，但没有内环，锥形轴颈直接与滚珠接触，由弹簧或螺母调整轴承间隙。

当尺寸 $D > 4$mm 时，可有内环，如图 2-39a 所示，采用碟形垫圈来消除轴承间隙。图 2-39b 所示的轴承内环可以与轴一起从外环和滚珠中取出，装拆比较方便。

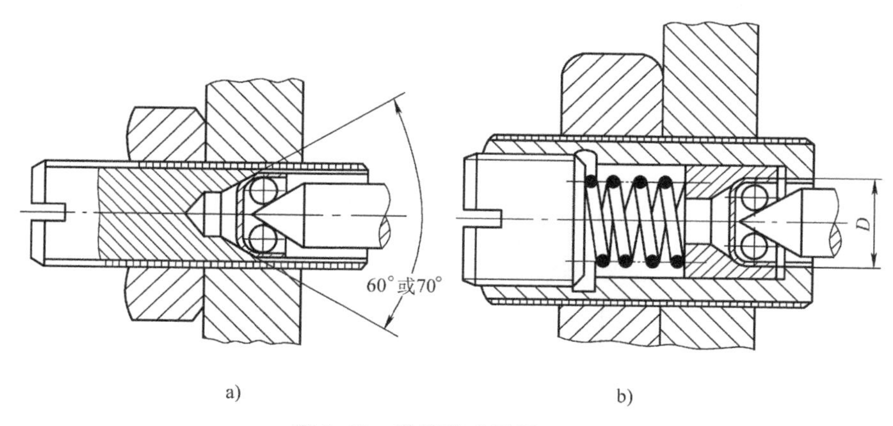

图 2-38　微型滚动轴承（一）

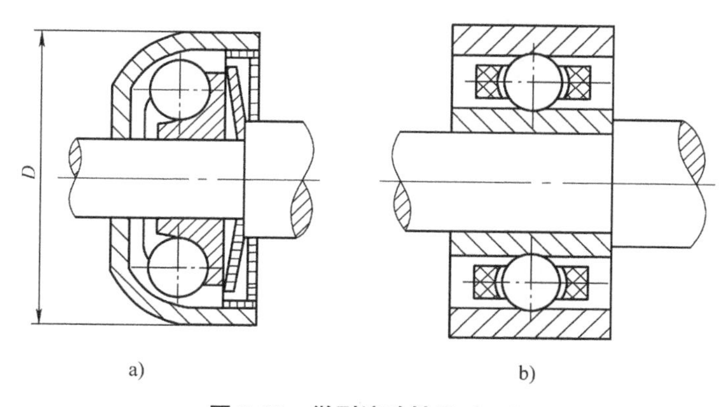

图 2-39　微型滚动轴承（二）

（2）密珠轴承　密珠轴承是一种新型的滚动摩擦支承。它由内、外圈和密集于二者间并具有过盈配合的钢珠组成。它有两种形式，如图 2-40 所示，即径向轴承（见图2-40a）和推力轴承（见图 2-40b）。密珠轴承的内外滚道和止推面分别是形状简单的外圆柱面、内圆柱面和平面，在滚道间密集地安装有滚珠。滚珠在其尼龙保持架的空隙中以近似于多头螺旋线的形式排列，如图 2-40c、d 所示。每个滚珠公转时均沿着自己的滚道滚动而互不干扰，以减少滚道的磨损。滚珠的密集还有助于减小滚珠几何误差对主轴轴线位置的影响，具有误差平均效应，有利于提高主轴精度。滚珠与内、外圈之间保持有 0. 005 ~0. 012mm 的预加过盈量，以消除间隙、增加刚度、提高轴的回转精度。其典型应用为精密分度头主轴系统，如图 2-41 所示。

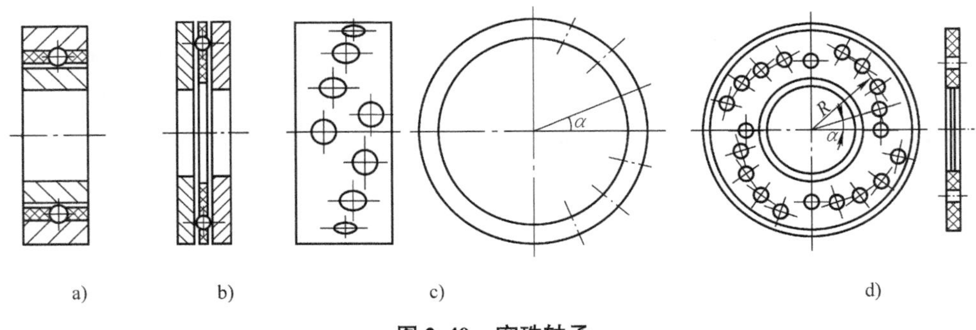

图 2-40　密珠轴承

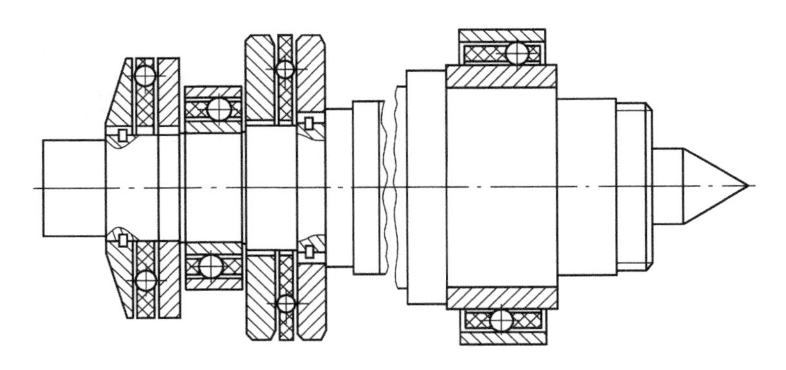

图 2-41　精密分度头主轴系统

2. 液体静压轴承

液体静压轴承具有回转精度高（0. 1μm）、刚度较大、转动平稳、无振动的特点。图 2-42 所示为典型的液体静压轴承主轴结构。

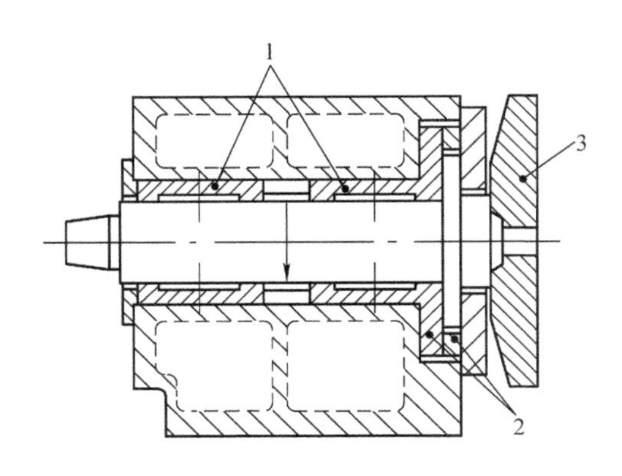

图 2-42　液体静压轴承主轴结构

1—径向轴承　2—推力轴承　3—真空吸盘

液体静压轴承的主要缺点是：

1）液体静压轴承的油温随着转速的升高而升高。温度升高将造成热变形，影响主轴精度。

2）静压油回油时将空气带入油源，形成微小气泡悬浮在油中，不易排出，因而降低了液体静压轴承的刚度和动特性。

3. 空气静压轴承

空气静压轴承具有很高的回转精度，在高速转动时温升甚小，基本达到恒温状态，因此造成的热变形误差很小。空气静压轴承的主要缺点是刚度小、承受载荷较小，以下是几种典型的结构。

（1）圆柱径向和端面推力空气静压轴承　这种结构与图2-42所示的液体静压轴承主轴结构基本相同，只是节流孔和气腔大小形状不同。圆柱径向和端面推力空气轴承的主轴结构的另一种形式如图2-43所示。该结构中径向轴承的轴套为外鼓形，可自动调整定心。方法是先通气使轴套自动将位置调好后再固定。这样可提高前后轴套的同心度，从而保证主轴的回转精度。

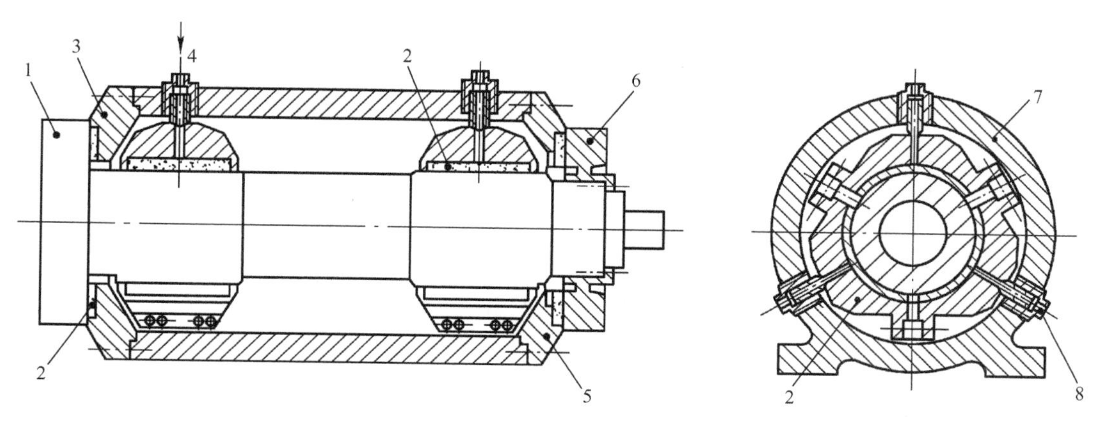

图2-43　空气静压轴承主轴结构

1—主轴　2—多孔石墨轴衬　3—前止推板　4—进气孔　5—后止推板　6—挠性止推环　7—调整螺钉　8—外壳体

（2）双半球空气轴承主轴　该主轴前后轴承均为半球状，既是径向轴承又是推力轴承，如图2-44所示。由于轴承的球形气浮面具有自动调心作用，因此可以提高前后轴承的同心度，以提高主轴的回转精度。

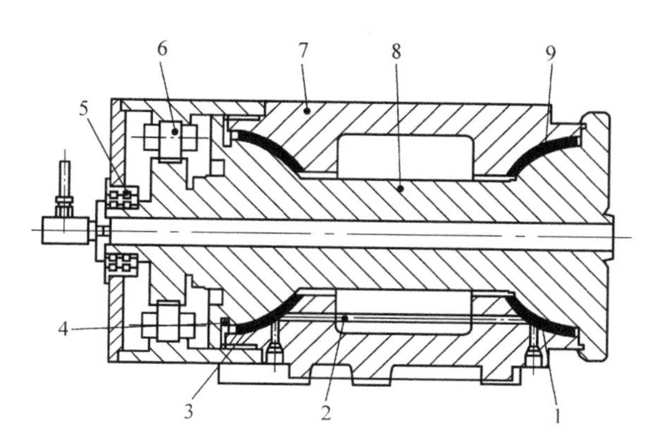

图2-44　内装式双半球空气轴承主轴

1—前轴承　2—供气孔　3—后轴承　4—定位环　5—旋转变压器　6—无刷电动机　7—外壳　8—主轴　9—多孔石墨

（3）前球形后圆径向空气轴承的主轴　如图2-45所示，球形端同时起到径向和轴向推力轴承的作用，并具有自动调心的作用，保证了前后轴承（圆柱径向轴承）的同心度，从而提高了主轴回转精度。

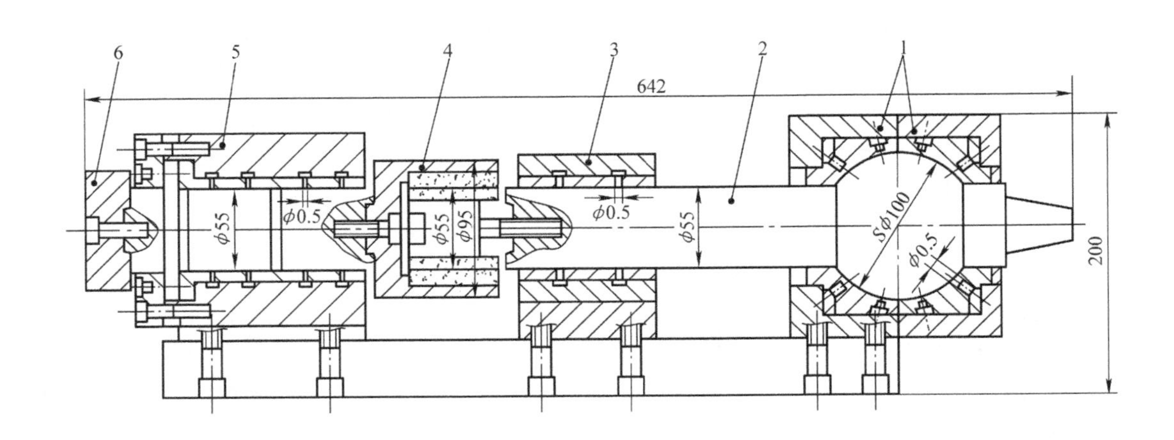

图2-45　一端为球形轴承另一端为圆柱轴承的空气轴承主轴

1—球轴承　2—主轴　3—径向轴承　4—电磁联轴器　5—径向及推力轴承　6—带轮

（4）立式空气轴承　立式空气轴承主轴如图2-46所示，其径向轴承为圆弧面，起到自动调心、提高精度的作用。

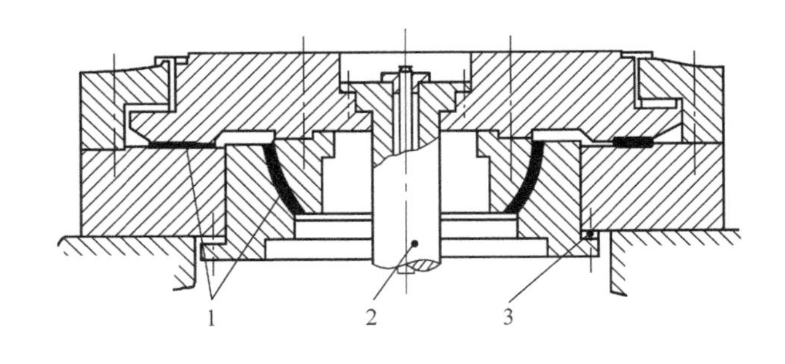

图2-46　立式空气轴承主轴

1—多孔石墨轴衬　2—主轴　3—空隙

二、直线运动支承

直线运动支承主要是指直线运动导轨副，其作用是保证所支承的各零部件之间的相对位置和相对运动精度。所以对导轨副的基本要求是：导向精度高、刚度大、耐磨性好、运动灵活平稳。机电一体化系统中常用的直线运动支承有滑动导轨、滚动导轨、液体和气体静压导轨，见表2-4。

表 2-4 常用直线运动支承

导轨种类 性能	一般滑动导轨	塑料导轨	滚动导轨	静压导轨	
				液体静压	气体静压
定位精度	一般。位移误差为10～20μm，用防爬油或液压卸荷时为2～5μm	较高。用聚四氟乙烯时，位移可达2μm	高，传动刚度大于30～40N/μm时位移误差为0.1～0.3μm	较高。位移误差可达2μm	高。位移误差可达0.125μm
摩擦特性	摩擦因数较大，变化范围也大	摩擦因数较小。动、静摩擦因数基本相同	摩擦因数很小，且与速度呈线性关系，动、静摩擦因数基本相同	起动摩擦因数很小（0.0005）且与速度呈线性关系	摩擦因数小于液体静压导轨
承载能力 N/mm^2	中等。铸铁与铸铁约为1.5，钢与铸铁、钢与钢约为2.0	聚四氟乙烯连续使用时＜0.35；间断使用时＜1.75	滚珠导轨较小 滚柱导轨较大	可以很高	承载能力小于液体静压导轨
刚度	接触刚度高	刚度较高	无预加载荷时刚度较低；有预加载荷的滚动导轨可略高于滑动轴承	间隙小时刚度高，但不及滑动导轨	刚度低
运动 平稳性	速度在 $1.67\times(10^{-5}\sim10^{-3})$ m/s时容易出现爬行	无爬行现象	仅在预加载荷过大和制造质量过低时出现爬行现象	运动平稳，低速无爬行	
抗振性	一般	吸振	抗振性和抵抗冲击载荷的能力较差	吸振性好	
寿命	非淬火铸铁低淬火或耐磨铸铁中等，淬火钢高	高	防护很好时高	很高	
速度	中、高	中等	任意	低、中等	

第三章
传感检测与接口电路

传感检测装置是机电一体化系统的感觉器官，即从待测对象那里获取能反映待测对象特征与状态的信息。它是实现自动控制、自动调节的关键环节，其功能越强，系统的自动化程度就越高。传感检测技术的内容，一是研究如何将各种被测量（包括物理量、化学量和生物量等）转换为与之成比例的电量；二是研究对转换的电信号的加工处理，如放大、补偿、标度变换等。

第一节 传感器

一、传感器技术

传感器是借助于检测元件接收一种形式的信息，并按一定规律将它转换成另一种信息的装置。它获取的信息，可以是各种物理量、化学量和生物量，而且转换后的信息形式也是不尽相同。当今电信号是最易于处理和便于传输的，所以目前大多数的传感器将获取的信息转换为电信号。

传感器的应用领域十分广泛，在国防、航空、航天、交通运输、能源、机械、石油、化工、轻工、纺织等工业部门和环境保护、生物医学工程等领域都大量地采用各种各样的传感器。

二、传感器的分类及要求

用于测量与控制的传感器种类繁多，同一被测量，可以用不同的传感器来测量；而同一原理的传感器，通常又可测量不同类型的被测量。因此，传感器的分类方法也有很多。通常有两种分类方法：一种是以被测参量来分，另一种是以传感器的工作原理来分。表 3-1 列出了目前的一些分类方法。

表 3-1 传感器的分类

分类法	形式	说明
按构成原理分	结构型 物性型	以其转换元件结构参数变化实现信号转换 以其转换元件物理特性变化实现信号转换
按基本效应分	物理型、化学型、生物型等	分别以转换中的物理效应、化学效应等命名
按能量关系分	能量转换型（自源型） 能量控制型（外源型）	传感器输出量直接由被测量能量转换而得 传感器输出量能量由外源供给，但受被测输入量控制
按作用原理分	应变式、电容式、压电式、热电式	以传感器对信号转换的作用原理命名
按输入量分	位移、压力、温度、流量、气体等	以被测量命名，也就是按用途来分类
按输出量分	模拟式 数字式	输出量为模拟信号 输出量为数字信号

三、传感器的性能与选用原则

1. 传感器的性能

传感器的输入—输出特性是传感器的基本特性，由于输入信息的状态不同，传感器所表现的基本特性也不同，存在所谓的静态特性和动态特性。

（1）传感器的静态特性　传感器在静态信号作用下，其输入—输出关系称为静态特性，如图 3-1 所示。衡量传感器静态特性的重要指标是线性度、灵敏度、迟滞性和重复性。

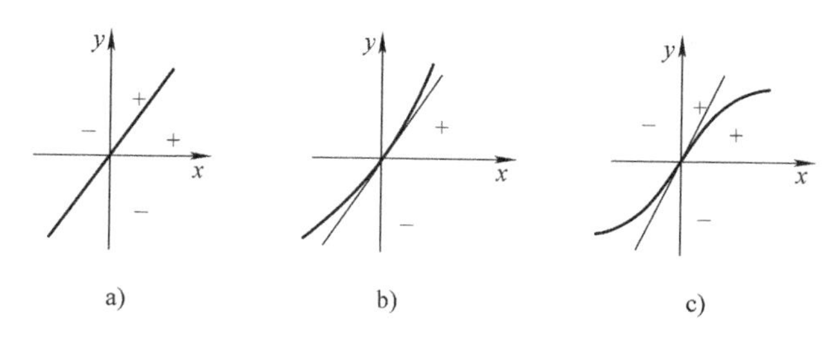

图 3-1 传感器的静态特性

a）理想传感器特性曲线　b）只包含偶次项的特性曲线　c）只包含奇次项的特性曲线

1）线性度。传感器的实际特性曲线与拟合直线之间的偏差称为传感器的非线性误差（线性度），如图 3-2、图 3-3 所示。

2）灵敏度。灵敏度是指传感器在静态信号输入情况下，输出变化对输入的比值 S，即

$$S=\frac{输出变化量}{输入变化量}=\frac{\mathrm{d}y}{\mathrm{d}x}$$

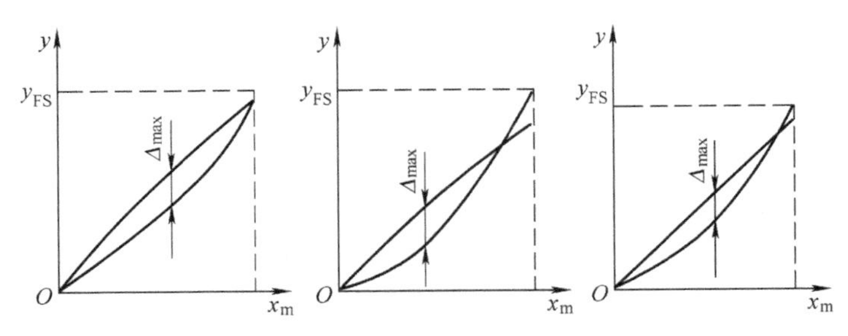

图 3-2 输出—输入的非线性

对于线性传感器，它的灵敏度就是它的静态特性的斜率，非线性传感器的灵敏度为一变量。一般希望传感器的灵敏度高一些，并且在满量程范围内是恒定的，即传感器的输入—输出特性为直线。

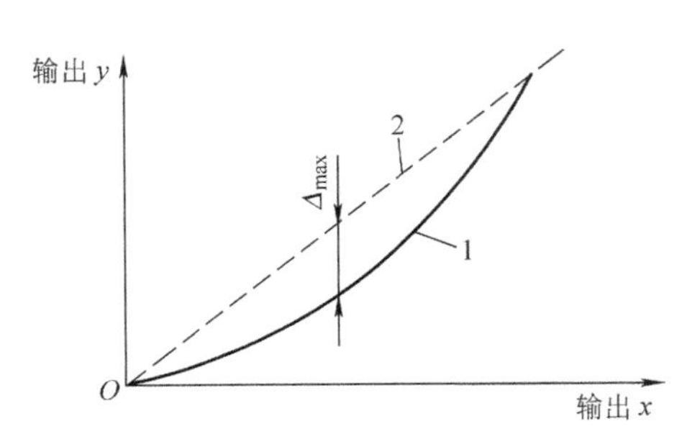

图 3-3 线性度示意图

1—实际曲线 2—理想曲线

3）迟滞性。迟滞性表明传感器在正（输入量增大）、反（输入量减少）行程期间输入—输出特性曲线不重合的程度，如图 3-4 所示。产生迟滞性现象的主要原因是机械的间隙、摩擦或磁滞等因素。

4）重复性。重复性表示传感器在输入量按同一方向作全程多次测试时所得特性曲线的不一致程度，如图 3-5 所示。

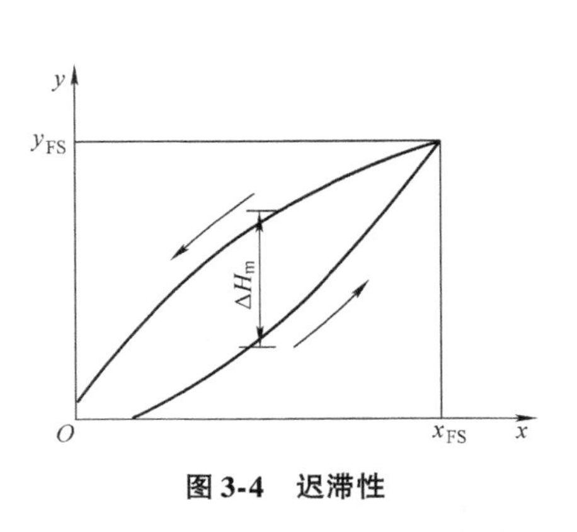

图 3-4 迟滞性

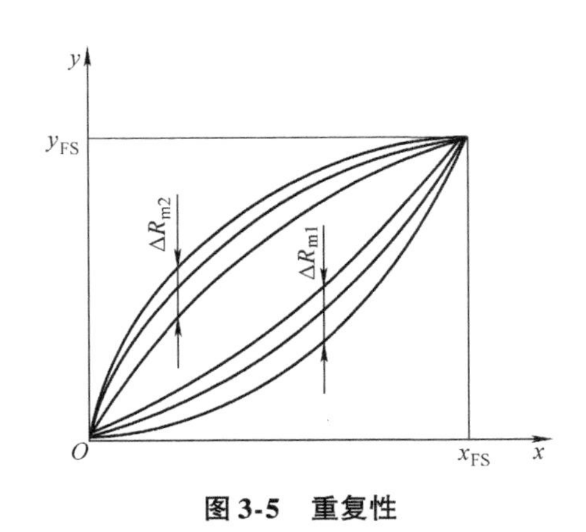

图 3-5 重复性

（2）传感器的动态特性　在传感器测试工作中，大量的被测信号是动态信号，不仅需要精确地测量信号幅值的大小，而且需要测量和记录信号的变化过程，这就要求传感器能迅速、准确地测出信号幅值的大小和不失真地再现被测信号随时间变化的实时、准确波形。

传感器的动态特性是指传感器对输入信号响应的特性，一个动态特性好的传感器其输出能再现输入变化规律（变化曲线），但实际上除了具有理想的比例特性的环节外，输出信号不可能与输入信号具有完全相同的时间函数，这种输出与输入之间的差异叫作动态误差。

2. 传感器的选用原则

传感器是测量与控制系统的首要环节，通常应该达到快速、准确、可靠而又经济地实现信息转换的基本要求，即：

1）足够的容量——传感器的工作范围或量程足够大，具有一定的过载能力。

2）与测量或控制系统的匹配性好，转换灵敏度高——要求其输出信号与被测输入信号成确定关系（通常为线性），且比值要大。

3）精度适当，且稳定性高——传感器的静态响应与动态响应的准确度能满足要求，并且长期稳定。

4）反应速度快，工作可靠性好。

5）适用性和适应性强——动作能量小，对被测对象的状态影响小；内部噪声小又不易受外界干扰的影响，使用安全等。

6）使用经济——成本低，寿命长，且易于使用、维修和校准。

在实际的传感器的选用过程中，能完全满足上述要求的传感器是很少的，因此应根据应用的目的、使用环境、被测对象情况、精度要求和信号处理等具体条件做全面综合考虑。

第二节 位移测量传感器

位移测量是线性位移和角位移测量的总称，位移测量在机电一体化领域中应用十分广泛。常用的直线位移测量传感器有：电感式传感器、差动传感器、电容式传感器、感应同步器、光栅传感器等；常用的角位移测量传感器有：电容式传感器、光电编码盘等。

一、电容式传感器

电容式传感器是将被测非电量的变化转换为电容量变化的一种传感器。它结构简单、分辨力高、可非接触测量，并能在高温、辐射和强烈振动等恶劣条件下工作。

由物理学知识可知，由绝缘介质分开的两个平行金属板电容器，当忽略边缘效应影响时，其电容量与真空介电常数 ε_0（$8.854\times10^{-12}\mathrm{F\cdot m^{-1}}$）、极板间介质的相对介电常数 ε_r、极板的有效面积 A 以及两极板间的距离 δ 有关：

$$C=\frac{\varepsilon_0\varepsilon_r A}{\delta} \tag{3-1}$$

被测量的变化式中 δ、A、ε_r 三个变量中任意一个发生变化，都会引起电容量的变化，通过测量电路就可转换为电量输出。因此，电容式传感器可分为变极距型、变面积型和变介质型三种类型。

1. 变极距型电容式传感器

图 3-6 为变极距型电容式传感器的原理图，其结构如图 3-7 所示。当传感器的极板间介质的相对介电常数 ε_r 和极板的有效面积 A 为常数、初始极距为 δ_0 时，由 $C_0=\dfrac{\varepsilon_0\varepsilon_r A}{\delta_0}$，

可求得初始电容量 C_0。

当动极板因被测量变化而向上移动，使 δ_0 减小 $\Delta\delta_0$ 时，电容量增大 ΔC，即

$$C_0+\Delta C=\frac{\varepsilon_0\varepsilon_r A}{\delta_0-\Delta\delta}=C_0\frac{1}{(1-\Delta\delta/\delta_0)} \tag{3-2}$$

可见，传感器输出特性 $C=f(\delta)$ 是非线性的。

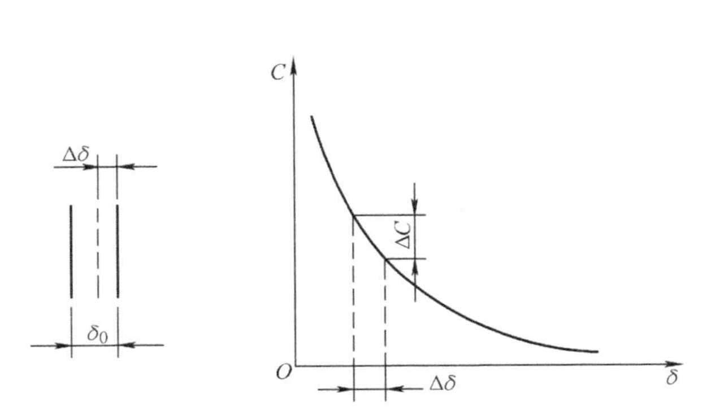

图 3-6 变极距型电容式传感器原理图

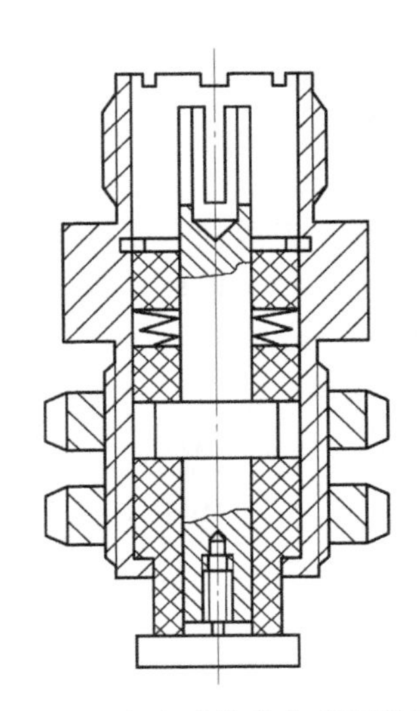

图 3-7 电容式位移传感器结构

电容相对变化量为

$$\frac{\Delta C}{C_0}=\frac{\Delta\delta}{\delta_0}\left(1-\frac{\Delta\delta}{\delta_0}\right)^{-1} \tag{3-3}$$

如果满足条件（$\Delta\delta/\delta_0$）≪1，可按级数展开

$$\frac{\Delta C}{C_0}=\frac{\Delta\delta}{\delta_0}\left[1+\frac{\Delta\delta}{\delta_0}+\left(\frac{\Delta\delta}{\delta_0}\right)^2+\left(\frac{\Delta\delta}{\delta_0}\right)^3+\cdots\right] \tag{3-4}$$

略去高次（非线性）项，可得近似的线性关系和灵敏度 S 分别为

$$\frac{\Delta C}{C_0}\approx\frac{\Delta\delta}{\delta_0} \tag{3-5}$$

$$S=\frac{\Delta C}{\Delta\delta}=\frac{C_0}{\delta_0}=\frac{\varepsilon_0\varepsilon_r A}{\delta_0^2} \tag{3-6}$$

如果考虑级数展开式中的线性项及二次项，则

$$\frac{\Delta C}{C_0}=\frac{\Delta\delta}{\delta_0}\left(1+\frac{\Delta\delta}{\delta_0}\right) \tag{3-7}$$

因此，以式(3-3) 为传感器的特性使用时，其相对非线性误差 e_f 为

$$e_f=\frac{|(\Delta\delta/\delta_0)^2|}{|(\Delta\delta/\delta_0)|}\times100\%=|\Delta\delta/\delta_0|\times100\% \tag{3-8}$$

由上述讨论可知：① 变极距型电容式传感器只有在 $\Delta\delta/\delta_0$ 很小（小测量范围）时，才有近似的线性输出；② 灵敏度 S 与初始极距的二次方成正比，故可用减小 δ_0 的办法来提高灵敏度。

由式(3-8)可见，δ_0 的减小会导致非线性误差增大；δ_0 过小还可能引起电容器击穿或短路。为此，极板间可采用高介电常数的材料作介质。

2. 变面积型电容式传感器

变面积型电容式传感器原理图如图3-8所示，它与变极距型不同的是被测量通过动极板移动，引起两极板有效覆盖面积 A 改变，从而得到电容的变化。设动极板相对定极板沿长度 l_0 方向平移 Δl 时，则电容为

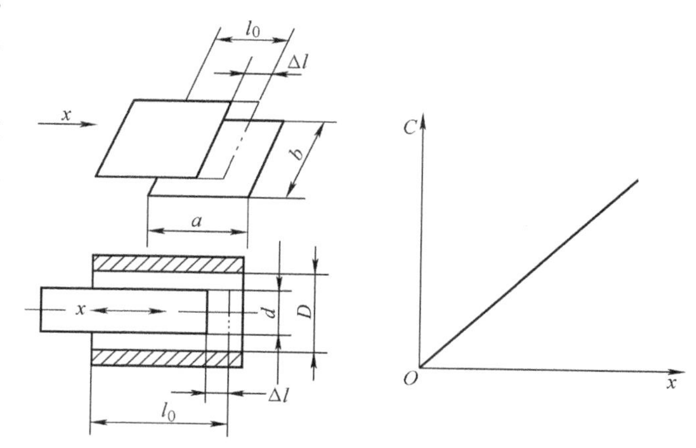

图3-8 变面积型电容式传感器原理图

$$C = C_0 - \Delta C = \frac{\varepsilon_0 \varepsilon_r (l_0 - \Delta l) b_0}{\delta_0} \tag{3-9}$$

式中，$C_0 = \varepsilon_0 \varepsilon_r l_0 b_0 / \delta_0$ 为初始电容。电容的相对变化量为

$$\frac{\Delta C}{C_0} = \frac{\Delta l}{l_0} \tag{3-10}$$

很明显，这种传感器的输出特性呈线性。因而其量程不受线性范围的限制，适合于测量较大的直线位移和角位移。它的灵敏度为

$$S = \frac{\Delta C}{\Delta l} = \frac{\varepsilon_0 \varepsilon_r b_0}{\delta_0} \tag{3-11}$$

必须指出，上述讨论只在初始极距 δ_0 精确保持不变时成立，否则将导致测量误差。为减小这种影响，可以使用图中所示中间极板移动的结构。

变面积型电容式传感器与变极距型相比，灵敏度较低。因此，在实际应用中，也采用差动式结构，以提高灵敏度。

二、电感式传感器

电感式传感器是把被测量变化转换成线圈自感或互感变化的装置。利用磁场作为媒介或利用铁磁体的转换性能，使线圈绕组自感系数或互感系数变化是这类传感器的基本特征。电感式传感器结构简单，输出功率大，输出阻抗小，抗干扰能力强，但它的动态响应慢，不宜作快速动态测试。

1. 自感式传感器原理

由物理学磁路知识，线圈的自感系数为

$$L = W^2 / R_M \tag{3-12}$$

式中 W——线圈匝数；

R_M——磁路总磁阻。

如图3-9所示，当铁心与衔铁之间有一很小空气隙 δ 时，可以认为气隙间磁场是均匀

的，磁路是封闭的。不考虑磁路损失时，总磁阻为

$$R_M = \sum_{i=1}^{n} \frac{l_i}{\mu_i S_i} + 2\frac{\delta}{\mu_0 S} \quad (3\text{-}13)$$

式中 l_i——铁磁材料各段长度；

S_i——相应段的截面积；

μ_i——相应段的磁导率；

δ——气隙厚度；

S——气隙截面积；

μ_0——真空磁导率，空气磁导率近似等于真空磁导率。

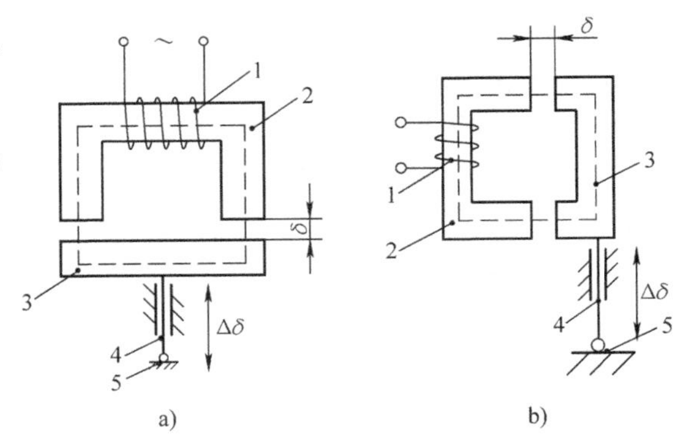

图 3-9 自感式传感器原理图

a）气隙型 b）截面型

1—线圈 2—铁心 3—衔铁 4—测杆 5—被测件

式(3-13) 中第一项为铁磁材料的磁阻，第二项为气隙的磁阻。

考虑到铁磁材料的磁导率 μ_i 比空气磁导率 μ_0 大得多，计算总磁阻时，式(3-13) 中第一项可忽略不计，则

$$R_M \approx 2\delta/\mu_0 S \quad (3\text{-}14)$$

此时线圈的自感系数为

$$L = W^2 \frac{\mu_0 S}{2\delta} \quad (3\text{-}15)$$

由式(3-15) 可见，自感系数 L 与气隙厚度 δ 成反比，有非线性误差；自感系数 L 与截面积 S 成正比，呈线性关系。

另外，利用某些铁磁材料的压磁效应改变磁导率，可设计成压磁式传感器。

2. 变气隙式电感传感器

图 3-9a 为变气隙式电感传感器示意图。由式(3-15) 可知，当气隙减少 $\Delta\delta$ 时，使电感值 L 增加 ΔL。一般取 $\delta = 0.1 \sim 0.5\text{mm}$。由此可得

$$\Delta L = \frac{W^2 \mu_0 S}{2}\left(\frac{1}{\delta - \Delta\delta} - \frac{1}{\delta}\right) = L\frac{\Delta\delta}{\delta - \Delta\delta} = L\frac{\Delta\delta/\delta}{1 - \Delta\delta/\delta} \quad (3\text{-}16)$$

显然，$\Delta\delta/\delta < 1$，利用幂级数展开式，有

$$\frac{\Delta L}{L} = \frac{\Delta\delta}{\delta}\left[1 + \frac{\Delta\delta}{\delta} + \left(\frac{\Delta\delta}{\delta}\right)^2 + \left(\frac{\Delta\delta}{\delta}\right)^3 + \cdots\right]$$

去掉高次项，作线性化处理，有

$$\frac{\Delta L}{L} \approx \frac{\Delta\delta}{\delta} \quad (3\text{-}17)$$

定义变气隙式电感传感器灵敏系数为

$$K_L = \frac{\Delta L/L}{\Delta\delta} = \frac{1}{\delta} \quad (3\text{-}18)$$

在实际中大都采用差动式，如图 3-10 所示，当衔铁由平衡位置变动 $\Delta\delta$ 时，左（右）气隙为 $\delta_0 - \Delta\delta$，左（右）线圈电感增加 ΔL；右（左）气隙为 $\delta_0 + \Delta\delta$，右（左）线圈电感减少 ΔL。则电感总变化量为

$$\Delta L' = L_0 \frac{2\Delta\delta}{\delta_0 - \frac{(\Delta\delta)^2}{\delta_0}} \quad (3\text{-}19)$$

不计分母中$(\Delta\delta)^2/\delta_0$，则有

$$\Delta L' = L_0 \frac{2\Delta\delta}{\delta_0} \quad (3\text{-}20)$$

定义差动式的灵敏系数为

$$K_L' = \frac{\Delta L'/L_0}{\Delta\delta} = \frac{2}{\delta_0} \quad (3\text{-}21)$$

灵敏度提高一倍，非线性误差减小。

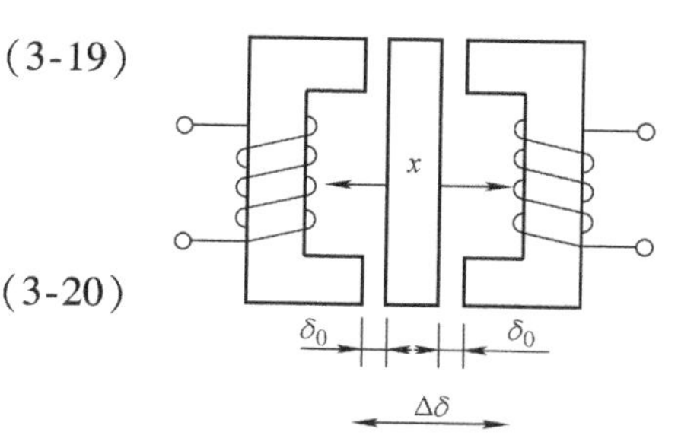

图 3-10 差动式变气隙传感器

三、光栅

光栅是一种新型的位移检测元件，它的特点是测量精度高（可达 ±1μm）、响应速度快和量程范围大等。

光栅由标尺光栅和指示光栅组成，两者的光刻密度相同，但体长相差很多，其结构如图 3-11 所示。光栅条纹密度一般为每毫米 25、50、100、250 条等。

把指示光栅平行地放在标尺光栅上面，并且使它们的刻线相互倾斜一个很小的角度，这时在指示光栅上就出现几条较粗的明暗条纹，称为莫尔条纹。它们是沿着与光栅条纹几乎成垂直的方向排列的，如图 3-12 所示。

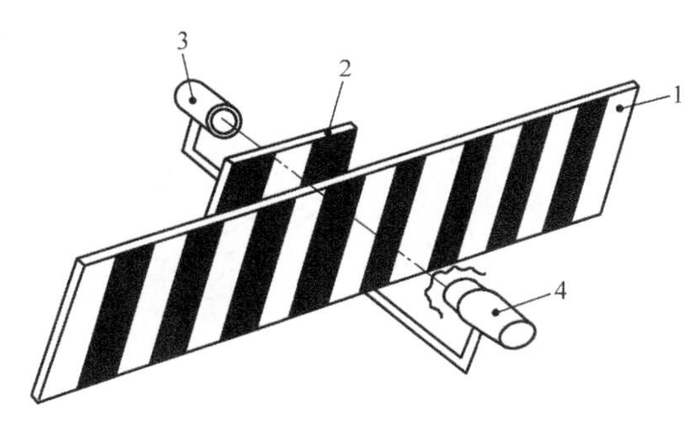

图 3-11 光栅

1—主光栅 2—指示光栅 3—光源 4—光电器件

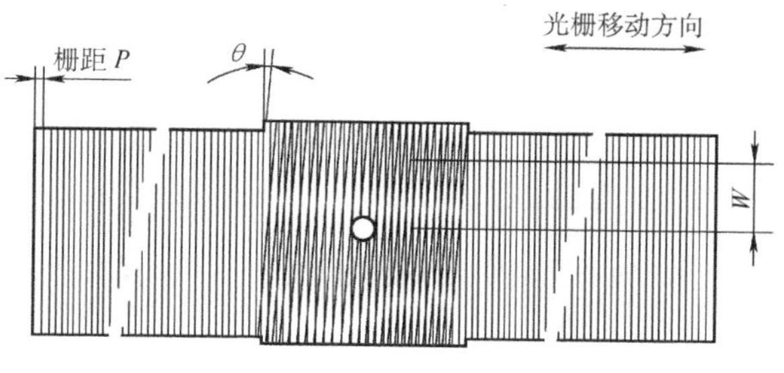

图 3-12 莫尔条纹

光栅莫尔条纹的特点是起放大作用，用 W 表示条纹宽度，P 表示栅距，θ 表示光栅条纹间的夹角，则有

$$W \approx \frac{P}{\theta}$$

若 $P=0.01$mm，把莫尔条纹的宽度调成 10mm，则放大倍数相当于 1000 倍，即利用光的干涉现象把光栅间距放大 1000 倍，因而大大减轻了电子电路的负担。莫尔条纹与光栅的

关系见表3-2。

表3-2 莫尔条纹与光栅的关系

光栅的相对指示光栅的转角方向	主光栅的移动方向	莫尔条纹移动方向
顺时针方向	←向左	↑向上
	→向右	↓向下
逆时针方向	←向左	↓向下
	→向右	↑向上

光栅可分为透射光栅和反射光栅两种。透射光栅的线条刻制在透明的光学玻璃上，反射光栅的线条刻制在具有强反射力的金属板上，一般用不锈钢。

光栅测量系统的基本构成如图3-13所示。光栅移动时产生的莫尔条纹明暗信号可以用光电元件接收，图3-13中的a、b、c、d是四块光电池，产生的信号相位彼此差90°，对这些信号进行适当的处理后，即可变成光栅位移量的测量值。

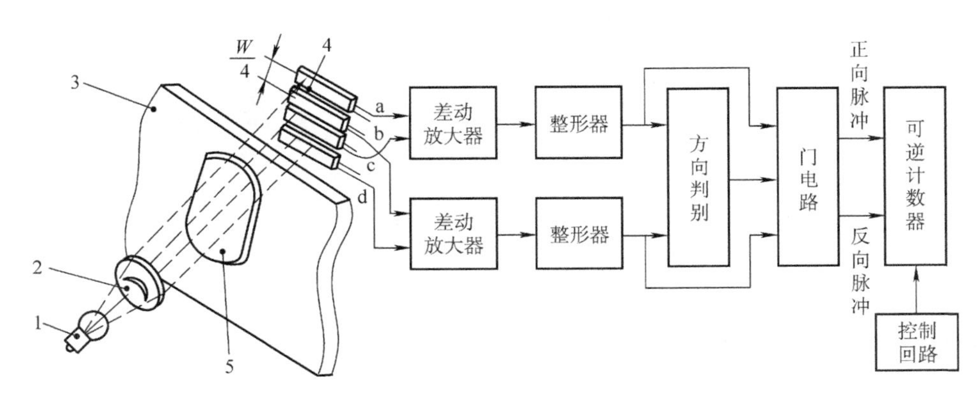

图3-13 光栅测量系统

1—光源 2—聚光镜 3—标尺光栅 4—光电池组 5—指示光栅

四、感应同步器

感应同步器是一种应用电磁感应原理制造的高精度检测元件，有直线式和圆盘式两种，分别用作检测直线位移和转角。

直线感应同步器由定尺和滑尺两部分组成。定尺一般为250mm，上面均匀分布节距为2mm的绕组；滑尺长100mm，表面布有两个绕组，即正弦绕组和余弦绕组，如图3-14所示。当余弦绕组与定子绕组相位相同时，正弦绕组与定子绕组错开1/4节距。

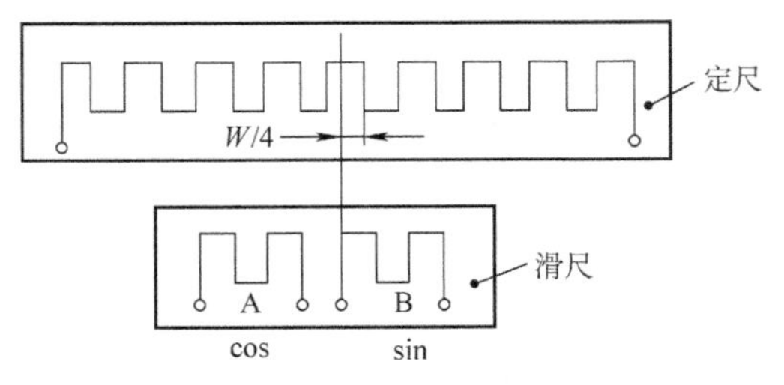

图3-14 感应电动势与定尺和滑尺相对位置的关系

圆盘式感应同步器如图3-15所示，其转子相当于直线感应同步器的滑尺，定子相当于定尺，而且定子绕组中的两个绕组也错开1/4节距。

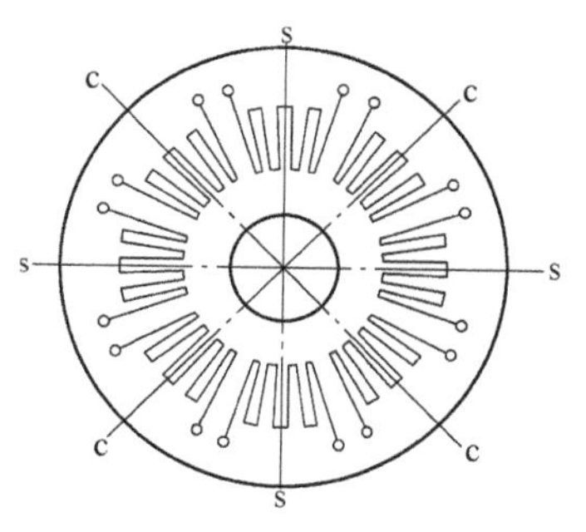

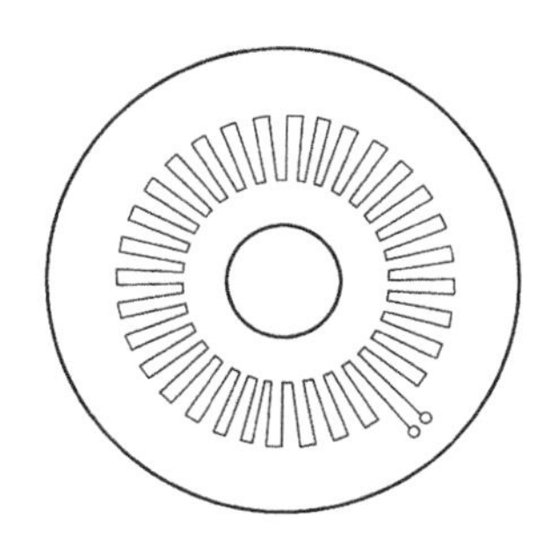

图3-15 圆盘式感应同步器

s—正弦绕组 c—余弦绕组

感应同步器根据其励磁绕组供电电压形式不同，分为鉴相测量方式和鉴幅测量方式。

1. 鉴相式

所谓鉴相式就是根据感应电动势的相位来鉴别位移量。如果对滑尺的正弦绕组和余弦绕组分别施加幅值、频率均相等，但相位相差90°的励磁电压，即 $V_A = V_m \sin\omega t$，$V_B = V_m \cos\omega t$ 时，则定尺上的绕组由于电磁感应作用产生与励磁电压同频率的交变感应电动势。

图3-14说明了感应电动势幅值与定尺和滑尺相对位置的关系。如果只对余弦绕组A施加交流励磁电压 V_A，则绕组A中有电流通过，因而在绕组A周围产生交变磁场。滑尺在定尺上滑动一个节距，定尺绕组感应电动势变化了一个周期，即

$$\varepsilon_A = -KV_A \sin\theta$$

式中 K——滑尺和定尺的电磁耦合系数；

θ——滑尺和定尺相对位移的折算角。若绕组的节距为 W，相对位移为 L，则 $\theta = L/W \times 360°$。

同样，当仅对正弦绕组B施加交流励磁电压 V_B 时，定尺绕组感应电动势为

$$\varepsilon_B = -KV_B \sin\theta$$

对滑尺上两个绕组同时加励磁电压，则定尺绕组上所感应的总电动势为

$$e = \varepsilon_A + \varepsilon_B = KV_A \cos\theta - KV_B \sin\theta = KV_m \sin\omega t \cos\theta - KV_m \cos\omega t \sin\theta = KV_m \sin(\omega t - \theta)$$

从上式可以看出，感应同步器把滑尺相对定尺的位移 L 的变化转换成感应电动势相角 θ 的变化。因此，只要测得相角 θ，就可以知道滑尺的相对位移

$$l = \frac{\theta}{360} W \tag{3-22}$$

2. 鉴幅式

在滑尺的两个绕组上施加频率和相位均相同，但幅值不同的交流励磁电压 V_A 和 V_B，则

$$V_A = V_m \sin\theta_1 \sin\omega t \tag{3-23}$$

$$V_B = V_m \cos\theta_1 \sin\omega t \tag{3-24}$$

式中 θ_1——指令位移角。

设此时滑尺绕组与定尺绕组的相对位移角为 θ，则定尺绕组上的感应电动势为

$$e = \varepsilon_A + \varepsilon_B = KV_A \cos\theta - KV_B \sin\theta = KV_m(\sin\theta_1 \cos\theta - \cos\theta_1 \sin\theta)\sin\omega t = KV_m \sin(\theta_1 - \theta)\sin\omega t$$

上式把感应同步器的位移与感应电动势幅值 $KV_m \sin(\theta_1 - \theta)$ 联系起来，当 $\theta = \theta_1$ 时，$e = 0$。这就是鉴幅测量方式的基本原理。

第三节 速度传感器

一、直流测速机

直流测速机是一种测速元件，实际上它就是一台微型的直流发电机。根据电子磁极励磁方式的不同，直流测速机可分为电磁式和永磁式两种。如以电枢的结构不同来分，有无槽电枢、有槽电枢、空心杯电枢和圆盘电枢等。近年来，又出现了永磁式直流测速机。常用的为永磁式测速机。

测速机的结构有多种，但原理基本相同。图 3-16 所示为永磁式测速机原理图。恒定磁通由定子产生，当转子在磁场中旋转时，电枢绕组中即产生交变的电动势，经换向器和电刷转换成与转子速度成正比的直流电动势。

直流测速机的输出特性如图 3-17 所示。从图中可以看出，当负载电阻 $R_L \to \infty$时，其输出电压 U_o与转速 n 成正比。随着负载电阻 R_L变小，其输出电压下降，而且输出电压与转速之间并不能严格保持线性关系。由此可见，对于要求精度比较高的直流测速机，除采取其他措施外，负载电阻 R_L应尽量大。

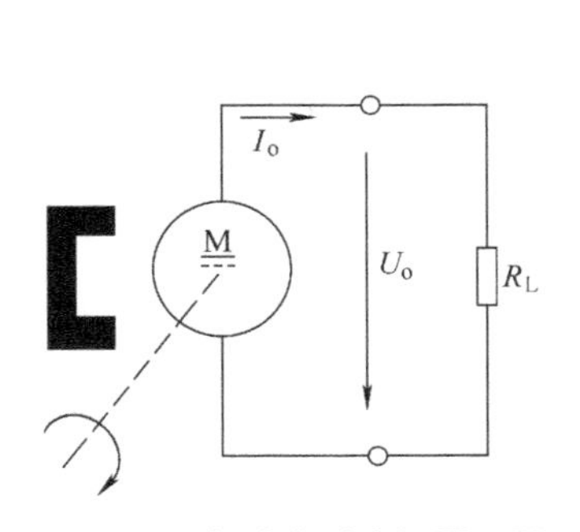

图 3-16 永磁式测速机原理图

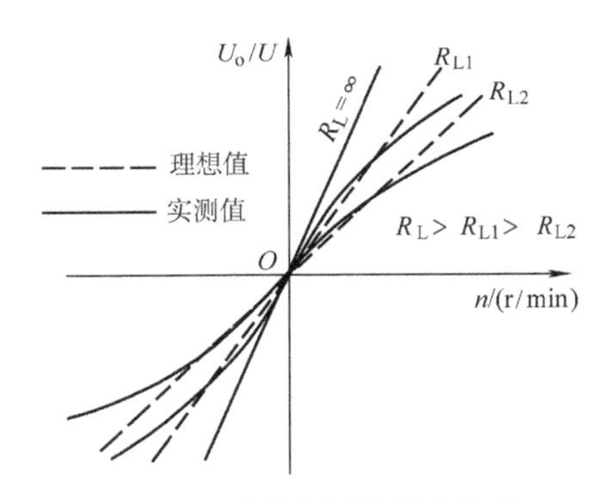

图 3-17 直流测速机输出特性

直流测速机的特点是输出斜率大、线性好，但由于有电刷和换向器，因此构造和维护比较复杂，摩擦转矩较大。直流测速机在机电控制系统中主要用作测速和校正元件。在使用中，为了提高检测灵敏度，尽可能把它直接连接到电动机轴上。有的电动机本身就已安装了测速机。

二、光电式转速传感器

光电式转速传感器是由装在被测轴（或与被测轴相连接的输入轴）上的带缝隙圆盘、光源、光电器件和指示缝隙盘组成的，如图 3-18 所示。

光源发出的光通过缝隙圆盘和指示缝隙照射到光电器件上。当缝隙圆盘随被测轴转动时，由于圆盘上的缝隙间距与指示缝隙的间距相同，因此圆盘每转一周，光电器件输出与圆盘缝隙数相等的电脉冲，根据测量时间 t 内的脉冲数 N，则可测出转速（r/min）为

$$n = \frac{60N}{Zt}$$

式中　Z——圆盘上的缝隙数；

　　t——测量时间（s）。

一般取 $Z = 60 \times 10^m$（$m = 0, 1, 2, \cdots$），利用两组缝隙间距 W 相同、位置相差（$i/2 + 1/4$）W（i 为正整数）可辨别出圆盘的旋转方向。

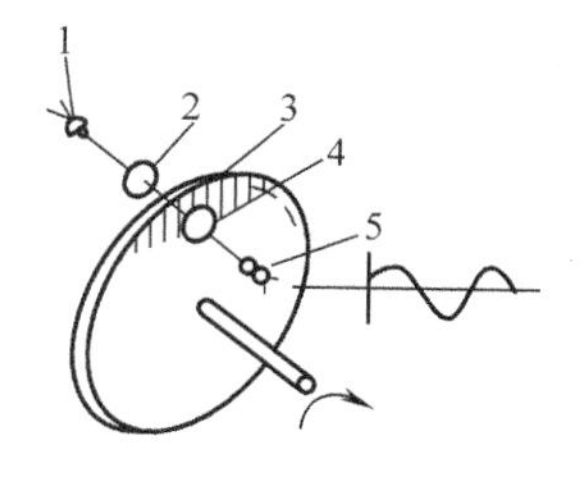

图 3-18　光电式转速传感器

1—光源　2—透镜　3—带缝隙圆盘　4—指示缝隙盘　5—光电器件

第四节　位置传感器

位置传感器和位移传感器不一样，它所测量的不是一段距离的变化量，而是通过检测，确定是否已到某一位置。因此，它只需要产生能反映某种状态的开关量就可以了。位置传感器分为接触式和接近式两种。所谓接触式传感器就是能获取两个物体是否已接触的信息的一种传感器；而接近式传感器是用来判别在某一范围内是否有某一物体的一种传感器。

一、接触式位置传感器

这类传感器由微动开关之类的触点器件构成，它分为以下两种。

1. 由微动开关制成的位置传感器

它用于检测物体位置，有如图 3-19 所示的几种构造和分布形式。

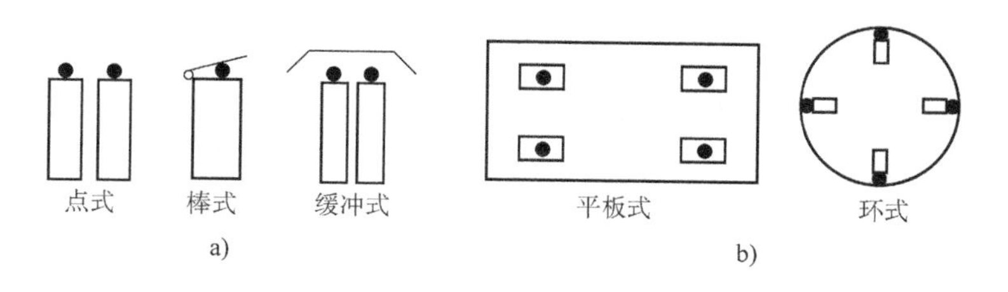

图 3-19　微动开关制成的位置传感器

a）构造　b）分布形式

2. 二维矩阵式配置的位置传感器

如图 3-20 所示，它一般用于机器人手掌内侧。在手掌内侧常安装有多个二维触觉传感器，用以检测自身与某物体的接触位置、被握物体的中心位置和倾斜度，甚至还可识别物体的大小和形状。

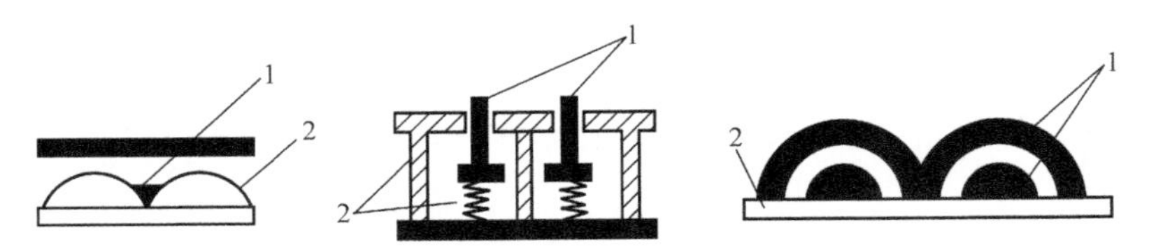

图 3-20 二维矩阵式配置的位置传感器

1—柔软电极 2—柔软绝缘体

二、接近式位置传感器

接近式位置传感器按其工作原理主要分为：① 电磁式；② 电容式；③ 光电式；④ 气压式；⑤ 超声波式。其基本工作原理如图3-21 所示。这里重点介绍前三种常用的接近式位置传感器。

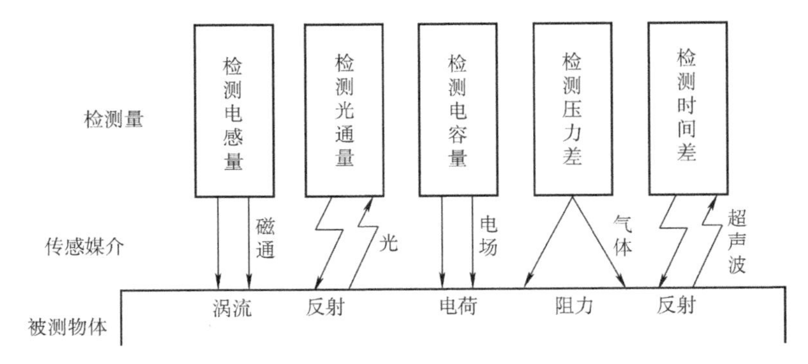

图 3-21 接近式位置传感器原理

1. 电磁式传感器

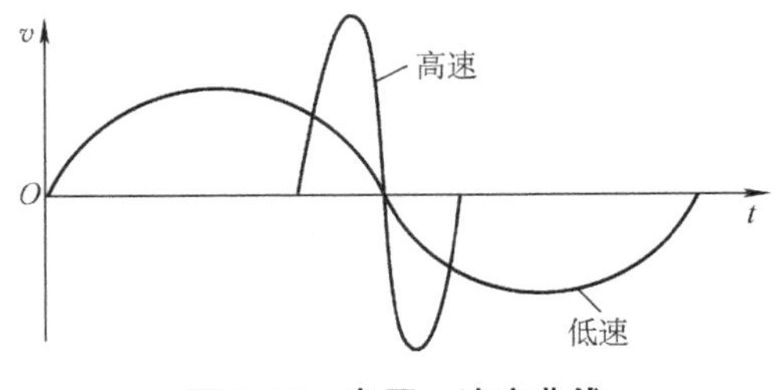

图 3-22 电压—速度曲线

当一个永久磁铁或一个通有高频电流的线圈接近一个铁磁体时，它们的磁力线分布将发生变化，因此，可以用另一组线圈检测这种变化。当铁磁体靠近或远离磁场时，它所引起的磁通量变化将在线圈中感应出一个电流脉冲，其幅值正比于磁通的变化率，图3-22 给出了线圈两端的电压随铁磁体进入磁场的速度而变化的曲线，其电压极性取决于物体进入磁场还是离开磁场。因此，对此电压进行积分便可得出一个二值信号。当积分值小于一特定的阈值时，积分器输出低电平；反之，则输出高电平，此时表示已接近某一物体。

2. 电容式传感器

根据电容量的变化检测物体接近程度的电子学方法有多种，但最简单的方法是将电容器作为振荡电路的一部分，并设计成只有在传感器的电容值超过预定阈值时才产生振荡，然后再经过变换，使其成为输出电压，用以表示物体的出现。电磁感应式传感器只能检测电磁材料，对其他非电磁材料则无能为力。而电容式传感器却能克服以上缺点，它几乎能检测所有的固体和液体材料。

3. 光电式传感器

这种传感器具有体积小、可靠性高、检测位置精度高、响应速度快、易与 TTL 及 CMOS 电路兼容等优点，它分透光型和反射型两种。

在透光型光电式传感器中，发光器件和受光器件相对放置，中间留有间隙。当被测物体到达这一间隙时，发射光被遮住，从而接收器件（光敏元件）便可检测出物体已经到达。这种传感器的接口电路如图 3-23 所示。

反射型光电式传感器发出的光经被测物体反射后再落到检测器件上，它的基本情况大致与透光型光电式传感器相似，但由于是检测反射光，所以得到的输出电流 I_E 较小。另外，对于不同的物体表面，信噪比也不一样，因此，设定限幅电平就显得非常重要。图 3-24 给出了这种传感器的典型应用，它的电路和透光型光电式传感器大致相同，只是接收器的发射极电阻用得较大，且为可调，这主要是因为反射型光电式传感器的光电流较小且有很大分散性。

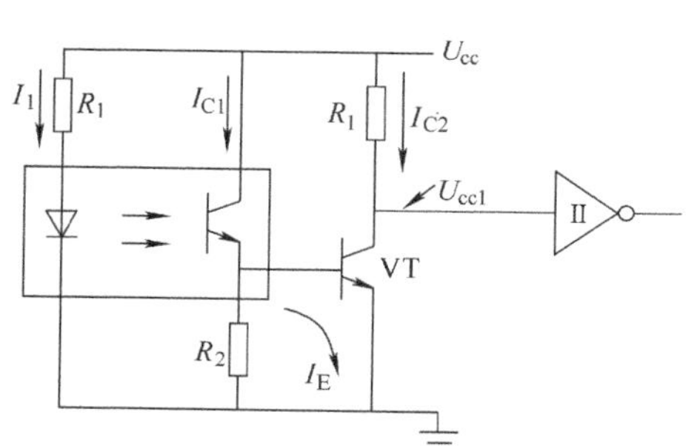

图 3-23 透光型光电式传感器接口电路

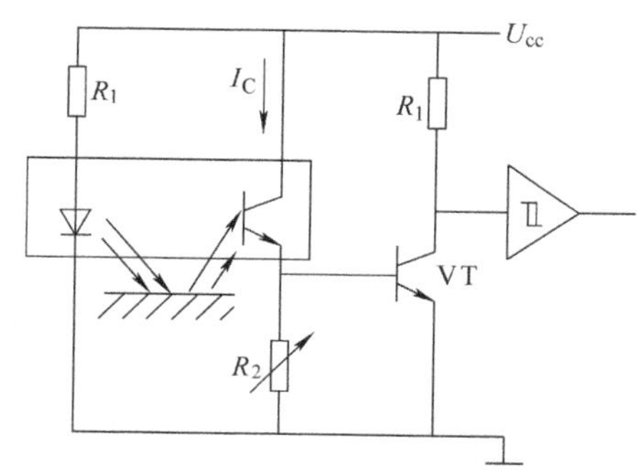

图 3-24 反射型光电式传感器的应用

第五节 传感器前级信号处理

传感器所感知、检测、转换和传递的信息表现形式为不同的电信号。传感器输出电信号的参量形式可分为电压输出、电流输出和频率输出。其中以电压输出型为最多，在电流输出和频率输出传感器中，除了少数直接利用其电流或频率输出信号外，大多数是分别配以电流—电压变换器或频率—电压变换器，从而将它们转换成电压输出型传感器。因此，本节重点介绍电压输出型传感器的接口电路和模拟信号的处理。

对于一般运算放大器的原理和特点，已在电子技术课程中介绍，在此不再赘述。这里主要介绍几种典型的传感器信号放大器。

一、测量放大器

在许多检测技术应用场合，传感器输出的信号往往较弱，而且其中还包含工频、静电和电磁耦合等共模干扰，对这种信号的放大就需要放大电路具有很高的共模抑制比以及高增益、低噪声和高输入阻抗。习惯上将具有这种特点的放大器称为测量放大器或仪表放大器。

图3-25为由三个运放组成的测量放大器，差动输入端 V_1 和 V_2 分别是两个运算放大器（A_1、A_2）的同相输入端，因此输入阻抗很高。采用对称电路结构，而且被测信号直接加到输入端上，从而保证了较强的抑制共模信号的能力。A_3 实际上是一差动跟随器，其增益近似为1。

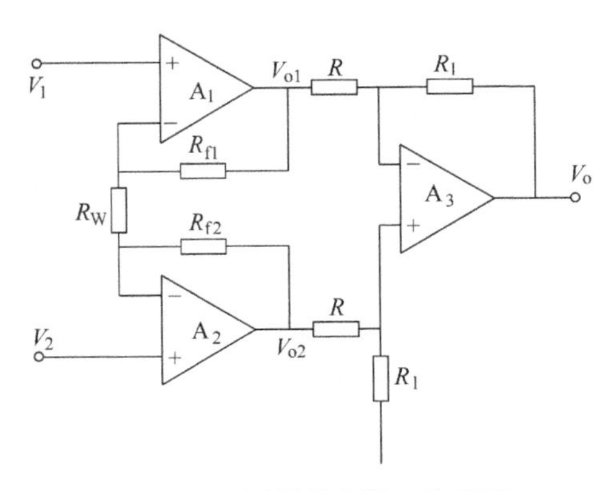

图3-25 测量放大器工作原理

测量放大器的放大倍数由以下公式确定：

$$A_V = \frac{V_0}{V_2 - V_1} \tag{3-25}$$

$$A_V = \frac{R_f}{R}\left(1 + \frac{R_{f1} + R_{f2}}{R_W}\right) \tag{3-26}$$

这种电路只要运放 A_1 和 A_2 性能对称（主要是输入阻抗和电压增益对称），其漂移将大大减小，具有高输入阻抗、高共模抑制比，对微小的差模电压很敏感，并适用于测量远距离传输过来的信号，因而十分适宜与微小信号输出的传感器配合使用。

R_W 是用来调整放大倍数的外接电阻，最好用多圈电位器。如果图3-25左侧两个运算放大器采用7650，则效果非常好。

目前，还有许多高性能的专家测量芯片出现，如AD521/AD522就是一种具有比普通运算放大器性能优良、体积小、结构简单、成本低等特点的运算放大器。下面介绍AD522集成测量放大器的特点及应用。

AD522主要可用于恶劣环境下要求进行高精度数据采集的场合，由于AD522具有低电压漂移：2μV/℃；低非线性：0.005%（$G=100$）；高共模抑制比：>110dB（$G=1000$）；低噪声：1.5μV（P-P）（0.1～100Hz）；低失调电压：100μV等特点，因而可用于许多12位数据采集系统中。图3-26为AD522的典型接法。

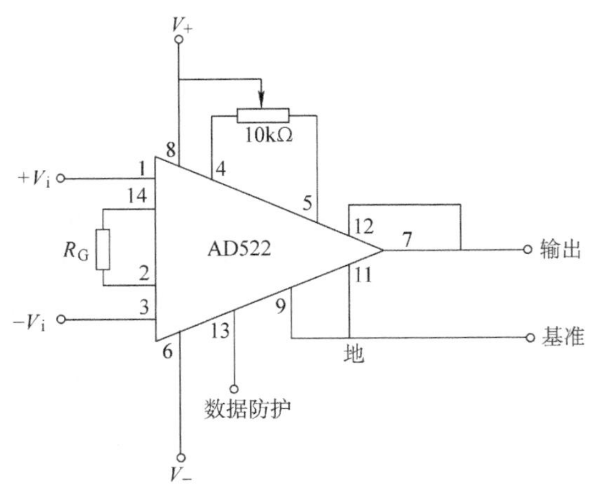

图3-26 AD522典型接法

AD522的一个主要特点是设有数据防护端，用于提高交流输入时的共模抑制比。对远处传感器送来的信号，通常采用屏蔽电缆传送到测量放大器，电缆线上分布参量 R_G 会使其产生相移，当出现交流共模信号时，这些相移将使共模抑制比降低。利用数据防护端可以克服上述影响（见图3-27）。对于无此端子的仪器用放大器，如AD524、AD624等，可在 R_G 两端取得共模电压，再用一运算放大器作为它的输出缓冲屏蔽驱动器。运算放大器应选用具有很低偏流的场效应晶体管运算放大器，以减少偏流流经增益电阻时对增益产生的误差。

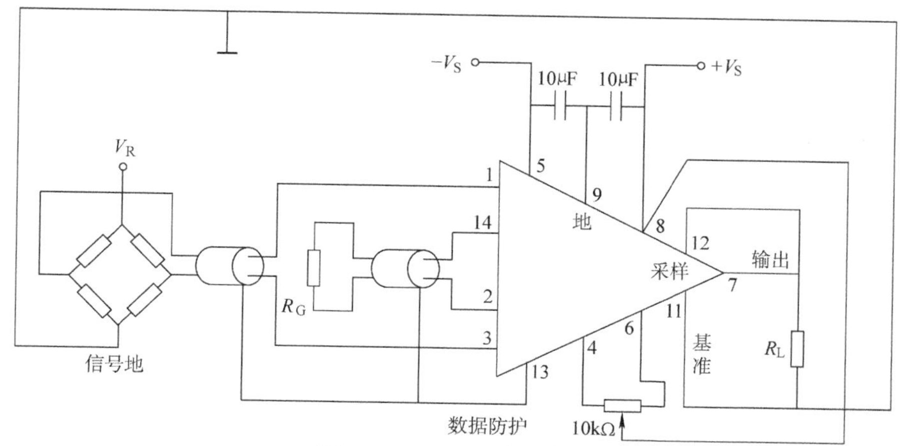

图 3-27 AD522 典型应用

二、程控增益放大器

经过处理的模拟信号，在送入计算机进行处理前，必须进行量化，即进行模拟-数字转换，转换后的数字信号才能被计算机接收和处理。

当模拟信号送到 A/D 转换器（模/数转换器）时，为减少转换误差，一般希望送来的模拟信号尽可能大，如采用 A/D 转换器进行模/数转换时，在 A/D 输入的允许范围内，希望输入的模拟信号尽可能达到最大值；然而，当被测参量变化范围较大时，经传感器转换后的模拟小信号变化也较大，在这种情况下，如果单纯只使用一个放大倍数的放大器，就无法满足上述要求；在进行小信号转换时，可能会引入较大的误差。为解决这个问题，工程上常采用通过改变放大器增益的方法，来实现不同幅度信号的放大，如万用表、示波器等许多测量仪器的量程变换等。然而，在计算机自动测控系统中，往往不希望、有时也不可能利用手动办法来实现增益变换，而希望利用计算机采用软件控制的办法来实现增益的自动变换，具有这种功能的放大器就叫程控增益放大器。

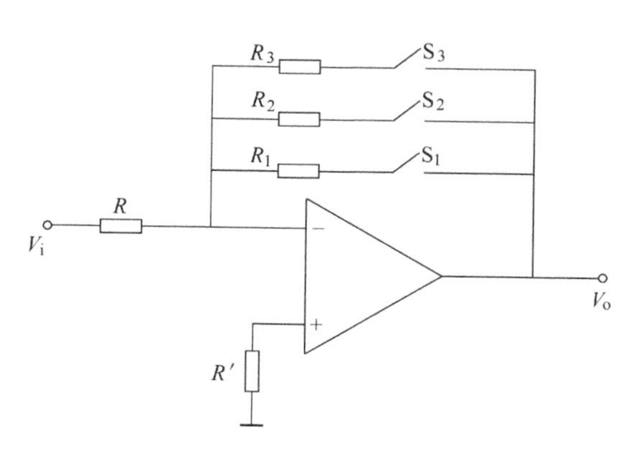

图 3-28 程控增益放大器原理图

图 3-28 为一利用改变反馈电阻的办法来实现量程变换的可变换增益放大器电路。当开关 S_1 闭合，而其余两个开关断开时，其放大倍数为

$$A_{uf} = -\frac{R_1}{R} \tag{3-27}$$

而当 S_2 闭合，S_1 和 S_3 断开时，放大倍数为

$$A_{uf} = -\frac{R_2}{R} \tag{3-28}$$

选择不同的开关闭合，即可实现增益的变换，如果利用软件对开关闭合情况进行选择，即可实现程控增益变换。

利用程控增益放大器与A/D转换器组合，配合一定的软件，很容易实现输出信号的增益控制或量程变换，间接地提高输入信号的分辨率；它和D/A转换电路配合使用，可构成减法器电路；与乘法D/A转换器配合使用，可构成可编程低通滤波器电路，可以适当地调节信号和抑制干扰。因此，程控增益放大器目前有着极为广泛的应用。

图3-29为利用AD521测量放大器与模拟开关结合组成的程控增益放大器，通过改变4052的D_0、D_1值来改变AD521放大器2脚与14脚之间的外接电阻，从而实现增益控制。

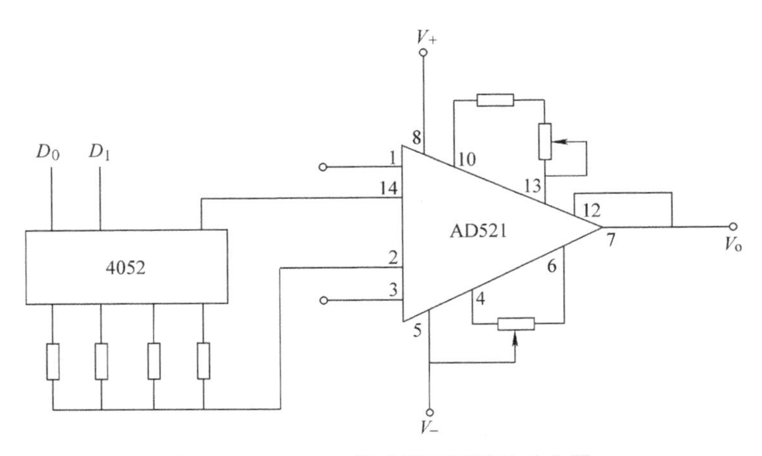

图3-29 AD521构成的程控增益放大器

有些测量放大器，其电路中已将译码电路和模拟开关结合在一起，有的甚至将设定增益所需的电阻也集成于同一组件中，为计算机控制提供了极为便利的条件。AD524即是常用的一种集成可编程增益控制测量放大器，如图3-30所示。

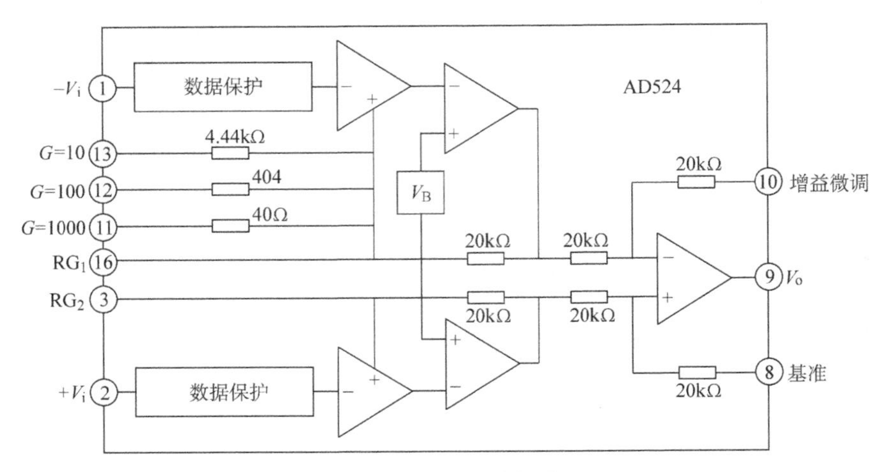

图3-30 AD524原理图

其特点是具有低失调电压（50μV）、低失调电压漂移（0.5μV/℃）、低噪声（0.3μV（P－P），0.1～10Hz）、低非线性（0.003%，增益为1时）、高共模拟制比（120dB，增益为 1000 时)、增益带宽为 25MHz、具有输入保护等；从图 3-30 可知，对于 1、10、100 和 1000 倍的整数倍增益控制，无须外接电阻即可实现，在具体使用时只需一个模拟开关来控制即可达到目的；对于其他倍数的增益控制，也可以用一般的改变增益调节电压的方法来实现程控增益。

三、隔离放大器

在有强电或强电磁干扰的环境中，为了防止电网电压等对测量回路的损坏，其信号输入通道采用隔离技术。能完成这种任务、具有这种功能的放大称为隔离放大器。

一般来讲，隔离放大器是指对输入、输出和电源在电流电阻彼此隔离使之没有直接耦合的测量放大器。由于隔离放大器采用了浮离式设计，消除了输入、输出端之间的耦合，因此还具有以下特点：

1）能保护系统元件不受高共模电压的损害，防止高压对低压信号系统的损坏。

2）泄漏电流低，对于测量放大器的输入端无须提供偏流返回通路。

3）共模抑制比高，能对直流信号和低频信号（电压或电流）进行准确、安全的测量。

目前，隔离放大器中采用的耦合方式主要有两种：变压器耦合和光电耦合。利用变压器耦合实现载波调制，通常具有较高的线性度和隔离性能，但是带宽一般在 1kHz 以下。利用光电耦合方式实现载波调制，可获得 10kHz 带宽，但其隔离性能不如变压器耦合。上述两种方式均需对差动输入级提供隔离电源，以便达到预定的隔离性能。

图 3-31 为 284 型隔离放大器电路结构图。为提高微电流和低频信号的测量精度，减小漂移，其电路采用调制式放大，其内部分为输入、输出和电源三个彼此相互隔离的部分，并由低泄漏高频载波变压器耦合在一起。通过变压器的耦合，将电源电压送入输入电路并将信号从输入电路送出。输入部分包括双极型前置放大器、调制器；输出部分包括解调器和滤波器，一般在滤波器后还有缓冲放大器。

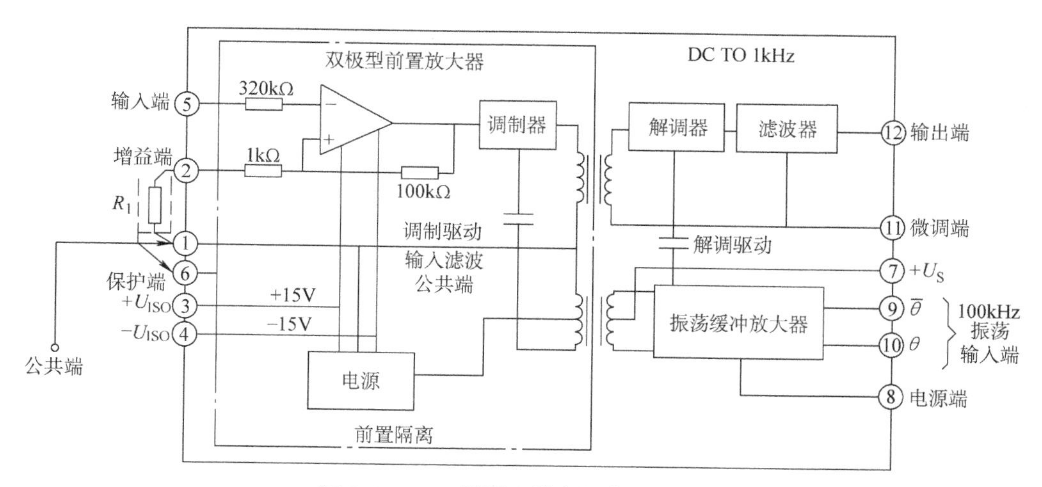

图 3-31 284 型隔离放大器电路结构图

第六节 传感器接口技术

当传感器将非电物理量转换成电量，并经放大、滤波等系列处理后，需经模/数转换变成数字量，才能送入计算机系统。

在对模拟信号进行模/数转换时，从启动转换到转换结束的数字量输出，需要一定的时间，即 A/D 转换器的孔径时间。当输入信号频率提高时，由于孔径时间的存在，会造成较大的转换误差；要防止这种误差的产生，必须在 A/D 转换开始时将信号电平保持住，而在 A/D 转换后又能跟踪输入信号的变化，即对输入信号处于采样状态。能完成这种功能的器件叫作采样/保持器，从上面的分析可知，采样/保持器在保持阶段相当于一个“模拟信号存储器”。

在模拟量输出通道，为使输出得到一个平滑的模拟信号，或对多通道进行分时控制时，也常采用采样/保持器。

1. 采样/保持器的原理

采样/保持由存储器电容 C、模拟开关 S 等组成，如图 3-32 所示。当 S 接通时，输出信号跟踪输入信号，称为采样阶段；当 S 断开时，电容 C 两端一直保持断开的电压，称为保持阶段。由此构成一个简单采样/保持器。实际上为使采样/保持器具有足够的精度，一般在输入级和输出级均采用缓冲器，以减少信号源的输出阻抗，增加负载的输入阻抗。在进行电容选择时，应使其电容量大小适宜，以保证其时间常数适中并选用漏泄小的电容。

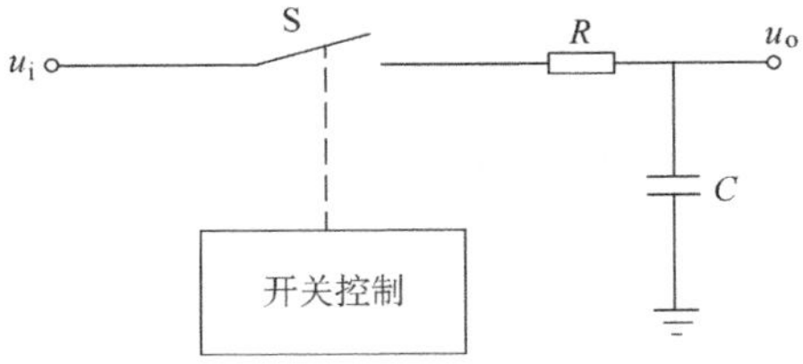

图 3-32 采样/保持原理

2. 集成采样/保持器

随着大规模集成电路技术的发展，目前已生产出多种集成采样/保持器，如用于一般目的的 AD582、AD583、LF198 系列等，用于高速场合的 HTS－0025、HTS－0010、HTC－0300 等，用于高分辨率场合的 SHA1144 等。为了使用方便，有些采样/保持器的内部还设有保持电容，如 AD389、AD585 等。

集成采样/保持器的特点如下：

1）采样速度快、精度高，一般在 2～2.5μs，即达到 ±0.01%～±0.003% 的精度。

2）下降速度慢，如 AD585、AD348 为 0.5mV/ms，SD389 为 0.1μV/ms。

正因为集成采样/保持器有许多优点，因此得到了极为广泛的应用，下面以 LF398 为例，介绍集成采样/保持器的原理。

图 3-33 为 LF398 原理图。由图可知，其内部由输入缓冲级、输出驱动级和控制电路三部分组成。

控制电路中 A_3 主要起到比较器的作用。其中 7 脚为参考电压，当输入控制逻辑电平高于参考电压时，A_3 输出一个低电平信号，驱动开关 S 闭合，此时输入经 A_1 后跟随输出到 A_2，再

由 A_2 的输出端跟随输出，同时向保持电容（接 6 端）充电；而当控制端逻辑电平低于参考电压时，A_3 输出一个正电平信号使开关断开，以达到非采样时间内保持器仍保持原来输入的目的。因此，A_1、A_2 是跟随器，其作用主要是对保持电容输入和输出端进行阻抗变换，以提高采样/保持器的性能。

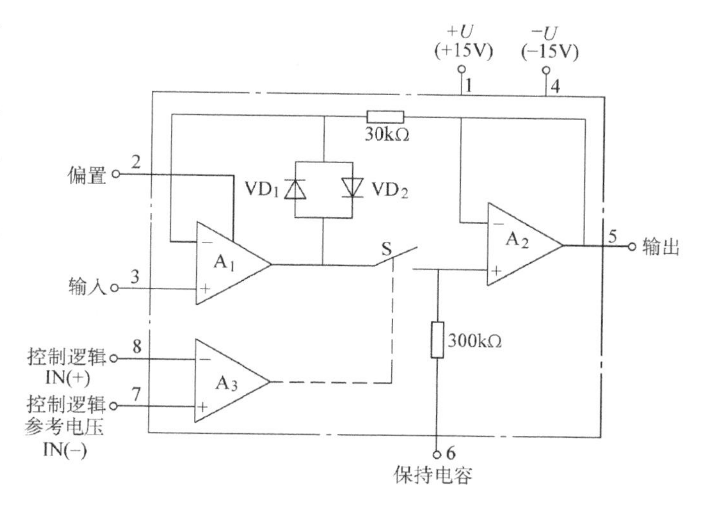

图 3-33 LF398 原理图

与 LF398 结构相同的还有 LF198、LF298 等，它们都是由场效应晶体管构成的，具有采样速度高、保持电压下降慢以及精度高等特点。当作为单一放大器时，其直流增益精度为 0.002%，采样时间小于 6μs 时精度可达 0.01%；输入偏置电压的调整只需在偏置端（2 脚）调整即可，并且在不降低偏置电流的情况下，带宽允许为 1MHz。其主要技术指标有：

1）工作电压：±5 ~ ±18V。
2）采样时间：< 10μs。
3）可与 TTL、PMOS、CMOS 兼容。
4）当保持电容为 0.01μF 时，典型保持步长为 0.5mV。
5）当输入漂移时，保持状态下输出特性不变。
6）在采样或保持状态时高电源抑制。

图 3-34 为其外引脚图，图 3-35 为典型应用图。在某些情况下，还可采用二级采样/保持串联的方法，通过选用不同的保持电容，使前一级具有较高的采样速度而后一级保持电压下降速度慢。二级结合构成一个采样速度快而下降速度慢的高精度采样/保持电路。此时的采样总时间为两个采样/保持电路时间之和。

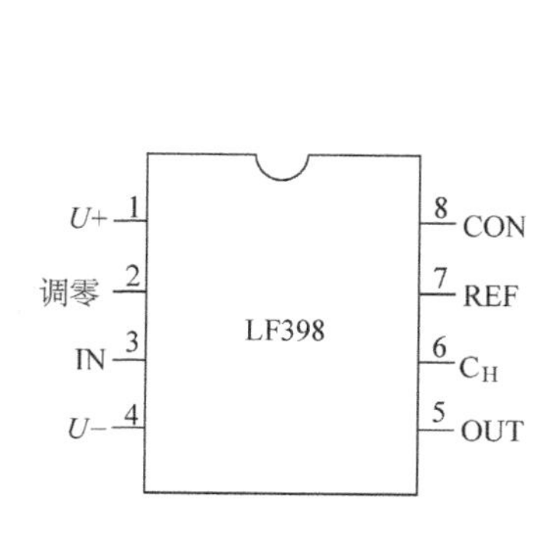

图 3-34 LF398 外引脚图

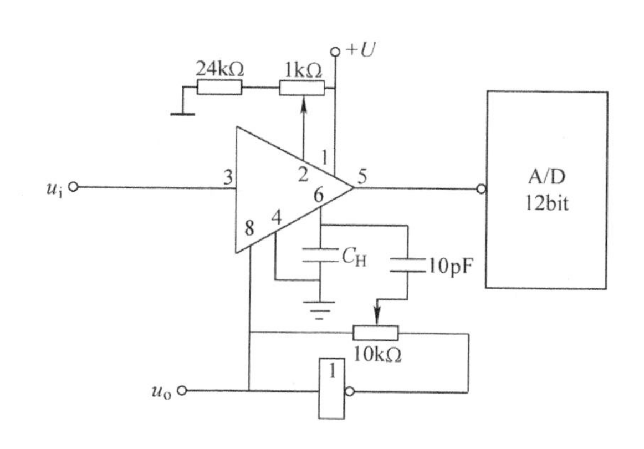

图 3-35 LF398 典型应用图

第七节 传感器非线性补偿处理

在机电一体化测控系统中，特别是需要对被测参量进行显示时，总是希望传感器及检测电路的输出和输入特性呈线性关系，使测量对象在整个刻度范围内灵敏度一致，以便于读数及对系统进行分析处理。但是，很多检测元件如热敏电阻、光电管、应变片等具有不同程度的非线性特性，这使较大范围的动态检测存在着很大的误差。以往在使用模拟电路组成检测回路时，为了进行非线性补偿，通常用硬件电路组成各种补偿电路，如常用的信息反馈式补偿回路使用对数放大器、反对数放大器等，这不但增加了电路的复杂性，而且也很难达到理想的补偿。这种非线性补偿完全可以用计算机的软件来完成，其补偿过程较简单，精确度也高，又减少了硬件电路的复杂性。在完成了非线性参数的线性化处理以后，要进行工程量转换，即标度转换，才能显示或打印带物理单位的数值。其框图如图 3-36 所示。

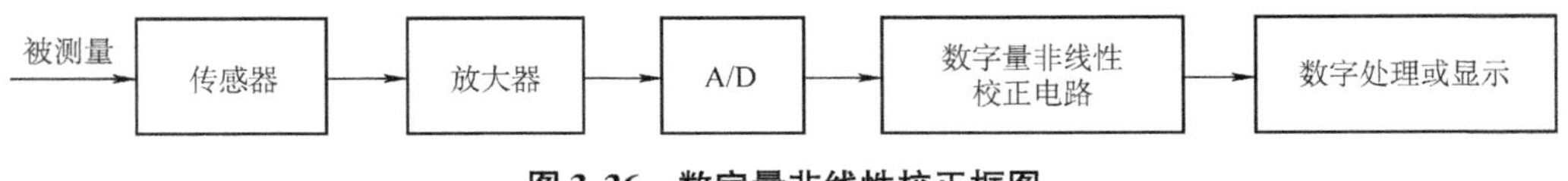

图 3-36 数字量非线性校正框图

下面介绍非线性软件处理方法。用软件进行“线性化”处理，方法有三种：计算法、查表法和插值法。

1. 计算法

当输出电信号与传感器的参数之间有确定的数字表达式时，就可采用计算法进行非线性补偿。即在软件中编制一段完成数字表达式计算的程序，被测参数经过采样、滤波和标度变换后直接进入计算机程序进行计算，计算后的数值即为经过线性化处理的输出参数。

在实际工程中，被测参数和输出电压常常是一组测定的数据。这时如仍想采用计算法进行线性化处理，则可以应用数字上曲线拟合的方法对被测参数和输出电压进行拟合，得出误差最小的近似表达式。

2. 查表法

在机电一体化测控系统中，有些非线性参数的计算是非常复杂的，它们不是用一般算术运算就可以计算出来的，而需要涉及指数、对数、三角函数，以及积分、微分等运算，所有这些运算用汇编语言编写程序都比较复杂，有些甚至无法建立相应的数学模型。为了解决这些问题，可以采用查表法。

所谓查表法，就是把事先计算或测得的数据按一定顺序编制成表格，查表程序的任务就是根据被测参数的值或者中间结果，查出最终所需要的结果。

查表是一种非数值计算方法，利用这种方法可以完成数据补偿、计算、转换等各种工作。它具有程序简单、执行速度快等优点。表的排列不同，查表的方法也不同，查表的方法有顺序查表法、计算查表法、对分搜索法等。下面只介绍顺序查表法，顺序查表法是针对无序排列表格的一种方法。因为无序表格中所有各项的排列均无一定的规律，所以只能按照顺序从第一项开始逐项寻找，直到找到所要查找的关键字为止。例如在DATAHWORD单元，使用软件进行查找，若找到，则将关键字所在的内存单元地址存于R_2、R_3寄存器中；若未找到，则将R_2、R_3寄存器清零。

由于待查找的是无序表格，所以只能按单元逐个搜索。顺序查表法子程序流程图如图3-37所示。

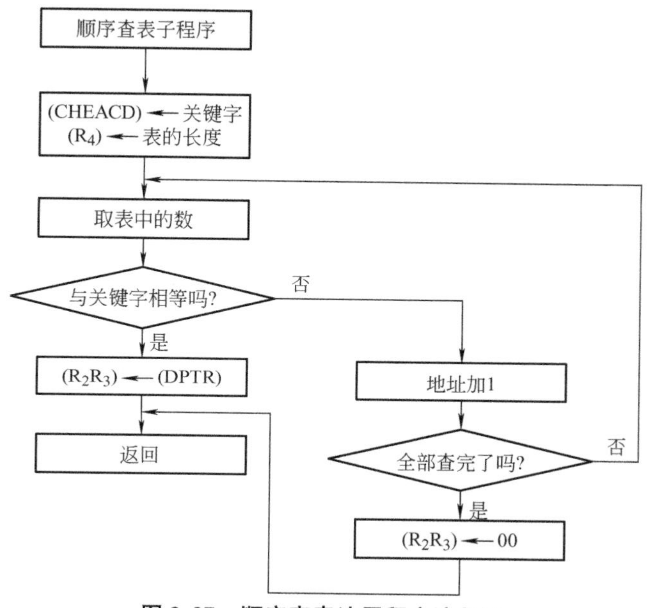

图3-37 顺序查表法子程序流程图

顺序查表法虽然比较“笨”，但对于无序表格和较短的表格而言，仍是一种比较常用的方法。

3. 插值法

查表法占用的内存单元较多，表格的编制比较麻烦，所以在机电一体化测试系统中也常利用微机的运算能力，使用插值计算方法来减少列表点和测量次数。

（1）插值原理 设某传感器的输出特性曲线（例如电阻—温度特性曲线）如图3-38所示。由图可以看出，当已知某一输入值x_i以后，要想求输出值y_i并非易事，因为其函数关系式$y=f(t)$并不是简单的线性方程。为使问题简化，可以把该曲线按一定要求分成若干段，然后把相邻两分段点用直线连起来（如图中虚线所示），用此直线代替相应的各段曲线，即可求出输入x所对应的输出值y。例如，设x

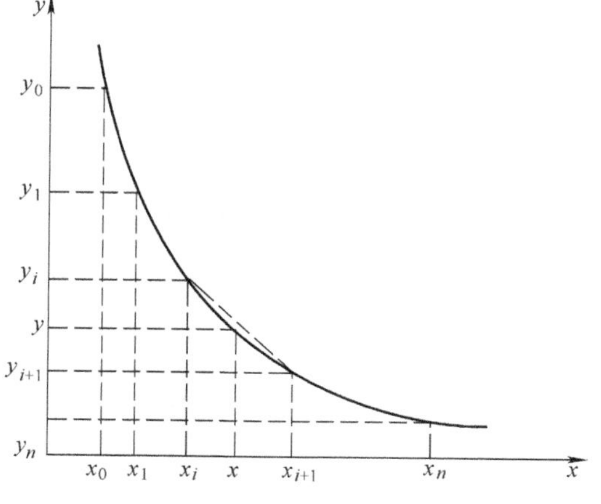

图3-38 分段线性插值原理

在（x_i，x_{i+1}）之间，则对应的逼近值为

$$y = y_i + \frac{y_{i+1} - y_i}{x_{i+1} - x_i}(x - x_i) \tag{3-29}$$

将上式进行化简，可得

$$y = y_i + k_i(x - x_i) \tag{3-30}$$

和

$$y = y_{i0} + k_i x$$

其中

$$y_{i0} = y_i + k_i x \tag{3-31}$$

$k_i = \frac{y_{i+1} - y_i}{x_{i+1} - x_i}$为直线的斜率。

式(3-30) 是点斜式直线方程，而式(3-31) 为截距式直线方程。上两式中，只要 n 取得足够大，即可获得良好的精度。

（2）插值的计算机实现　下面以点斜式直线方程式(3-30) 为例，介绍用计算机实现线性插值的方法。

第一步，用实验法测出传感器的变化曲线 $y=f(x)$。为准确起见，要多测几次以便求出比较精确的输入/输出曲线。

第二步，将上述曲线进行分段，选取各插值基点。为了使基点的选取更合理，不同的曲线采用不同的方法分段。主要有两种方法：

1）等距分段法。等距分段法即沿 x 轴等距离地选取插值基点。这种方法的主要优点是使式(3-29) 中的 $x_{i+1}-x_i=$ 常数，因而使计算变得简单。但是函数的曲率和斜率变化比较大时，会产生一定的误差；要想减小误差，必须把基点分得很细，这样势必占用较多的内存，并使计算机所占用的机时加长。

2）非等距分段法。这种方法的特点是函数基点的分段不是等距的，通常将常用刻度范围插值距离划分小一些，而使非常用刻度区域的插值距离大一些，但非等值插值点的选取比较麻烦。

第三步，确定并计算出各插值点 x_i、y_i值及两相邻插值点的拟合直线的斜率 k_i，并存放在存储器中。

第四步，计算取出 $x-x_i$。

第五步，找出 x 所在的区域（x_i，x_{i+1}），并取出该段的斜率 k_i。

第六步，计算 k_i（$x-x_i$）。

第七步，计算结果 $y=y_i+k_i$（$x-x_i$）。

对于非线性参数的处理，除了查表法和插值法以外，还有许多其他方法，如最小二乘拟合法、函数逼近法、数值积分法等。对于机电一体化测控系统来说，具体采用哪种方法来进行非线性计算机处理，应根据实际情况和具体被测对象要求而定。

第八节　数字滤波

在机电一体化测控系统的输入信号中，一般都包含各种噪声和干扰，它们主要来自被测信号本身、传感器或者外界的干扰。为了提高信号的可靠性，减少虚假信息的影响，

可采用软件方法实现数字滤波。数字滤波就是通过一定的计算或判断来提高信噪比，它与硬件 *RC* 滤波器相比具有以下优点：

1）数字滤波是用程序实现的，不需要增加任何硬件设备，也不存在阻抗匹配问题，可以多个通道共用，不但节约投资，还可提高可靠性、稳定性。

2）可以对频率很低的信号实现滤波，而模拟 *RC* 滤波器由于受电容容量的限制，频率不可能太低。

3）灵活性好，可以用不同的滤波程序实现不同的滤波方法，或改变滤波器的参数。

因为用软件实现数字滤波具有上述特点，所以在机电一体化测控系统中得到了越来越广泛的应用。

数字滤波的方法有很多种，可以根据不同的测量参数进行选择。下面介绍几种常用的数字滤波方法及程序。

一、算术平均值法

算术平均值法是寻找一个 Y 值，即

$$Y = \frac{1}{N}\sum_{i=1}^{N} x_i$$

式中 x_i——第 i 次采样值；

Y——数字滤波的输出；

N——采样次数。N 的选取应按具体情况决定。若 N 大，则平滑度高，灵敏度低，但计算量大。一般而言，对于流量信号，推荐取 $N=12$；对于压力信号，取 $N=4$。

应使 Y 值与各采样值间误差的二次方和为最小，算术平均值法的程序流程图如图 3-39 所示。

二、中值滤波法

中值滤波法是在三个采样周期内，连续采样读入三个检测信号 X_1、X_2、X_3，从中选择一个居中的数据作为有效信号，以算式表示为：若 $X_1 < X_2 < X_3$，则为有效信号。

若三次采样输入中有一次发生干扰，则不管这个干扰发生在什么位置，都将被剔除掉。若发生的两次干扰是异向作用，则同样可以滤去。若发生的两次干扰是同向作用或三次都发生干扰，则中值滤波无能为力，中值滤波能有效地滤去由于偶然因素引起的波动或采样器地不稳定造成的误码等引起的脉冲干扰。对缓慢变化的过程变量，采用中值滤波有效果，中值滤波不宜用于快速变化的过程参数。中值滤波法的程序流程图如图 3-40 所示。

三、防脉冲干扰平均值法

将算术平均值法和中值滤波法结合起来，便可得到防脉冲干扰平均值法。它是先用中值滤波原理滤除由于脉冲干扰引起的误差的采样值，然后把剩下的采样值进行算术平均。

若 $X_1 < X_2 < \cdots < X_n$，则

$$Y = (X_2 + X_3 + \cdots + X_{N-1})/(N-2) \tag{3-32}$$

式中 $3 < N < 14$。

可以看出，防脉冲干扰平均值法兼顾了算术平均值法和中值滤波的优点，在快、慢速系统中都能削弱干扰，提高控制质量。当采样点数为三时，它是中值滤波法。

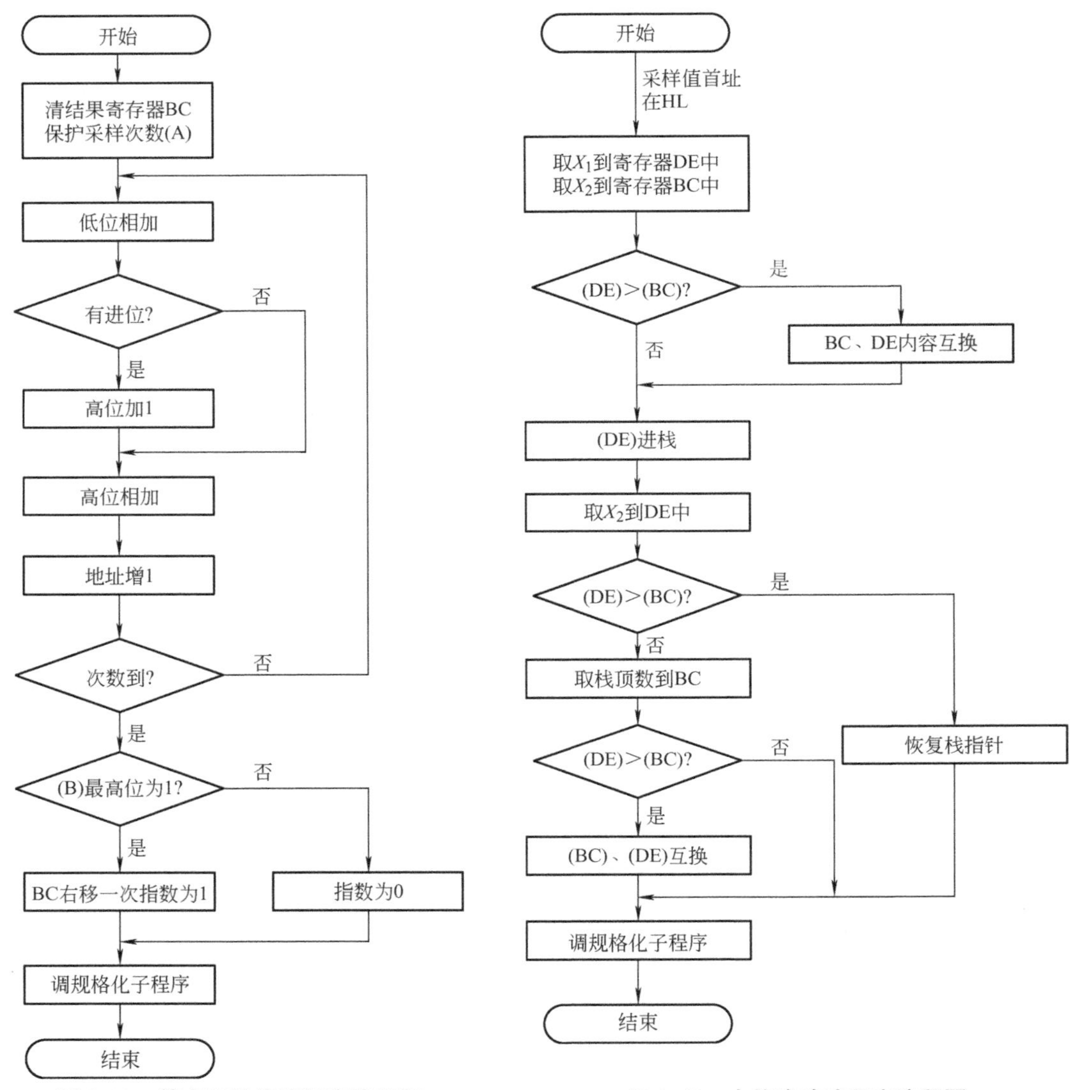

图 3-39 算术平均值法程序流程图　　**图 3-40 中值滤波法程序流程图**

四、程序判断滤波法

1. 限幅滤波（上、下限滤波）法

若 $|X_k - X_{k-1}| < \Delta X_0$，则以本次采样值 X_k 为真实信号；

若 $|X_k - X_{k-1}| > \Delta X_0$，则以上次采样值 X_{k-1} 为真实信号。

其中，ΔX_0表示误差上、下限的允许值，ΔX_0的选择取决于采样周期 T 及信号 X 的动态响应。

2. 限速滤波法

设采样时刻 t_1、t_2、t_3的采样值为 X_1、X_2、X_3。

若$|X_2 - X_1| < \Delta X_0$，则取 X_2为真实信号；

若$|X_2 - X_1| \geqslant \Delta X_0$，则先保留 X_2，再与 X_3进行比较，若$|X_3 - X_2| < \Delta X_0$，则取 X_2为真实信号；

若$|X_3 - X_2| \geqslant \Delta X_0$，则取（$X_2 + X_3$）/2 为真实信号。

实用中，常取 $\Delta X_0 = (|X_1 - X_2| + |X_2 - X_3|)/2$。

限速滤波法较为折中，既照顾了采样的实时性，也照顾了采样值变化的连续性。

第四章
伺服传动系统

第一节 概述

伺服传动技术指执行系统和机构中的一些技术问题。伺服（Servo）的意思即“伺候服侍”，就是在控制指令的指挥下，控制驱动元件，使机械系统的运动部件按照指令要求进行运动。伺服系统主要用于机械设备位置和速度的动态控制，在数控机床、工业机器人、坐标测量机以及自动导引车等自动化制造、装配及测量设备中，已经获得非常广泛的应用。

一、伺服系统的结构组成及分类

伺服系统的结构类型繁多，其组成和工作状况也是不尽相同。一般来说，其基本组成可包含控制器、功率放大器、执行机构和检测装置等四大部分，如图 4-1 所示。

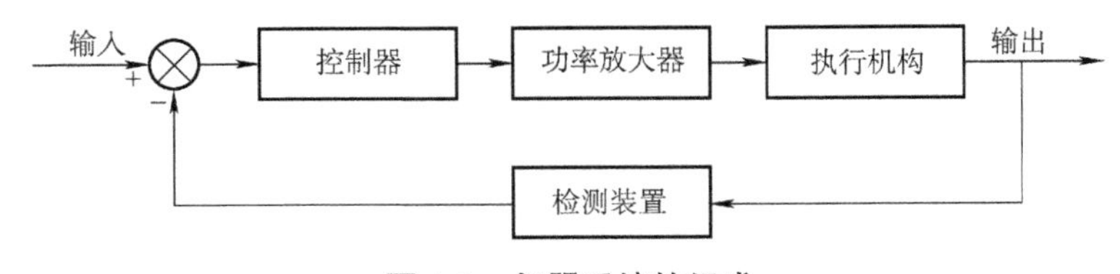

图 4-1 伺服系统的组成

1. 控制器

控制器的主要任务是根据输入信号和反馈信号决定控制策略。常用的控制算法有 PID（比例、积分、微分）控制和最优控制等。控制器通常由电子电路或计算机组成。

2. 功率放大器

伺服系统中的功率放大器的作用是将信号进行放大，并用来驱动执行机构完成某种操作。在现代机电一体化系统中的功率放大装置，主要采用各种电力电子器件组成。

3. 执行机构

执行机构主要由伺服电动机或液压伺服机构和机械传动装置等组成。目前，采用电动机作为驱动元件的执行机构占据较大的比例。伺服电动机包括步进电动机、直流伺服电动机、交流伺服电动机等。

4. 检测装置

检测装置的任务是测量被控制量（即输出量），实现反馈控制。在伺服传动系统中，用来检测位置量的检测装置有自整角机、旋转变压器、光电码盘等；用来检测速度信号的检测装置有测速发电机、光电码盘等。应当指出，检测装置的精度是至关重要的，无论采用何种控制方案，系统的控制精度总是低于检测装置的精度。对检测装置的要求除了精度高之外，还要求线性度好、可靠性高、响应快等。

伺服系统的种类很多，按其驱动元件性质划分，可分为液压（或气动）伺服系统和电气伺服系统。电气伺服系统又包括直流伺服系统、交流伺服系统和步进伺服系统。按控制方式划分，可分为开环伺服系统和闭环伺服系统。

开环伺服系统结构上较为简单，技术容易掌握，调试、维护方便，工作可靠，成本低；缺点是精度低、抗干扰能力差。一般用于精度、速度要求不高、成本要求低的机电一体化系统。闭环伺服系统采用反馈控制原理组成系统，它具有精度高、调速范围宽、动态性能好等优点；缺点是系统结构复杂、成本高等。一般用于要求高精度、高速度的机电一体化系统。

二、伺服电动机

伺服电动机是电气伺服系统的执行元件，其作用是把电信号转换为机械运动。各种伺服电动机各有其特点，适用于不同性能的伺服系统。电气伺服系统的调速性能、动态特性、运动精度等均与该系统的伺服电动机的性能有着直接的关系。通常伺服电动机应符合如下基本要求：

1）具有宽广而平滑的调速范围。

2）具有较硬的机械特性和良好的调节特性。

3）具有快速响应特性。

4）空载起动电压小。

以下仅对目前常用的直流伺服电动机、交流伺服电动机、步进电动机的结构特点及应用范围等做基本的介绍。

1. 直流伺服电动机

直流伺服电动机分为永磁直流伺服电动机、无槽电枢直流伺服电动机、空心杯电枢直流伺服电动机、印刷绕组直流伺服电动机等。

（1）永磁直流伺服电动机　永磁直流伺服电动机系指以永磁材料获得磁场的一类直流电动机。永磁直流伺服电动机的结构同一般直流电动机相似，但电枢铁心长度对直径的比大些、气隙较小。永磁直流伺服电动机具有体积小、转矩大、力矩和电流成比例、伺服性能好、反应迅速、功率体积比大、功率重量比大、稳定性好等优点。目前广泛应用于办公自动化、工厂自动化、国防工业、家用电器、仪表等领域，是机电一体化系统中重要的执行元件。

(2) 无槽电枢直流伺服电动机 无槽电枢直流伺服电动机的励磁方式为电磁式或永磁式，其电枢铁心为光滑圆柱体，电枢绕组是用耐热环氧树脂固定在圆柱铁心表面，气隙大。无槽电枢直流伺服电动机除具有一般直流伺服电动机的特点外，还具有转动惯量小、机电时间常数小、换向良好的优点，一般用于需要快速动作、功率较大的伺服系统。

(3) 空心杯电枢直流伺服电动机 空心杯电枢直流伺服电动机的励磁方式采用永磁式，其电枢绕组用环氧树脂浇注成杯形，空心杯电枢内外两侧均由铁心构成磁路。空心杯电枢直流伺服电动机除具有一般直流伺服电动机的特点外，还具有转动惯量小、机电时间常数小、换向好、低速运转平滑、能快速响应、寿命长、效率高的优点。空心杯电枢直流伺服电动机用于快速动作的伺服系统，如在机器人的腕、臂关节及其他高精度伺服系统。

(4) 印刷绕组直流伺服电动机 印刷绕组直流伺服电动机的励磁方式采用永磁式，在圆形绝缘薄板上，印刷裸露的绕组构成电枢，磁极轴向安装，具有扇面形极靴。印刷绕组直流伺服电动机换向好、旋转平稳、机电时间常数小、具有快速响应特性、低速运转性能好、能承受频繁的可逆运转，适用于低速和起动、反转频繁的伺服系统，如机器人关节控制。

2. 交流伺服电动机

交流伺服电动机由于克服了直流伺服电动机存在的电刷和机械换向器而带来的各种限制，特别适用于一般直流伺服电动机不能胜任的工作环境。随着电力电子技术、计算机技术和控制理论的发展，交流伺服系统控制困难问题得到了解决，因此，在机电一体化系统中获得了广泛的应用。交流伺服电动机主要有异步型交流伺服电动机和同步型交流伺服电动机。

(1) 永磁同步伺服电动机 同步伺服电动机主要由转子和定子两大部分组成。在转子上装有特殊形状高性能的永磁体，用以产生恒定磁场，无须励磁绕组和励磁电流。在电动机的定子铁心上绕有三相电枢绕组，接在可控的变频电源上。为了使电动机产生稳定的转矩，电枢电流磁动势必须与磁极同步旋转，因此在结构上还必须装有转子永磁体的磁极位置检测器，随时检测出磁极的位置，并以此为依据使电枢电流实现正交控制。这就是说，同步伺服电动机实际上包括定子绕组、转子磁极及磁极位置传感器三大部分。为了检测电动机的实际运行速度，或者进行位置控制，通常在电动机轴的非负载端安装速度传感器和位置传感器，如测速发电机、光电码盘等。目前，永磁同步伺服电动机在数控机床、工业机器人等小功率场合获得了较为广泛的应用。

(2) 两相异步交流伺服电动机 两相异步交流伺服电动机的结构分为两大部分，即定子部分和转子部分。在定子铁心中安放着空间成90°电角度的两相定子绕组，其中一相为励磁绕组，始终通以交流电压，另一相为控制绕组，输入同频率的控制电压，改变控制电压的幅值或相位可实现调速。转子的结构通常为笼形。两相异步交流伺服电动机主要用于小功率控制系统中。

3. 步进电动机

步进电动机是一种将脉冲信号转换成角位移的执行元件。对这种电动机施加一个电脉冲后，其转轴就转过一个角度，称为一步；脉冲数增加，角位移随之增加；脉冲频率高，则电动机旋转速度就高，反之则慢；分配脉冲的相序改变后，电动机便反转。这种电动机的运动状态与通常均匀旋转的电动机有一定的差别，是步进形式运动，故称其为步进电动机。步进电动机的种类很多，这里就工业广泛应用的三种步进电动机的结构特点做简单介绍。

（1）反应式步进电动机　反应式步进电动机又称磁阻式（VR）步进电动机，其基本结构主要由定子和转子两部分组成。其定子和转子磁路均由软磁制成，定子有若干对磁极，磁极上有多相励磁绕组，在转子的圆柱面上有均匀分布的小齿。利用磁阻的变化产生转矩。励磁绕组的相数一般为三、四、五、六相等。反应式步进电动机有如下特点：

1）气隙小。为了提高反应式步进电动机的输出转矩，气隙都取得很小。

2）步距角小。因反应式步进电动机定、转子是采用软磁材料制成的，依靠磁阻变化产生转矩，在机械加工所能允许的最小齿距情况下，转子的齿距数可以做得很多。

3）励磁电流较大。要求驱动电源功率较大。

4）电动机的内部阻尼较小。当相数较小时，单步运行振荡时间较长。

5）断电时没有定位转矩。

（2）永磁式步进电动机　永磁式步进电动机是转子或定子的某一方为永磁体，另一方由软磁材料和励磁绕组制成，绕组轮流通电，建立的磁场与永磁体的恒定磁场相互作用，产生转矩。励磁绕组一般做成两相或四相控制绕组。永磁步进电动机的特点是：

1）步距角大，一般为15°、22.5°、30°、45°、90°等。这是因为在一个圆周上受到极弧尺寸的限制，磁极数不能太多。

2）控制功率较小，效率高。

3）电动机的内部阻尼较大，单步运行振荡时间短。

4）断电时有一定的定位转矩。

（3）永磁感应式步进电动机　这种电动机在转子上有永磁体，可以看作是永磁式步进电动机；但从定子的导磁体来看，又和反应式步进电动机相似，因而它既具有反应式步进电动机步距角小、响应频率高的优点，又具有永磁式步进电动机励磁功率小、效率高的优点。它是反应式和永磁式步进电动机的结合，因此又称为混合式步进电动机。

三、电力电子技术简介

电气控制系统中的功率放大器的实质是实现对电能的变换和控制，故也称为变流器，它包括电压、电流、频率、波形和相数等的变换。在各种功率放大器中按其功能可分成下列几种类型：

1）AC/DC变流器——把交流变换成固定的或可调的直流电（也称为整流器）。

2）DC/AC变流器——把固定的直流电变成固定或可调的交流电（也称为逆变器）。

3）AC/AC变流器——把固定的交流电变成可调的交流电（包括改变频率或电压）。

4）DC/DC 变流器——把固定的直流电变成可调的直流电（也称为斩波器）。

功率放大器是由开关器件、电感、电容以及保护电路和驱动电路组成。开关器件性能的优劣在很大程度上决定功率放大器的技术经济指标。目前常用的电力电子器件有：晶闸管 SCR、功率晶体管 GTR、功率场效应晶体管 MOSFET、绝缘栅双极型晶体管 IGBT、MOS 栅控晶闸管 MCT 以及智能功率集成电路。下面就晶闸管 SCR、功率晶体管 GTR 和绝缘栅双极型晶体管 IGBT 等器件及其电路做简单介绍。

1. 晶闸管 SCR

晶闸管是三端四层器件，如图 4-2a 所示，其电路符号表示在图 4-2c 上，A 为阳极、K 为阴极，G 为门极。若把晶闸管看成由两个晶体管（$P_1N_1P_2$、$N_1P_2N_2$）构成的，如图 4-2b 所示，则其等效电路可表示为图 4-2d 那样。

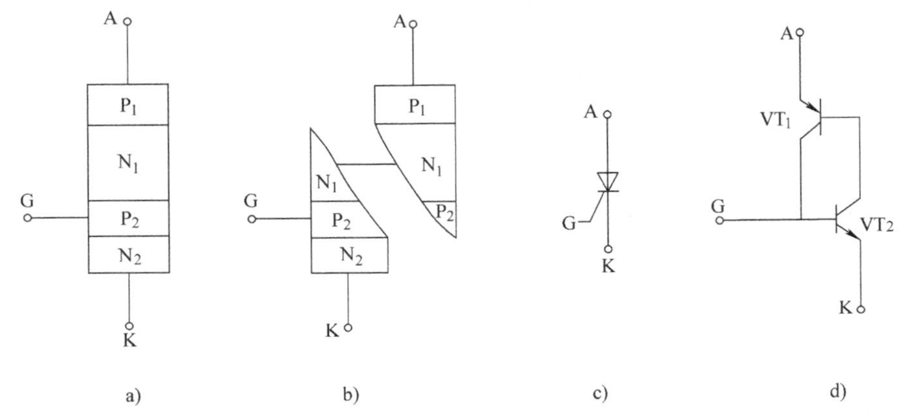

图 4-2 晶闸管结构、等效电路及符号

晶闸管的开关特性如下：

1）起始时若门极 G 不加电压，则不论阳极 A 加正向还是反向电压，晶闸管均不导通，这说明晶闸管具有正、反向阻断能力。

2）晶闸管的阳极 A 和门极 G 同时加正向电压时晶闸管才能导通，这是晶闸管导通必须同时具备的两个条件。

3）在晶闸管导通之后，其门极 G 就失去了控制作用。欲使晶闸管恢复阻断状态，必须把阳极电流降低到一定值（小于维持电流）。

图 4-3a、b 所示为单相桥式全控整流电路及电阻性负载下波形图。当变压器 T 二次电压 u_2处于正半周时（即 a 端正、b 端负），在触发延迟角为 α 的瞬间给 VT_1 和 VT_4加上触发脉冲。VT_1 和 VT_4即导通，这时电流从电源 a 端经 VT_1、R、VT_4流回电源。这期间 VT_2 和 VT_3均承受反向电压而截止。当电源电压过零时，电流也降到零，VT_1和 VT_4即关断。

当电源电压为负半周期时，如仍相应地在触发延迟角为 α 时去触发晶闸管 VT_2 和 VT_3，则 VT_2和 VT_3导通。电流从电源 b 端经 VT_2、R、VT_3流回电源的 a 端。至一周期完毕，电压过零时，电流亦降到零。在负半周期，VT_1 和 VT_4均承受反向电压而截止。很显然，两组触发脉冲在相位上应相差 180°。以后又使 VT_1 和 VT_4 导通，如此循环工作下去。通过改变触发延迟角 α 就可获取负载所需的不同大小的整流电压，所以整流电路的控制

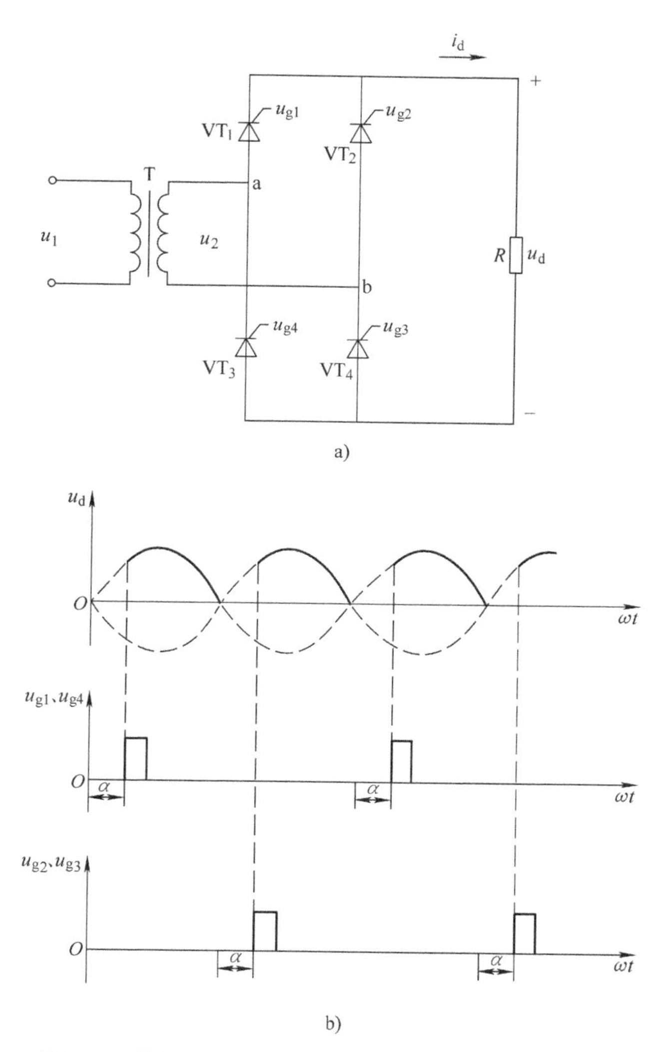

图 4-3 单相桥式全控整流电路及电阻性负载下波形图

实际上就是触发延迟角 α 的控制。

晶闸管整流器还有许多形式，如三相半波、三相全控桥式等。

负载按其性质不同则有电阻性、电容性、电感性、反电动势以及混合性等。

2. 功率晶体管 GTR

GTR 指的是双极型功率晶体管，它由三层半导体（组成两个 PN 结）构成，有 PNP 型和 NPN 型两种，图 4-4a、b 所示为 NPN 型功率晶体管的基本结构和图形符号。N^+P 构成发射结，PN 构成集电结；N^+ 为发射区，E 为发射极；C 为集电极；P 为基区，B 为基极。功率晶体管的工作原理与普通晶体管相同，此处不再赘述。

为了扩大晶体管容量和简化驱动电路，常常将晶体管做成模块结构形式，用集成电路工艺将达林顿功率晶体管、续流二极管、加速二极管等集成在同一芯片上而做成模块，如图 4-5 所示。

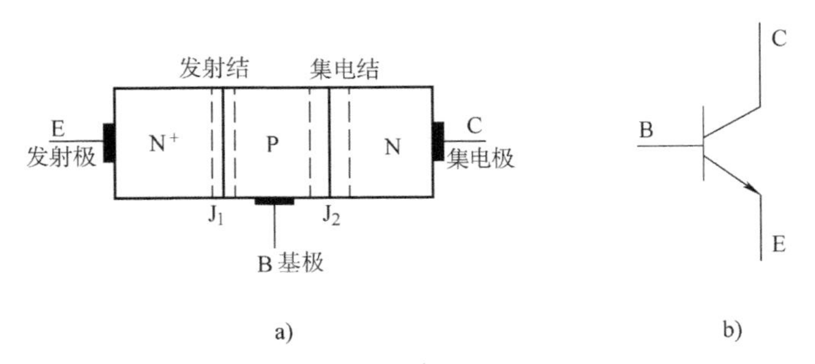

图 4-4 NPN 型功率晶体管的基本结构和图形符号

晶体管有截止、有源放大和饱和三种工作状态。在变流技术应用中，晶体管只作为开关使用，工作于截止和饱和状态。在状态转换过程中，为了使晶体管快速地通过有源放大区、功率损耗最低而又安全可靠，必须合理地设计基极驱动电路。理想的基极驱动电路应满足如下条件：开通时要过驱动；正常导通时要浅饱和；关断时要反偏。基极驱动电路依据被驱动的晶体管或模块的要求而有所不同。图 4-6 所示为一种基极驱动电路和波形图。目前已经开发出混合集成驱动电路模块，并已形成系列化产品。

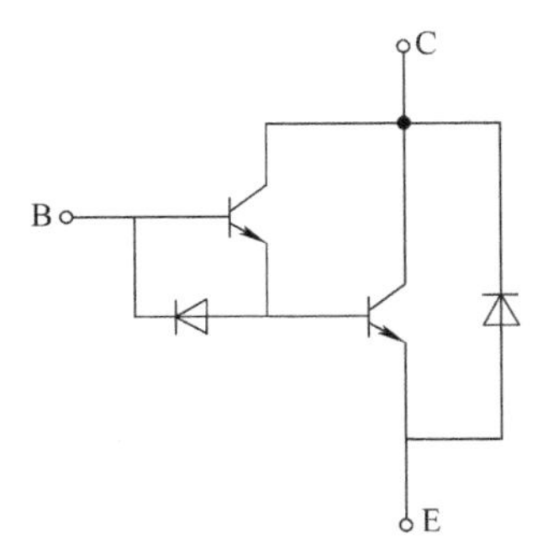

图 4-5 晶体管模块

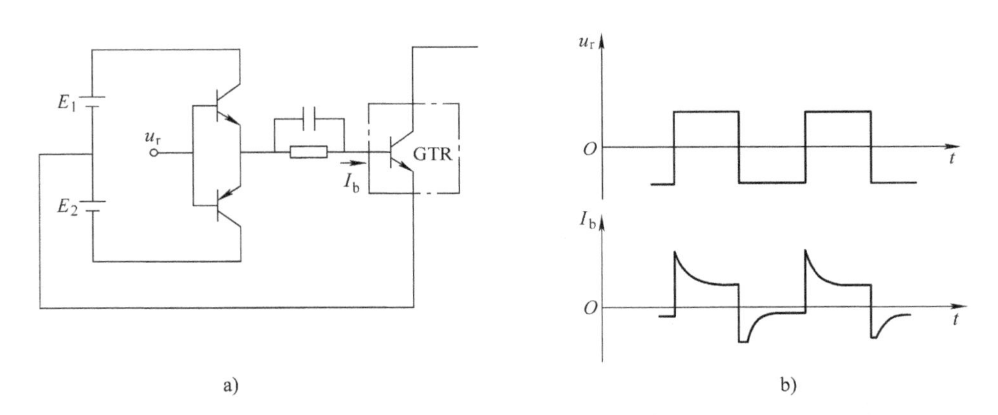

图 4-6 基极驱动电路和波形图

a）基极驱动电路 b）波形图

3. 绝缘栅双极型晶体管 IGBT

IGBT 是一种既具有 GTR 的高电流密度、低饱和电压，又具有 MOSFET 的高输入阻抗、高速特性的一种新型复合功率开关器件。

IGBT 的基本结构是在 N 沟道 MOSFET 的漏极（N^+基板）加一层 P^+基板（IGBT 的集电极）形成由 PNP-NPN 晶体管互补连接的四层结构，如图 4-7 所示。这种结构恰似 P－N－P 晶闸管的等效电路。但在制造时，NPN 型晶体管的基极和发射极由铝电极短路，尽可能使 NPN 不起作用。因此，IGBT 的工作基本与 NPN 型晶体管无关，可以认为是将 N 沟道 MOSFET 作为输入级、PNP 型晶体管作为输出级的单向达林顿晶体管。

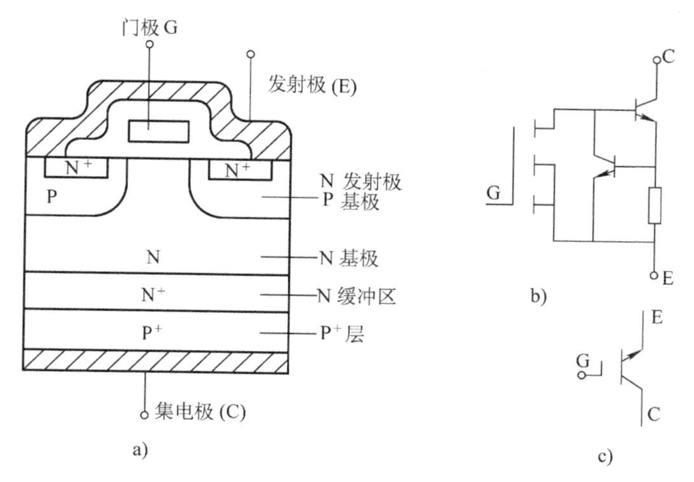

图 4-7 IGBT 基本结构、等效电路和图形符号

a）基本结构 b）等效电路 c）图形符号

IGBT 的开关作用是通过加正向门电压形成沟道，给 PNP 型晶体管提供基极电流，使 IGBT 导通。反之，加反向门极电压消除沟道，流过反向基极电流，使 IGBT 关断。

IGBT 的驱动电路的方式有很多种，图 4-8 列出了一种驱动电路。

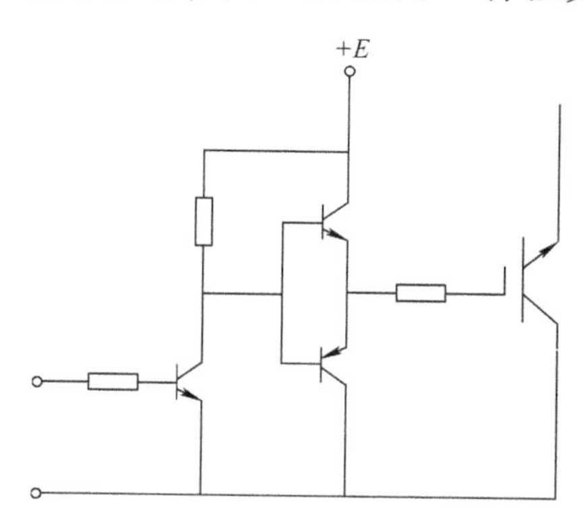

图 4-8 IGBT 驱动电路

第二节 直流伺服系统

采用直流伺服电动机作为执行元件的伺服系统，称为直流伺服系统。直流伺服系统种类繁多，按伺服电动机、功率放大器、检测元件、控制器的种类以及反馈信号与指令比较方式等可分为不同类型的直流伺服系统。本节以鉴幅型位置直流伺服系统为例，介绍其工作原理和静态、动态分析。

一、直流伺服系统结构和原理

图 4-9 所示为鉴幅型直流伺服系统的原理框图。现将图中各环节的工作原理介绍如下。

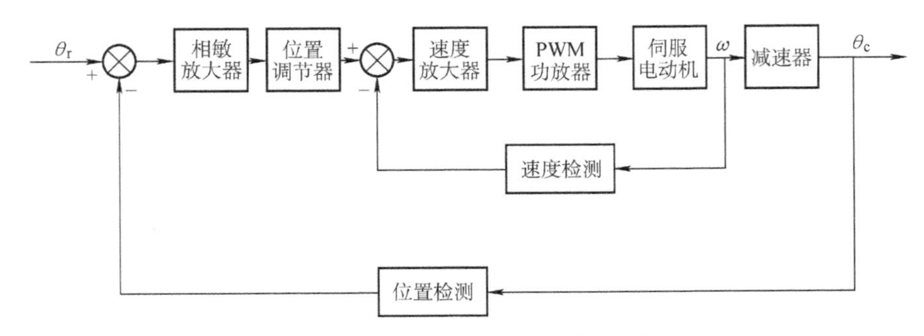

图 4-9 鉴幅型直流伺服系统的原理框图

1. 位置检测与信号综合环节

（1）旋转变压器 旋转变压器是一种输出电压随转角变化的角位移测量装置。它的结构通常做成两极电机的形式，其定子、转子均由硅钢片叠压而成，定子和转子上各有两套在空间上完全正交的绕组。旋转变压器的工作原理与普通变压器相似。由于普通变压器的输入、输出两个绕组的位置是固定的，所以输出电压与输入电压之比为一个常数。而旋转变压器由于其输入、输出绕组分别固定在定子和转子上，所以输出电压大小与转子位置有关。图 4-10 所示为旋转变压器原理图。若定子绕组 S_1 和 S_2 分别由两个幅值相等、相位相差 90°的正弦交流电压 u_{S1}、u_{S2} 励磁，即

$$u_{S1} = u_m \sin\omega t \tag{4-1}$$

$$u_{S2} = u_m \cos\omega t \tag{4-2}$$

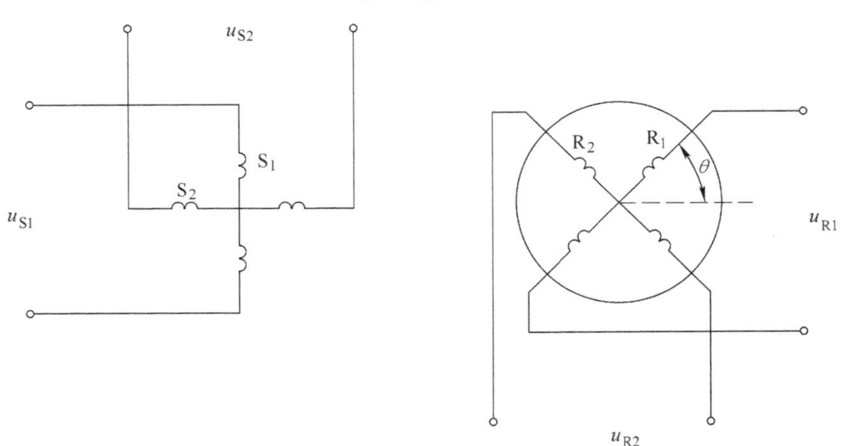

图 4-10 旋转变压器原理图

在气隙中产生图形旋转磁场。转子绕组 R_1 和 R_2 中分别产生感应电压为

$$u_{R1} = m(u_{S1}\cos\theta + u_{S2}\sin\theta) \tag{4-3}$$

$$u_{R2} = m(u_{S1}\cos\theta + u_{S2}\sin\theta) \tag{4-4}$$

式中 m——旋转变压器电压比；

θ——旋转变压器转子相对定子的转角。

上式是正余弦旋转变压器的基本运算关系。采用旋转变压器测量转角有多种方案，通常有相位工作方式和幅值工作方式。随着大规模集成电路的发展，已有专用集成电路，

可把旋转变压器的转角直接转成数字量输出，可以方便地输入到计算机中。

下面介绍用一对旋转变压器检测给定轴（系统的输入轴）与执行轴（系统的输出轴）角差的原理。如图 4-11 所示，旋转变压器 BRT 的转子与给定轴联接，其转角为 θ_r（即系统的输入量），旋转变压器 BRR 的转子与执行轴联接，其转角为 θ_c（即系统的输出量）。在 BRT 定子绕组加一交流励磁电压 u_f，其运算关系如下：

$$u_f = U_m \sin\omega t$$

$$u_{RT1} = u_{RR1} = m u_f \sin\theta_r$$

$$u_{RT2} = u_{RR2} = m u_f \cos\theta_r$$

$$u_B = \frac{1}{m} u_{RR1} \cos\theta_c - \frac{1}{m} u_{RR2} \sin\theta_c = u_f \sin(\theta_r - \theta_c) \tag{4-5}$$

式中 u_{RT1}、u_{RT2}——分别为转子绕组 BRT1、BRT2 中产生的感应电压；

u_{RR1}、u_{RR2}——分别为转子绕组 BRR1、BRR2 中产生的感应电压。

当（$\theta_r - \theta_c$）较小时，$\sin(\theta_r - \theta_c) \approx (\theta_r - \theta_c)$

$$u_B \approx u_f K_B (\theta_r - \theta_c) = U_m K_B \Delta\theta \sin\omega t \tag{4-6}$$

式中 K_B——比例系数，由角差 $\Delta\theta$ 的单位决定。若 $\Delta\theta$ 的单位取（°），$K_B = 1/57.3\text{V}/(°)$。

$\Delta\theta$——角差，$\Delta\theta = \theta_r - \theta_c$。

从上式可见，输出电压 u_B 的幅值正比于角差 $\Delta\theta$。当 $\theta_r < \theta_c$ 时，u_B 反相位，即 $u_B = U_m |\Delta\theta| \sin(\omega t + \pi)$。

上述检测角差方式中，其输入信号 θ_r 必须是机械量（转角）。但是，许多情况下输入信号 θ_r 的形式是电信号。例如，工业机器人或数控机床伺服系统的输入信号是上一级计算机或电子控制装置送来的电信号（如数码或电压信号）。此时，可采用电子电路来实现图 4-12 中旋转变压器 BRT 的运算功能，原理如图 4-11 所示。

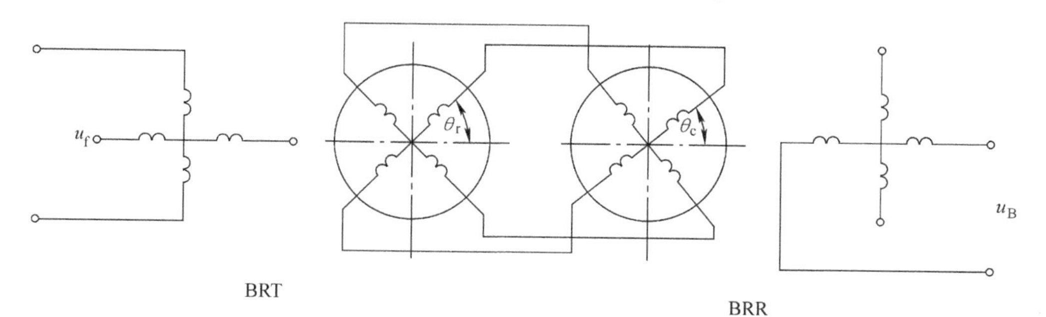

图 4-11 旋转变压器角差测量原理图

两极旋转变压器测角精度可达几角分，对于高精度的要求，可选用多极旋转变压器，其最高精度可达 3″~7″。

（2）相敏放大器 相敏放大器也称为鉴幅器。它的功能是将交流电压转换为与之成正比的直流电压，并使它的极性与输入的交流电压的相位相适应。相敏放大器种类很多，现以图 4-13a 所示相敏放大器为例进行分析。图中输入信号 u_1 来自旋转变压器的输出并经过功率放大的信号，经变压器 T_1 耦合，其二次电压为 u_{21}、u_{22}，辅助电源电压 u_s 与旋转

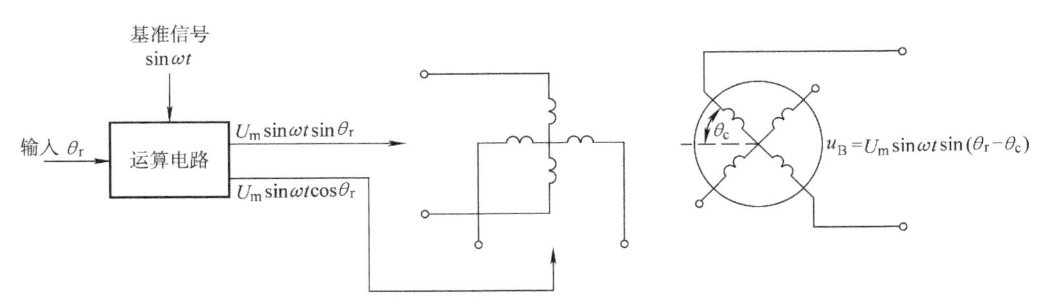

图 4-12 由电子电路和旋转变压器构成的角差测量原理图

变压器的励磁电压 u_f是同频率、同相位的交流电压。当 u_1 与 u_s 的相位相同时（即 $\Delta\theta>0$ 的情况），u_s为正半周时 V_1管导通，u_s为负半周时 V_2管导通。相敏放大器的输出电压u_b'为正极性的直流电压，u_b'的平均值与 u_1 的幅值成正比，波形图如图 4-13b 中实线部分所示。若 u_1与 u_s的相位相差 π 时（即 $\Delta\theta<0$ 的情况），则相敏放大器的输出 u_b'为负极性的直流电压，波形图如图 4-13b 中虚线部分所示。

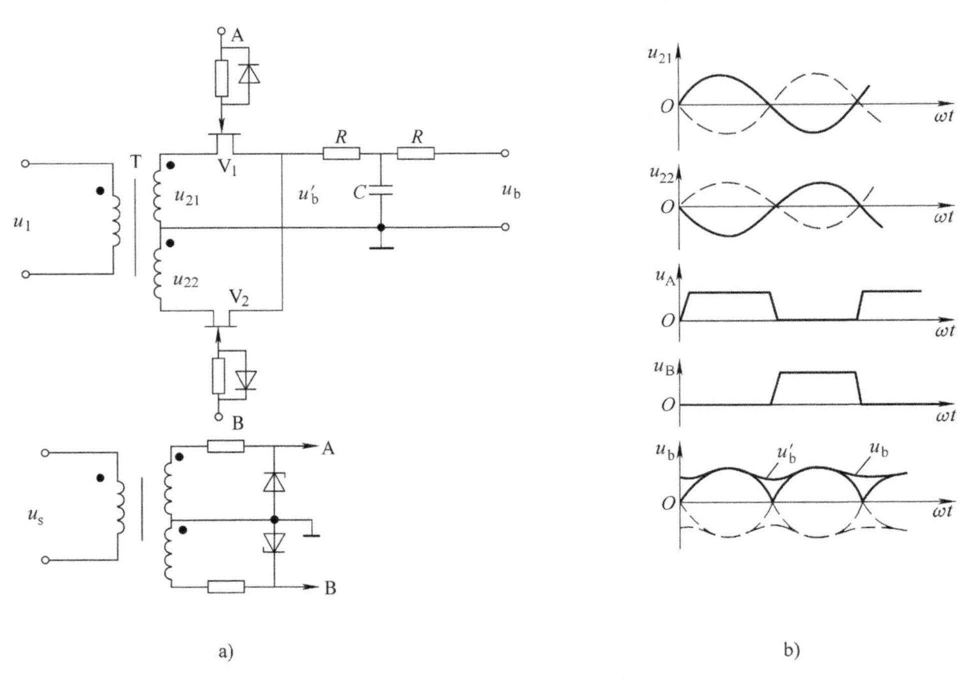

图 4-13 相敏放大器原理图及波形图

a）电路图 b）波形图

总之，相敏放大器的作用是：

1）将输入交流电压变换成直流电压。

2）当输入交流电压相位变成相差 π 时，输出的直流电压极性亦随之改变。或者说输出直流电压的极性反映了输入交流电压的相位。

3）输出直流电压的数值与输入交流电压的幅值成正比。

相敏放大器输出是脉动的直流电压，必须采用滤波器，将其变成平滑的直流电压 u_b。应当指出，滤波器的时间常数不能太大，否则将影响系统的快速性。旋转变压器的励磁电源通常采用中频交流电源供电，频率范围在 400 ~ 1000Hz，也可更高。这一点有利于减小滤波时间常数。本例中采用 *RC* 电路组成的一阶滤波器。

（3）位置检测与信号综合环节　位置检测与信号综合环节的原理框图如图 4-14a 所示。旋转变压器组完成了位置检测和信号综合功能。放大器和相敏放大器承担了信号变换任务。其传递函数为

$$\Delta\theta(s)=\theta_r(s)-\theta_c(s) \tag{4-7}$$

$$G_b(s)=\frac{U_b(s)}{\Delta\theta(s)}=\frac{K_b}{T_b s+1} \tag{4-8}$$

式中　$K_b=K_B K_a K_p$，K_b单位为 V/(°)；

K_B——旋转变压器组的比例系数；

K_a——放大器的放大系数；

K_p——相敏放大器比例系数；

T_b——滤波时间常数。

位置检测与信号综合环节框图如图 4-14b 所示。

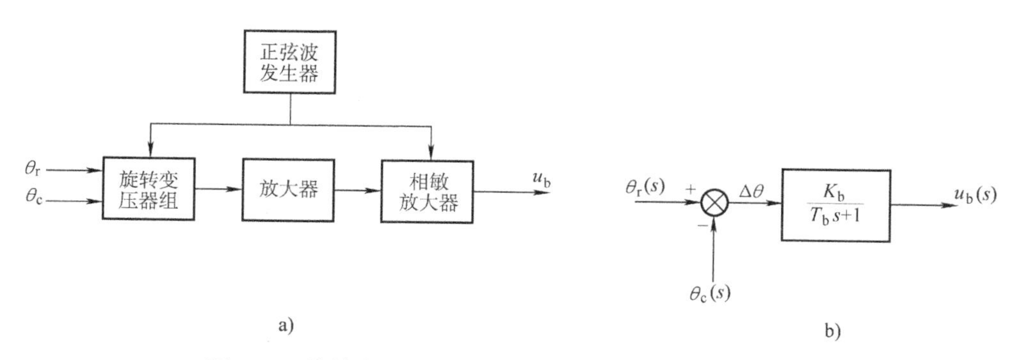

图 4-14　旋转变压器组合相敏放大器原理框图和功能框图

a）原理框图　b）功能框图

2. 脉宽调制型（PWM）功率放大器

PWM 功率放大器的基本原理是：利用大功率器件的开关作用，将直流电压转换成一定频率的方波电压，通过对方波脉冲宽度的控制，改变输出电压的平均值。

（1）PWM 变换器　图 4-15 是利用 PWM 调速的原理示意图，将图 4-15a 中的开关 S 周期性地开关，在一个周期 *T* 内闭合的时间为 τ，则一个外加的固定直流电压 *U* 被按一定的频率开闭的开关 S 加到电动机的电枢上，电枢上的电压波形将是一列方波信号，其高度为 *U*，宽度为 τ，如图 4-15b 所示。电枢两端的平均电压为

$$U_d=\frac{1}{T}\int_0^T U\mathrm{d}t=\frac{\tau}{T}U=\rho U$$

式中，$\rho=\tau/T=U_d/U$，称为导通率，或称占空比（$0<\rho<1$）。当 *T* 不变时，只要改变导通时间 τ，就可以改变电枢两端的平均电压 U_d。当 τ 从 0 ~ *T* 改变时，U_d由零连续增大到

U。实际的 PWM 电路用自关断电力电子器件来实现上述的开关作用，如 GTR、MOSFET、IGBT 等器件。

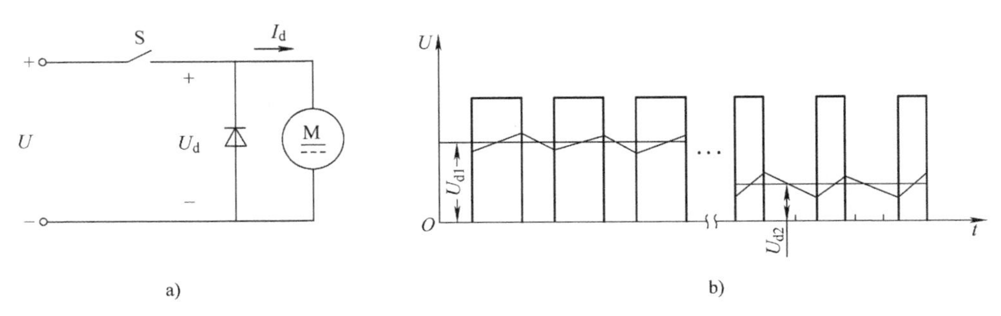

图 4-15 脉宽调速示意图

图 4-15 中的二极管是续流二极管，当 S 断开时，由于电枢电感 L 的存在，电动机的电枢电流可通过它形成续流回路。

可逆 PWM 变换器广泛采用双极式 H 型功率变换电路。图 4-16 所示为采用 GTR 的双极式 H 型可逆 PWM 变换器的电路原理图。四个功率晶体管的基极驱动电压分为两组：VT_1和 VT_4同时导通和关断，其驱动电压 $U_{b1}=U_{b4}$，VT_2和 VT_3同时动作，其驱动电压$U_{b1}=U_{b3}$。它们的波形如图 4-17 所示。

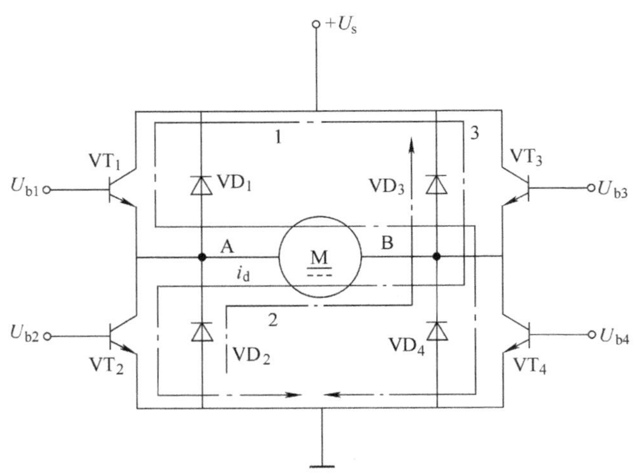

图 4-16 双极式 H 型可逆 PWM 变换器电路原理图

在一个开关周期内，当 $0\leqslant t\leqslant t_{on}$时，$U_{b1}$ 和 U_{b4} 为正，晶体管 VT_1和 VT_4饱和导通，而 U_{b2}和 U_{b3}为负，VT_2 和 VT_3 截止。这时（$+U_s$）加在电枢 A、B 两端，$U_{AB}=U_s$，电枢电流 i_d沿回路 1 流通。当 $t_{on}\leqslant t\leqslant T$ 时，U_{b1}和 U_{b4}变负，VT_1和 VT_4截止；U_{b2}和 U_{b3}变正，但 VT_2和 VT_3并不能立即导通，因为电枢电感释放储能形成的电流 i_d沿回路 2 经 VD_2、VD_3续流。VD_2、VD_3两端的压降，正好使 VT_2和 VT_3的 C－E 极承受反压，这时 $U_{AB}=-U_s$。在一个周期内，U_{AB}正负相间，这就是双极 PWM 变换器的特征。其电压电流波形如图4-17所示。

由于电压 U_{AB}的正负变化，使电动机电流的波形根据负载轻重的不同分为两种情况：图 4-17 中的 i_{d1}表示电动机负载较重的情况，这时平均负载电流大，在续流阶段（$t_{on}\leqslant t\leqslant T$），电流仍维持正方向，电动机始终工作在第一象限的电动状态（即正向电动状态）。i_{d2}表示电动机在轻载的情况，平均电流小，在续流阶段，电流很快衰减到零。于是 VT_2、VT_3的 C－E 极反压消失，在负的电源电压（$-U_s$）和电枢反电动势的合成作用下，VT_2、VT_3导通，电枢电流反向，沿回路 3 流通，电动机处于制动状态。同样可以分析，在 $0\leqslant t\leqslant t_{on}$期间，负载轻时，电流也有一次倒向。

双极 PWM 变换器的特征就是在一个周期内，电压从（$+U_s$）变为（$-U_s$）。那么如何控制电动机的正转和反转呢？这只要控制正、负脉冲的宽窄。当正脉冲较宽时，$t_{on}>2/T$，则电枢两端的平均电压为正，电动机正转（见图 4-17 的波形）。当正脉冲较窄时，$t_{on}<2/T$，平均电压为负，电动机反转。如果正负脉冲宽度相等，$t_{on}=2/T$，平均电压为零，则电动机不转。

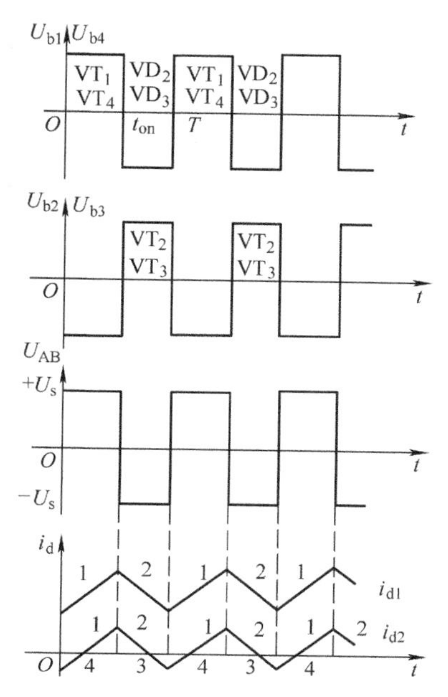

图 4-17 双极式可逆 PWM 变换器电压和电流波形

根据图 4-17 很容易导出双极式可逆 PWM 变换器电枢平均两端电压的表达式

$$U_d=\frac{t_{on}}{T}U_s-\frac{T-t_{on}}{T}U_s=\left(\frac{2t_{on}}{T}-1\right)U_s$$

仍定义占空比 $\rho=U_d/U_s$，则 ρ 与 t_{on} 的关系为

$$\rho=\frac{2t_{on}}{T}-1$$

调速时，ρ 值的变化范围变成 $-1\leqslant\rho\leqslant1$。当 ρ 为正时，电动机正转；ρ 为负值时，电动机反转；$\rho=0$ 时，电动机停止。

需要注意的是：$\rho=0$ 时电动机的停止与四个晶体管都不导通时的电动机的停止是有区别的。四个晶体管均不导通时电动机是真正的停止；而 $\rho=0$ 时，虽然电动机不动，但电枢两端的瞬时电压和瞬时电流都不是零，而是交变的，这个电流的平均值为零，产生的平均力矩也为零，但电动机带有高频微振，能克服静摩擦阻力，消除正、反向时的静摩擦死区。

双极式 PWM 变换器的优点如下：① 电流连续；② 可使电动机在四个象限中运行；③ 电动机停止时，有微振电流，能消除摩擦死区；④ 低速时，每个晶体管的驱动脉冲仍较宽，有利于晶体管的可靠导通；⑤ 低速时平稳性好，调速范围宽。

双极式 PWM 变换器的缺点：在工作过程中，四个功率晶体管都处于开关状态，开关损耗大，且容易发生上、下两管直通的事故。为了防止上、下两管同时导通，在一管关断和另一管导通的驱动脉冲之间，应设置逻辑延时。

（2）PWM 的控制电路　PWM 的控制电路主要包括脉冲调制器、逻辑延时环节和晶体管基极驱动器等。其中最关键的部件是脉冲调制器。

1）脉冲调制器。脉冲调制器是一个电压—脉宽变换器装置，输入的是电压量 U_c，输出则是宽度受 U_c 控制的脉冲量。

脉冲调制器有许多种类，下面以锯齿波脉宽调制器为例说明脉宽调制原理。原理图如图 4-18 所示，运算放大器工作在开环状态，输出值总是在负饱和值与正饱和值之间跳变。

加在运算放大器反相输入端有三个输入信号，一个输入信号是锯齿波调制信号，由锯齿波发生器提供，其频率是主电路所需的开关调制频率；另一个是控制电压 U_c，其极

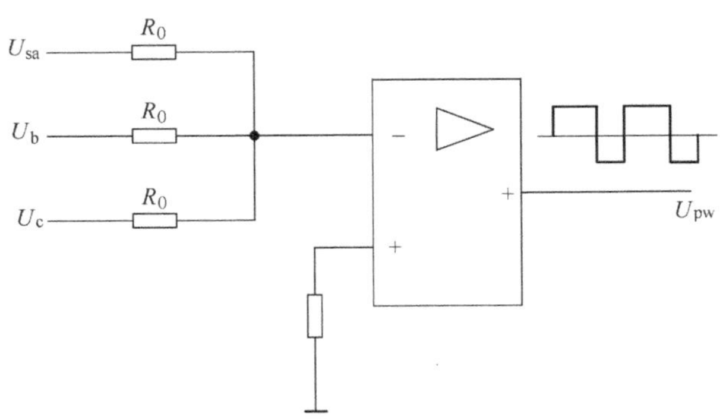

图 4-18 锯齿波脉宽调制器

性和大小可变。U_c和 U_{sa}相减，从而在运算放大器的输出端得到周期不变、脉冲宽度可变的调制输出电压 U_{pw}。对于不同控制方式的 PWM 变换器，对调制脉冲电压 U_{pw}的要求是不一样的。对于双极式可逆变换器，要求当输出平均电压 $U_d=0$ 时，U_{pw}的正负脉冲宽度相等，这就要求控制电压 U_c也恰好为零。为此，在运算放大器的输入端引入第三个输入信号——负偏移电压机，其值为

$$U_b = -\frac{1}{2}U_{samax}$$

这时 U_{pw}波形如图 4-19 所示。当 $U_e>0$ 时，$+U_c$的作用和 $-U_b$相减（即与 U_{sa}相加)，则在运算放大器输入端的三个信号合成，电压为正，宽度变大，经运算放大器倒相后，输出脉冲电压 U_{pw}的正半波变窄，如图 4-19b 所示。

当 $U_c<0$ 时，$-U_c$和 $-U_b$的作用相加，则情况相反，输出的 U_{pw}的正半波增宽，如图 4-19c 所示。这样，改变控制电压 U_c的极性也就改变了双极式 PWM 变换器输出平均电压的极性，因而改变了电动机的转向。改变 U_c的大小，则调节输入脉冲的宽度，从而调节电动机转速的高低。只要锯齿波的线性度足够好，输出脉冲的宽度就和控制电压 U_c 的大小成正比。

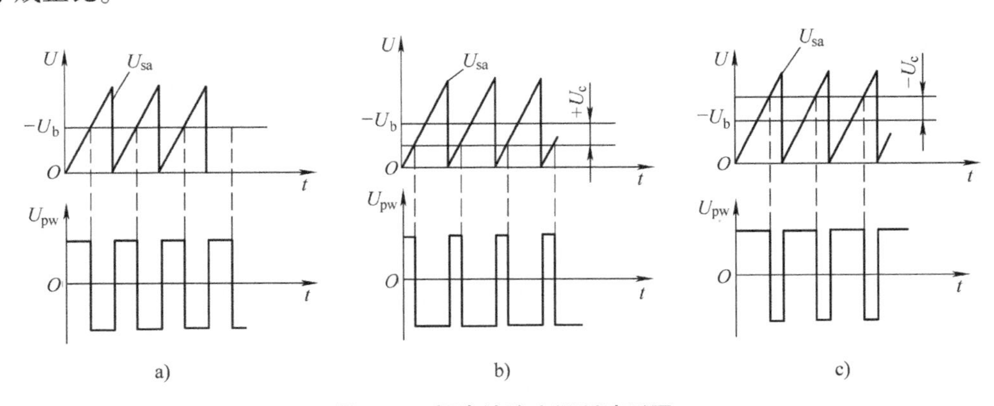

图 4-19 锯齿波脉宽调制波形图

a) $U_c=0$ b) $U_c>0$ c) $U_c<0$

2）逻辑延时环节。在可逆 PWM 变换器中，跨接在电源两端的上、下两个晶体管经常交替导通和截止。由于晶体管的关断过程中有一段关断时间 t_{off}，在这段时间内晶体管

并未完全关断，如果在此期间，另一个晶体管已经导通，则将造成上、下两管直通，从而使电源正负极短路。为了避免发生这种情况，设置了逻辑延时环节 DLD，保证在对一个管子发出关闭脉冲后（如图 4-20 中的 U_{b1}），延时 t_{id}后再发出对一个管子的开通脉冲（如 U_{b2}）。

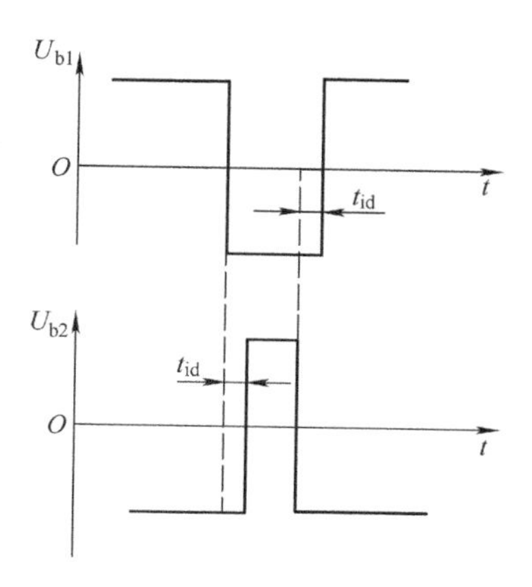

图 4-20 考虑开通延时的基极脉冲电压信号

3）基极驱动器。基极驱动器的任务是将控制电路的输出信号进行功率放大，使之具有足够的功率去驱动可逆变换器的 GTR，确保 GTR 在开通时能迅速达到饱和导通，关断时能迅速截止。因此，凡能达到这个目的的电路均可选用。

需要注意的是，在 PWM 可逆电路中，各个功率晶体管没有公共的接地端。因此，每个功率晶体管都必须有自己的独立驱动器。而控制电路是公共的，因而通常采用光电耦合器来实现控制电路和主电路之间信号的传递和电气隔离。图 4-21 便是一种采用光电耦合器控制的具有反偏压的基极驱动电路。图中 A 点接收来自逻辑延时环节的脉冲宽度调制信号，经光电耦合器 GD 和功率放大器 VT_1 ~ VT_5加到功率开关晶体管 VT_6的基极回路，实现开关功能。

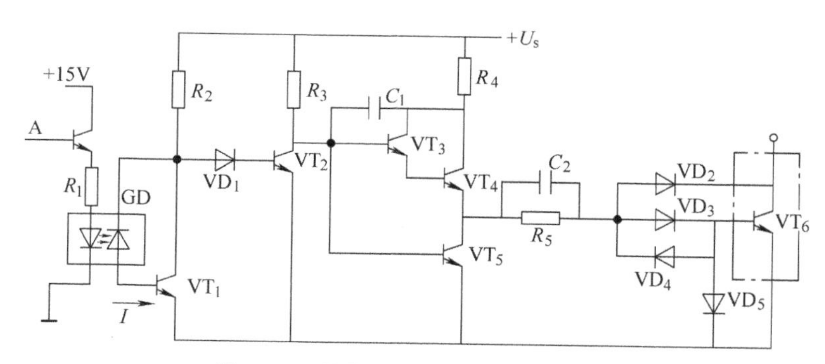

图 4-21 具有反偏压的基极驱动电路

（3）PWM 功率放大器的传递函数 根据 PWM 功率放大器的工作原理，当控制电压 U_c改变时，PWM 变换器的输出电压要到下一个周期方能改变。因此，PWM 变换器是一个滞后环节，它的延时最大不超过一个开关周期 T，一般 T 较小时（小于 1ms），当整个系统开环频率特性截止频率 ω_c 满足下式时

$$\omega_c \leqslant \frac{1}{3T} \tag{4-9}$$

可将滞后环节看成一阶惯性环节。因此，PWM 功率放大器的传递函数可近似看成

$$G_G(s)=\frac{U_d(s)}{U_c(s)}=\frac{K_s}{T_s s+1} \tag{4-10}$$

式中 T_s——近似后惯性环节的时间常数，可取 $T_s=T$；

K_s——PWM 功率放大器的比例系数，$K_s=U_d/U_c$。

3. 直流伺服电动机和减速器的传递函数

直流伺服电动机与一般直流电动机的基本原理是完全相同的，当直流电动机电枢绕组加电压 U_d时，绕组中有电流 i_d流过（见图 4-22），从而使转子受到电磁转矩 T 作用，即

$$T = k_m i_d \tag{4-11}$$

式中 k_m——电动机的转矩系数（$k_m = C_m \Phi$）。

电枢转动后，因导体切割磁力线而产生反电动势 E_a，其值为

$$E_a = C_e \Phi n = k_e \omega \tag{4-12}$$

式中 n——电动机的转速（r/min）；

ω——电动机的角速度（rad/s）；

Φ——磁通；

k_e——电动势系数，$k_e = C_e \Phi \dfrac{2\pi}{60}$。

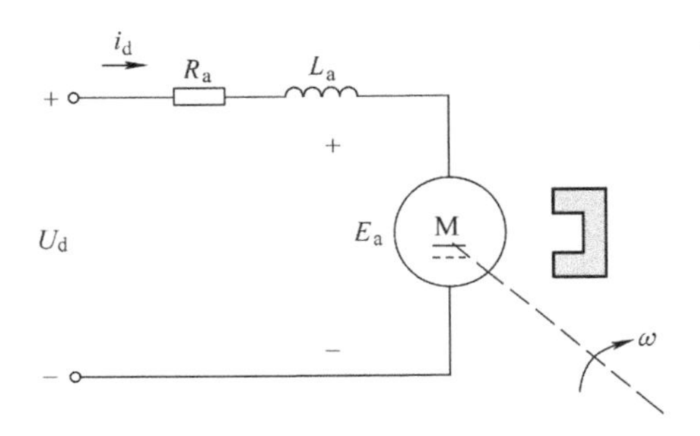

图 4-22 直流电动机原理图

由图 4-22 所示，电枢回路电压平衡方程为

$$U_d = E_a + R_a i_d + L_a \frac{di_d}{dt} \tag{4-13}$$

式中 R_a——电枢回路总电阻；

L_a——电枢回路总电感。

电动机轴上的转矩和角速度服从运动方程式

$$T - T_L = J \frac{d\omega}{dt} \tag{4-14}$$

式中 J——电动机本身和所带负载、传动链折算到电动机轴上的转动惯量；

T_L——负载转矩（包括电动机本身的空载转矩）。

若以电枢电压 U_d为输入量，负载转矩 T_L为扰动输入量，电动机角速度 ω 为输出量，根据式(4-11)～式(4-14)，消去中间变量，可得电动机的微分方程

$$\frac{L_a J}{k_e k_m}\frac{d^2\omega}{dt^2} + \frac{R_a J}{k_e k_m}\frac{d\omega}{dt} + \omega = \frac{1}{k_e}U_d - \frac{L_a}{k_e k_m}\frac{dT_L}{dt} - \frac{R_a}{k_e k_m}T_L$$

或

$$T_a T_m \frac{d^2\omega}{dt^2} + T_m \frac{d\omega}{dt} + \omega = \frac{1}{k_e}U_d - \frac{T_a T_m}{J}\frac{dT_L}{dt} - \frac{T_m}{J}T_L \tag{4-15}$$

式中 $T_a=\dfrac{L_a}{R_a}$——电动机的电磁时间常数；

$T_m=\dfrac{R_aJ}{k_ek_m}$——电动机的机电时间常数。

在零初始条件下，取等式两侧的拉普拉斯变换，得

$$(T_aT_ms^2+T_ms+1)\omega(s)=\frac{1}{k_e}U_d(s)-\left(\frac{T_aT_m}{J}s+\frac{T_m}{J}\right)T_L(s)$$

或

$$\omega(s)=\frac{1/k_e}{T_aT_ms^2+T_ms+1}U_d(s)-\frac{\frac{T_m}{J}(T_as+1)}{T_aT_ms^2+T_ms+1}T_L(s) \tag{4-16}$$

当 $T_L(s)=0$ 时，电动机的传递函数为

$$G_M(s)=\frac{\omega(s)}{U_d(s)}=\frac{1/k_e}{T_aT_ms^2+T_ms+1} \tag{4-17}$$

直流电动机的框图如图 4-23a、b 所示。

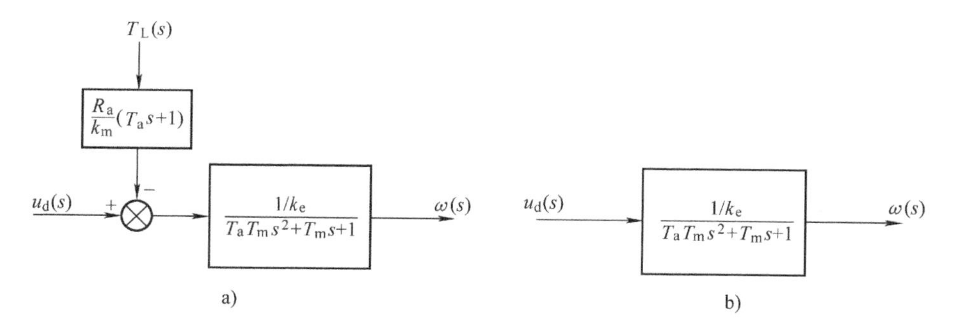

图 4-23 直流电动机的框图

a) $T_L\neq0$ b) $T_L=0$

减速器的作用是实现电动机与负载之间的匹配。

以电动机的角速度 ω 为输入，以执行轴的转角 θ_c 为输出，则

$$\theta_c=\int\frac{1}{i}\omega\mathrm{d}t$$

在零初始条件下，对上式进行拉普拉斯变换，得

$$\theta_c=\frac{1}{i}\frac{1}{s}\omega(s)$$

所以减速器的传递函数可表示为

$$G_i(s)=\frac{\theta_c(s)}{\omega(s)}=\frac{1}{is}=\frac{K_i}{s} \tag{4-18}$$

式中 K_i——减速器的比例系数，$K_i=1/i$。

二、直流伺服系统的稳态误差分析

在位置伺服系统稳态运行时，总是希望其输出量尽量复现输入量，即要求系统必须

具有一定的稳态精度，产生的位置误差越小越好。不同的控制对象对系统的精度要求也不同，因而对位置伺服系统进行稳态误差分析就显得十分重要。

影响伺服系统的稳态精度，导致系统产生稳态误差的因素有以下几个方面：由检测元件引起的检测误差；由系统的结构和输入信号引起的原理误差；由负载扰动引起的扰动误差。

1. 检测误差

检测误差取决于检测元件本身的精度，在位置伺服系统中，经常用的位置检测元件（如旋转变压器）都有一定的精度等级。检测误差是系统稳态误差的主要部分，这是系统无法克服的。

2. 原理误差

原理误差是由系统自身结构形成、系统特征参数和输入信号形式决定的。根据控制系统的开环传递函数中含有积分环节的数目，把系统分成不同类型，开环传递函数中不含积分环节称为0型系统，含一个积分环节称为Ⅰ型系统，含两个积分环节称为Ⅱ型系统，以此类推。对于常见的三种典型输入信号，控制信号系统的稳态误差终值见表4-1。

表4-1 稳态误差终值

输入信号 / 系统类型	阶跃信号 $R\cdot1(t)$	斜坡信号 Rt	抛物线信号 $\frac{R}{2}t^2$
0型系统	$\frac{R}{1+K}$	∞	∞
Ⅰ型系统	0	$\frac{R}{K}$	∞
Ⅱ型系统	0	0	$\frac{R}{K}$

注：表中 K 是系统的开环放大系数。

由表4-1可以看出，欲减小由输入信号引起的稳态误差，应增加系统开环传递函数中积分环节数目和提高开环放大系数，但二者的增加不利于系统的稳定。

3. 扰动误差

在分析原理误差时，仅仅考虑了给定输入信号的影响，实际上伺服系统所承受的各种扰动作用都会影响到系统的跟踪精度。常见的扰动有负载扰动、电网波动引起的扰动和噪声干扰等。若伺服系统如图4-24所示，图中 $M(s)$ 为扰动信号。由控制理论分析可知：欲减少由扰动引起的稳态误差，必须增加扰动作用点之前传递函数 $G_1(s)$ 中积分环节的数目和放大系数，而增加扰动作用点之后传递函数 $G_2(s)$ 中积分环节和放大系数是没有效果的。通常在设计伺服系统时，从减少系统扰动稳态误差的角度，调节器的传递函数中最好包含有积分环节。

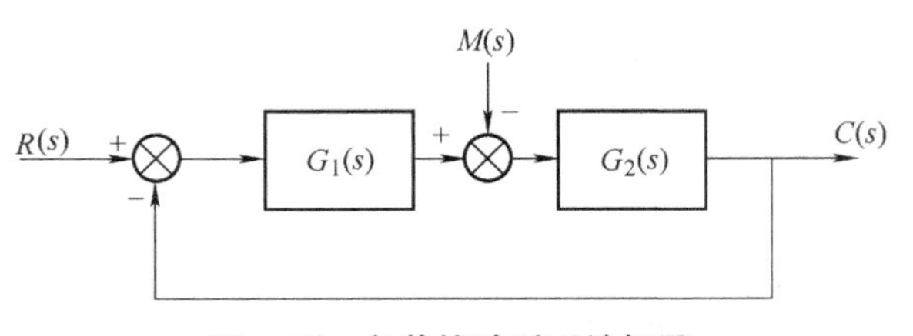

图4-24 负载扰动时系统框图

三、直流伺服系统的动态校正

前面讨论了系统各环节的原理和传递函数，若暂不考虑负载转矩的影响（设 $T_L=0$），可以得到位置伺服系统的动态框图，如图 4-25 所示。为了提高系统的动态性能，采用双闭环结构。内环是速度环，由测速发电机实现角速度 ω 的检测，并形成反馈回路，图中 α 为速度反馈系数。设计多环控制系统的一般原则是：以内环开始，一环一环地逐步向外扩展。在这里是：先从速度环入手，首先设计好速度调节器（其传递函数为 $G_{ST}(s)$），然后把整个速度环看作是位置控制系统中的一个环节，再设计位置调节器（其传递函数为 $G_{WT}(s)$）。

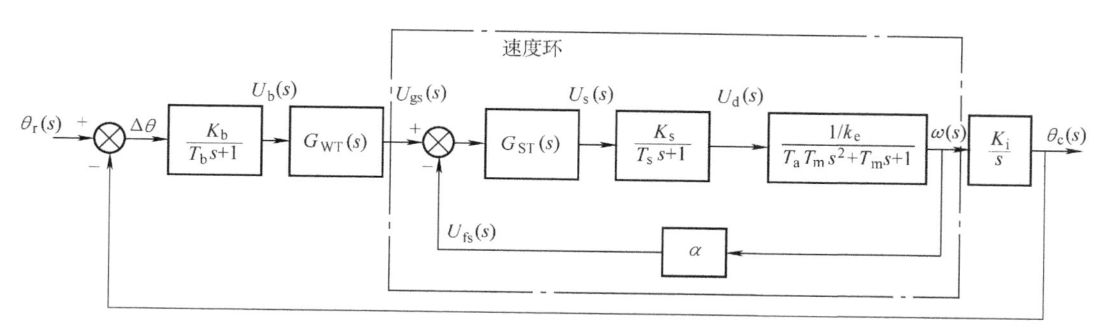

图 4-25 位置伺服系统动态框图

经典控制理论校正系统的方法，通常有综合法和分析法两种。

综合法又称预期特性法。它以闭环系统性能与开环系统特性有关这一概念出发，根据性能指标要求确定预期开环特性的形状，然后将预期特性与原有部分特性进行比较，从而确定调节器的结构和参数。采用这种方法设计调节器的传递函数可能具有相当复杂的形式，必须在一定条件下进行简化，否则不便于物理实现。

分析法又称试探法。设计者采用这种方法时，首先根据经验确定校正的方式，选择一种调节器，然后根据性能指标要求和原有部分的特性选择调节器的参数，最后验算性能指标是否满足要求。如果不能满足，则应改变调节的参数和结构，直到校正后的系统全部满足给定的性能指标为止。所以，分析法实质上是一种试探法。不过，只要设计者具有一定的实践经验，无须多次试探，就能设计出较高性能指标的控制系统。

值得指出的是，不论是综合法还是分析法，都带有经验的成分，所得结果往往不一定是最优的。另外，能够满足性能指标的校正方案不是唯一的，在最终确定校正方案时应根据技术和经济两方面以及其他一些附加限制综合考虑。

1. 速度调节器的设计

图 4-25 中点画线框内就是速度环的框图。图中 $G_{ST}(s)$ 是速度调节传递函数。控制对象传递函数为

$$G_{sg}(s)=\frac{K_{sg}}{(T_s s+1)(T_a T_m s^2+T_m s+1)} \tag{4-19}$$

式中 $K_{sg}=k_s/k_e$——控制对象的总放大系数。

由于在伺服系统中，电枢回路的电感较小，因此，系统的电磁时间常数 T_a 一般很小，甚至可近似认为 $T_a\approx 0$。这时可将直流伺服电动机的传递函数简化为

$$\frac{1/k_e}{T_aT_ms^2+T_ms+1}\approx\frac{1/k_e}{T_aT_ms^2+(T_a+T_m)s+1}=\frac{1/k_e}{(T_ms+1)(T_as+1)}$$

近似条件为 $T_a\leqslant(1/10)T_m$。

式(4-19) 中 T_s 和 T_a 都是小时间常数。当两环节的交接频率 $1/T_s$ 和 $1/T_a$ 远离系统开环频率特性的截止频率 ω_{cs} 时，由 T_s 和 T_a 所决定小惯性环节的相频特性，在截止频率 ω_{cs} 下所引起的相移很小，对系统的相角稳定裕度影响较小，所以可将其简化。近似处理的办法是

$$\frac{1/k_e}{(T_ms+1)(T_as+1)}\approx\frac{1}{T_\mu s+1} \tag{4-20}$$

式中
$$T_\mu=T_s+T_a$$
近似条件为

$$\omega_{cs}\leqslant\frac{1}{3}\sqrt{\frac{1}{T_aT_s}} \tag{4-21}$$

经上述近似处理后，控制对象的传递函数改写成如下形式

$$G_{sg}(s)=\frac{K_{sg}}{(T_\mu s+1)(T_ms+1)} \tag{4-22}$$

简化后速度环框图如图 4-26 所示。对于这样一个控制对象，速度调节器可以选用比例—积分（PI）调节器，其传递函数为

$$G_{sT}(s)=\frac{K_{sT}(T_{sT}s+1)}{s} \tag{4-23}$$

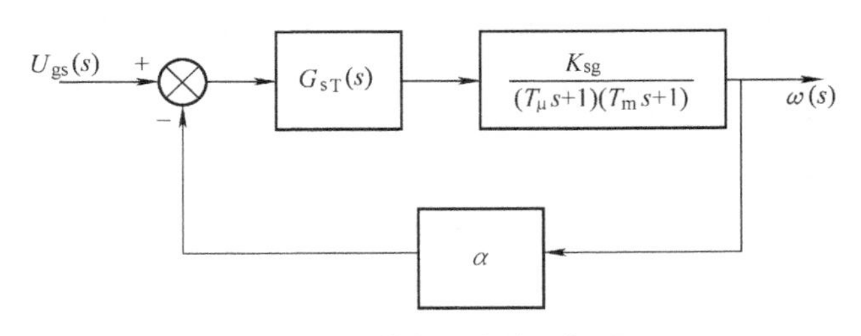

图 4-26 简化后速度环框图

从式(4-23) 可以看出，$G_{sT}(s)$ 中包含一个积分环节。从而提高了系统的无差度，降低了稳态误差。另外，在速度环内，负载转矩 T_L 是主要的扰动信号，采用 PI（比例—积分）调节器也有利于减小扰动引起的稳态误差，设计时利用 $G_{sT}(s)$ 中的零点作用来抵消控制对象中大惯性的极点，把系统校正成 I 型系统，校正后系统的开环传递函数 $G_{so}(s)$ 为

$$G_{so}(s)=\frac{K_{sT}(T_{sT}s+1)}{s}\frac{K_{sg}}{(T_\mu s+1)(T_ms+1)}\alpha \tag{4-24}$$

取
$$T_{sT}=T_m \tag{4-25}$$

则有

$$G_{so}(s)=\frac{K_{so}}{s(T_{\mu}s+1)} \tag{4-26}$$

式中 K_{so}——速度环的开环放大系数，$K_{so}=K_{sT}K_{sg}\alpha$。

于是，速度环的闭环传递函数 $\Phi_s(s)$ 为

$$\Phi_s(s)=\frac{\omega(s)}{U_{gs}(s)}=\frac{G_{so}(s)}{1+G_{so}(s)}\frac{1}{\alpha}=\frac{1/\alpha}{\frac{T_{\mu}}{K_{so}}s^2+\frac{1}{K_{so}}s+1} \tag{4-27}$$

式(4-27）为二阶系统。二阶系统的标准形式为

$$\frac{K}{T^2s^2+2\xi Ts+1}=\frac{K\omega_n^2}{s^2+2\xi\omega_n s+\omega_n^2} \tag{4-28}$$

式中 T——二阶系统的时间常数，$T=1/\omega_n$；

ξ——二阶系统的阻尼比（阻尼系数）。

当取 $\xi=1/\sqrt{2}=0.707$ 时，称为最佳阻尼比。此时二阶系统也称为工程二阶最佳系统。由式(4-27）和式(4-28）可得

$$T=\sqrt{\frac{T_{\mu}}{K_{so}}}$$

$$\xi=\frac{1}{2}\frac{1}{TK_{so}}=\frac{1}{2\sqrt{T_{\mu}K_{so}}}=\frac{1}{\sqrt{2}}$$

则有

$$K_{so}=\frac{1}{2T_{\mu}}$$

于是，闭环传递函数为

$$\Phi_s(s)=\frac{1/\alpha}{2T_{\mu}^2s^2+2T_{\mu}s+1} \tag{4-29}$$

开环传递函数为

$$G_{so}(s)=\frac{1/2T_{\mu}}{s(T_{\mu}s+1)} \tag{4-30}$$

速度环开环对数频率特性绘于图4-27。开环截止频率 $\omega_{cs}=1/2T_{\mu}$，相角稳定裕度$\gamma=63.4$，系统阶跃响应的超调量 $M_p=4.3\%$，过渡过程时间 $t_s=6T_{\mu}$。

速度调节器的参数为

$$K_{sT}=\frac{1}{2T_{\mu}K_{sg}\alpha}$$

$$T_{sT}=T_m$$

采用运算放大器组成的PI型速度调节器如图4-28所示，PI调节器的传递函数为

$$G_{PI}(s)=\frac{R_1C_1s+1}{R_0C_1s}$$

取 $T_{sT}=R_1C_1$，$K_{sT}=1/R_0C_1$。

2. 位置调节器的设计

在设计位置调节器时，可把已设计好的速度环看成位置调节器系统中的一个环节，

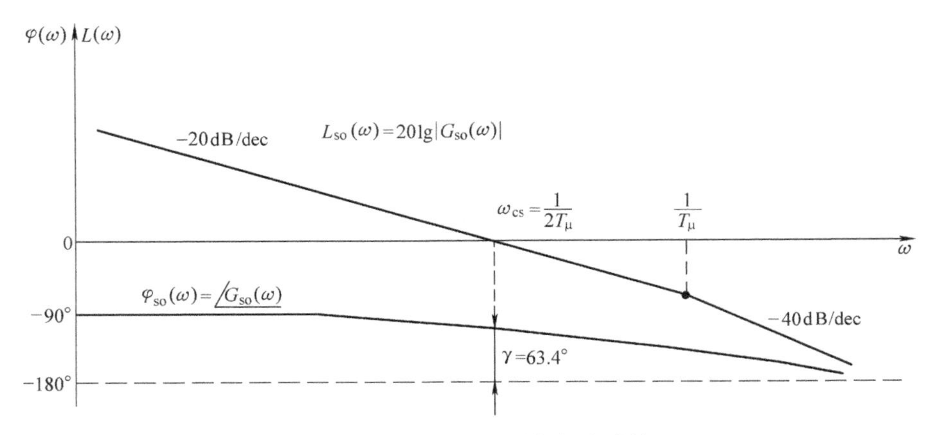

图 4-27 速度环开环对数频率特性

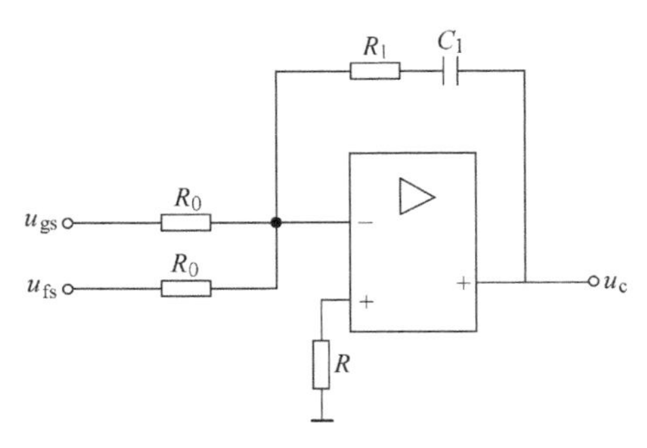

图 4-28 速度调节器

为此，须求出速度环的等效传递函数。当 $\Phi(s)$ 的交点频率 $1/\sqrt{2}T_{\mu}$ 远离位置环的开环截止频率 ω_{cw}时，速度环的等效传递函数可简化为

$$\Phi_{s}(s)=\frac{1/\alpha}{2T_{\mu}^{2}s^{2}+2T_{\mu}s+1}\approx\frac{1/\alpha}{2T_{\mu}s+1} \tag{4-31}$$

近似条件为

$$\omega_{cw}\leqslant\frac{1}{5T_{\mu}} \tag{4-32}$$

位置环原有部分的传递函数为

$$G_{wg}(s)=\frac{K_{wg}}{s(T_{b}s+1)(2T_{\mu}s+1)} \tag{4-33}$$

式中 $$K_{wg}=K_{b}K_{i}/\alpha$$

若 $\omega_{cw}\leqslant\frac{1}{3\sqrt{2T_{b}T_{\mu}}}$，则式(4-33) 中两个惯性环节可按小惯性来处理，即

$$G_{wg}(s)\approx\frac{K_{wg}}{s(T_{\Sigma}s+1)} \tag{4-34}$$

式中 $$T_{\Sigma}=T_{b}+2T_{\mu}$$

由此得到位置环的框图如图 4-29 所示。若仍按典型 I 型系统校正位置环，并按二阶

最佳参数整定系统。则位置调节器为比例调节器，其传递函数为

$$G_{\mathrm{WT}}(s)=K_{\mathrm{WT}}=\frac{1}{2T_{\Sigma}K_{\mathrm{wg}}} \tag{4-35}$$

校正后位置环的开环传递函数为

$$G_{\mathrm{wg}}(s)\approx\frac{K_{\mathrm{wg}}}{s(T_{\Sigma}s+1)} \tag{4-36}$$

校正后位置环的性能与速度环类似，此处不再重复。

校正位置伺服系统的方法很多，这里仅简单地介绍了其中的一种。但各种方法的思路大致相同，如果要进一步了解伺服系统的校正，请参看有关文献。

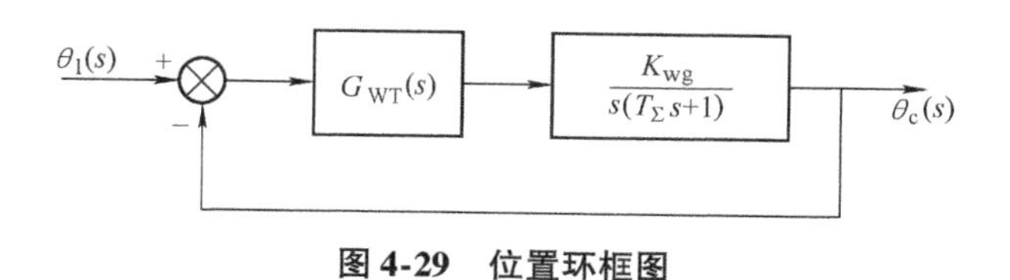

图 4-29 位置环框图

第三节 交流伺服系统

采用交流伺服电动机作为执行元件的伺服系统，称为交流伺服系统。目前常将交流伺服系统按其选用电动机的不同而分为两大类：同步型交流伺服电动机和异步型交流伺服电动机。采用同步型交流伺服电动机的伺服系统，多用于机床进给传动控制、工业机器人关节传动和其他需要运动和位置控制的场合。采用异步型交流伺服电动机的伺服系统，多用于机床主轴转速和其他调速系统。本章主要介绍异步型交流电动机的变频调速系统。

一、异步型交流电动机的变频调速的基本原理及特性

异步电动机的转速方程为

$$n=\frac{60f_1}{p}(1-s)=n_1(1-s) \tag{4-37}$$

式中 n——电动机转速；

n_1——定子转速磁场的同步转速；

f_1——定子供电频率；

s——转差率；

p——极对数。

由式(4-37) 可见，改变异步电动机的供电频率 f_1，可以改变其同步转速 n_1，实现调速运行，也称为变频调速。

对异步电动机进行变频调速控制时，希望电动机的每极磁通保持额定值不变。若磁通为弱，则铁心利用不够充分，在同样的转子电流下，电磁转矩小，电动机的负载能力下降。若磁通太强，又会使铁心饱和，使励磁电流过大，严重时会因绕组过热而损坏电

动机。异步电动机的磁通是定子和转子磁动势合成产生的，下面说明怎样才能使磁通保持恒定。

由电机理论可知，三相异步电动机定子每相电动势的有效值 E_1 为

$$E_1 = 4.44 f_1 N_1 \Phi_m$$

式中 Φ_m——每极气隙磁通；

N_1——定子相绕组有效匝数。

由上式可见，Φ_m 的值是由 E_1 和 f_1 共同决定的，对 E_1 和 f_1 进行适当的控制，就可以使气隙磁通 Φ_m 保持额定值不变。下面分两种情况说明。

1. 基频以下的恒磁通变频调速

这是考虑从基频（电动机额定频率 f_{1n}）向下调速的情况。为了保持电动机的负载能力，应保持气隙磁通 Φ_m 不变，这就要求降低供电频率的同时降低感应电动机，保持 E_1/f_1 = 常数，即保持电动势与频率之比为常数进行控制。这种控制又称为恒磁通变频调速，属于恒转矩调速方式。

但是，E_1 难于直接检测和直接控制。当 E_1 和 f_1 的值较高时，定子的漏阻抗压降相对比较小，如忽略不计，则可近似地保持定子相电压 U_1 和频率 f_1 的比值为常数，即认为 $U_1 \approx E_1$，保持 U_1/f_1 = 常数即可。这就是恒压频比控制方式，是近似的恒磁通控制。

当频率较低时，U_1 和 E_1 都变小，定子漏阻抗压降（主要是定子电阻压降）不能忽略。在这种情况下，可以适当提高定子电压以补偿定子电阻压降的影响，使气隙磁通基本保持不变。如图 4-30 所示，其中曲线 a 为 U_1/f_1 = 常数时电压、频率关系，曲线 b 为有电压补偿时近似（E_1/f_1 = 常数）的电压、频率关系。

2. 基频以上的弱磁通变频调速

这是考虑由基频开始向上调速的情况。频率由额定值 f_{1n} 向上增大，但电压 U_1 受额定电压 U_{1n} 限制不能再升高，只能保持 $U_1 = U_{1n}$ 不变。必然会使磁通随着 f_1 的上升而减小，这属于近似的恒功率调速方式。

上述两种情况综合起来，异步电动机变频调速的基本控制方式如图 4-31 所示。

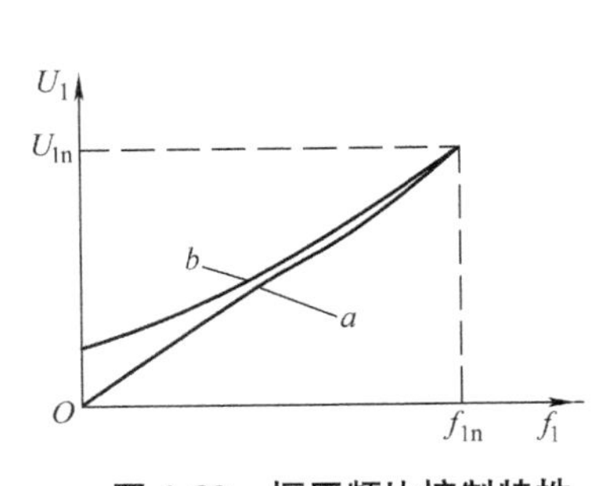

图 4-30 恒压频比控制特性

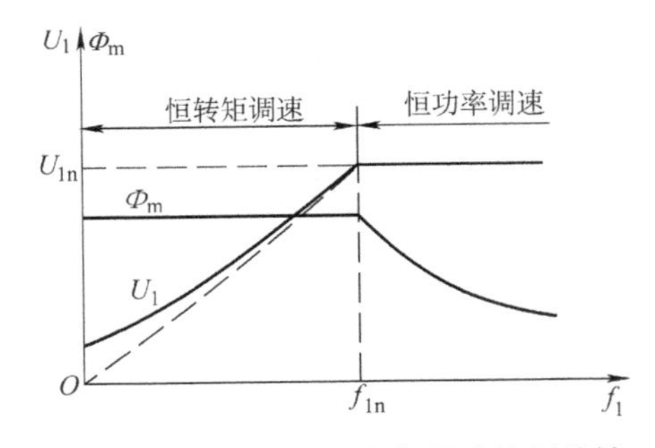

图 4-31 异步电动机变频调速控制特性

二、异步电动机变频调速系统

下面以正弦波脉宽调制（SPWM）型 U/f 控制变频调速系统为例，介绍系统结构和工

作原理。

1. SPWM 变频器

图 4-32 所示为 SPWM 变频器主电路原理图。图中 $VT_1 \sim VT_6$ 是变频器的六个功率开关器件（如 GTR），各由一个续流二极管反并联连接，整个逆变器由三相整流器提供的恒值直流电压 U_s 供电，控制六个功率开关器件，可使电动机获得频率与电压可变的交流电。

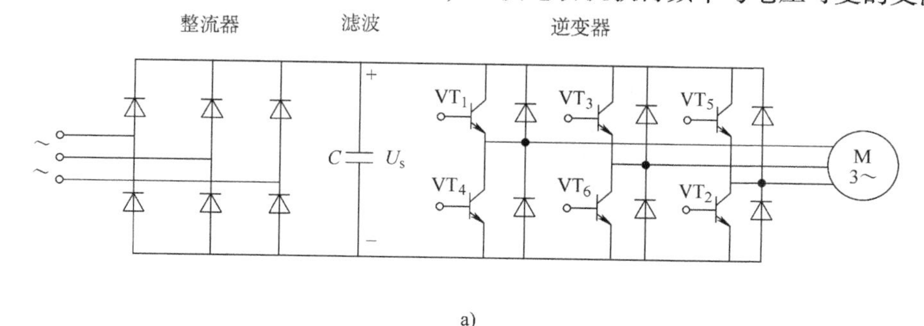

a)

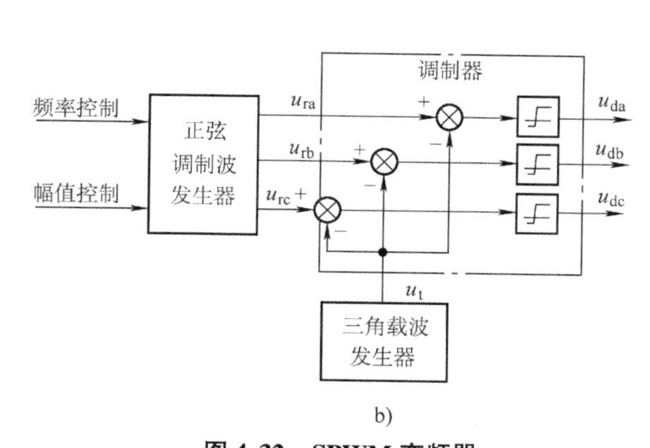

b)

图 4-32 SPWM 变频器

a）主电路 b）控制电路框图

在脉宽调制技术中，以所期望的波形作为调制波，而受它调制的信号称为载波。在 SPWM 中常用等腰三角波作为载波，因为等腰三角波是上下宽度线性对称变化的波形，它与光滑的正弦曲线相比较，得到一组等幅而脉冲宽度随时间按正弦规律变化的矩形脉冲。用三相正弦信号调制，便获得三相 SPWM 波形。图 4-33 绘出了三相 SPWM 逆变器工作在双极式控制方式的输出电压波形。输出基波电压的大小和频率可以通过改变正弦调制信号的幅值和频率而改变。双极式控制时逆变器同一桥臂上下两个开关器件交替通断，处于互补的工作方式。如图中 u_{A0} 波形，横轴以上对应于 VT_1 导通，横轴以下对应于 VT_4 导通。实现上述控制的电路如图 4-32b 所示。三相正弦波发生器产生一组三相对称的正弦调制波，其频率与幅值均由输入信号控制。三角波载波信号是共用的，分别与每相调制波比较后，获得 SPWM 波形。

2. SPWM 逆变器的同步调制与异步调制

SPWM 逆变器的性能与载频比 N 有密切关系，载频比 N 定义为

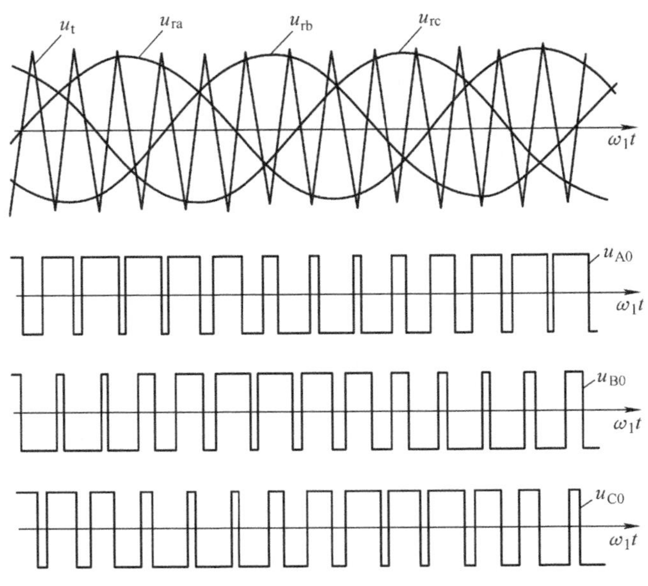

图 4-33 双极式逆变器三相输出波形

$$N=\frac{f_c}{f}$$

式中 f——正弦调制波的频率；

f_c——三角载波的频率。

在调速过程中，视载波比 N 是否改变，可以分为同步调制和异步调制两种方式。

（1）同步调制 在改变 f 的同时成正比地改变 f_c，使 N 保持不变，则称为同步调制。采用同步调制的优点是可以保证输出波形的对称性。对于三相系统，为保持三相之间对称，互差 120°相位角，N 应取 3 的整数倍；为保证双极性调制时每相波形的正、负半波对称，则该倍数应取奇数。由于波形的对称性，不会出现偶次谐波问题。但是，当输出频率很低时，若仍保持 N 值不变，会导致谐波含量变大，使电动机产生较大的脉动转矩。

（2）异步调制 在改变 f 的同时，f_c 的值保持不变，使 N 值不断变化，则称为异步调制。采用异步调制的优点是可以使逆变器低频运行时 N 加大。相应地减小谐波含量，以减轻电动机的谐波损耗和转矩脉动。但是，异步调制可能使 N 值出现非整数，相位可能连续飘移且正、负半波不对称。当 N 值不能足够大时（N 值的上限由逆变器功率开关器件的允许开关频率决定），引起电动机工作的不平稳。

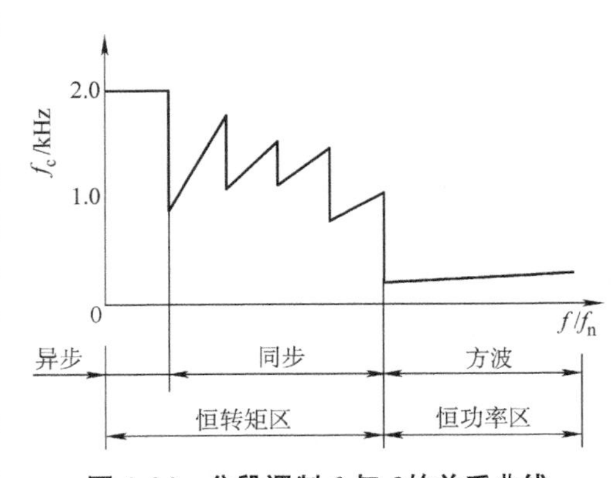

图 4-34 分段调制 f_c 与 f 的关系曲线

（3）分段同步调制 实用的 GTR 逆变器常采用分段同步调制的方案。图 4-34 是一个实例，在恒转矩区，低速段采用异步调制，高速段分段同步化，N 值逐级改变。到了恒功率区，取 $N=1$，保持输出电压不变。这样，开关频率限制在一定的范围内，并且 f_c 相对变小后，在 N 为各个确定值的范围内，可以克服异步调制的缺点，保证输出波形对称。

3. SPWM 变频调速系统

采用恒压频比控制 SPWM 变频调速系统的原理框图如图 4-35 所示。此系统是转速开环控制系统。图内各框的简单作用原理如下。

（1）绝对值运算器　根据电动机正转、反转的要求，给定电位器输出的正值或负值电压。但在系统调频过程中，改变逆变器输出电压和频率仅需要单一极性的控制电压，因而设置了绝对值运算器。绝对值运算器输出单一极性的电压，输出电压的数值与输入相同。

（2）函数发生器　函数发生器用来实现调速过程中电压 U_1 和频率 f_1 的协调关系，即实现图 4-34 给出的控制特性。函数发生器的输入是正比于频率 f_1 的电压信号，输出是正比于 U_1 的电压信号。

（3）逻辑控制器　根据给定电位器送来的正值电压、零值电压或负电压，经过逻辑开关，使控制系统的 SPWM 波输出按正相序、停发或逆相序送到逆变器，以实现电动机的正转、停止或反转。另外，逻辑控制器还要完成各种保护控制。

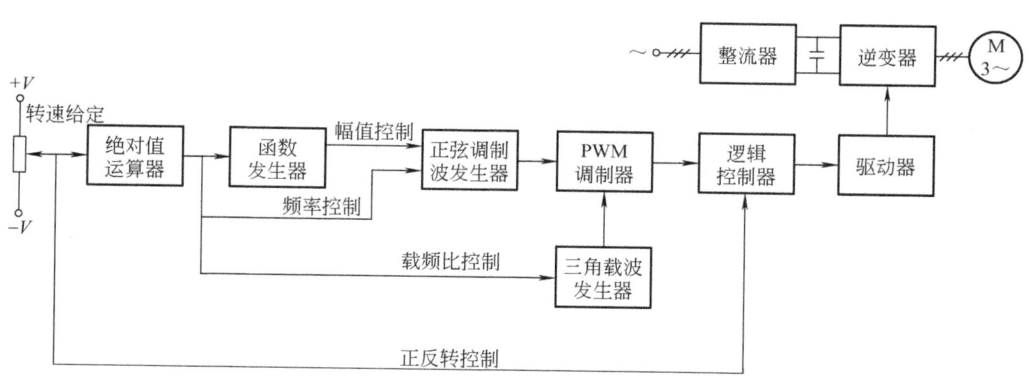

图 4-35　恒压频比控制 SPWM 变频调速系统的原理框图

载频比控制的主要作用是实现图 4-35 的控制。图中其他环节前面已述，此处不再重复。

实际中，上述系统的控制部分可以用计算机或专用集成电路来实现，其性能更好，控制更灵活。

第四节　步进电动机控制系统

步进电动机控制系统有开环和闭环两种控制方式。由于开环控制系统使用位置、速度检测及反馈，没有闭环系统的稳定性问题，因此，具有结构简单、使用维护方便、可靠性高、制造成本低等优点。另外，步进电动机是受控于脉冲量，它比直流电动机或交流电动机组成的开环控制系统精度高，适用于精度要求不太高的机电一体化伺服传动系统。目前，一般数控机械和普通机床的微机改造中大多数均采用开环步进电动机控制系统。

图 4-36 所示为开环步进电动机控制系统框图，主要由环形分配器、功率驱动器、步进电动机等组成。

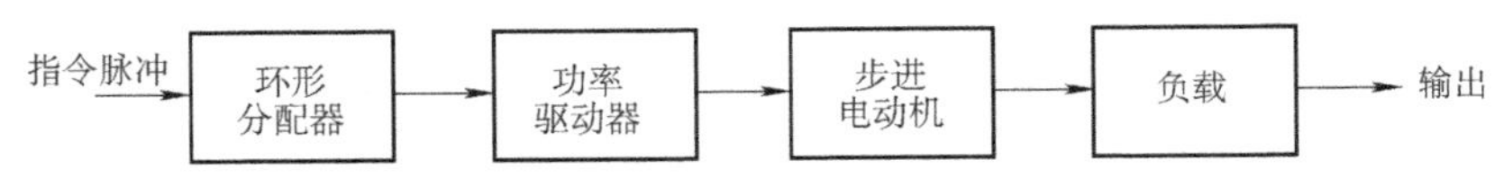

图 4-36 开环步进电动机控制系统框图

一、步进电动机

1. 步进电动机的结构与工作原理

步进电动机按其工作原理分，主要有磁电式和反应式两大类，这里只介绍常用的反应式步进电动机的工作原理，根据图 4-37 所示的步进电动机简化图来加以说明。

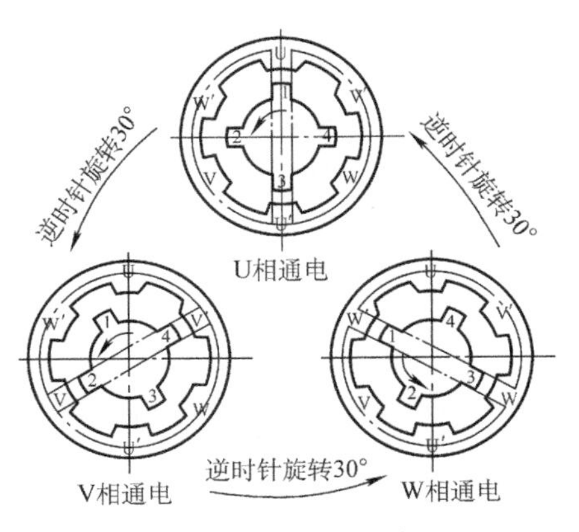

图 4-37 步进电动机简化图

在步进电动机定子上有 U、V、W 三对磁极，磁极上有绕组，分别称之为 U 相、V 相和 W 相，而转子则是一个带槽的铁心，这种步进电动机称之为三相步进电动机。如果在绕组中通以直流电，就会产生磁场，当 U、V、W 三个磁极的绕组依次轮流通电时，则 U、V、W 三对磁极就会依次产生磁场吸引转子转动。

首先有一相绕组（设为 U）通电，则转子 1、3 两齿被磁极 U 吸住，转子就停留在 U 相通电的位置上。

然后 U 相断电，V 相通电，则磁极 U 的磁场消失，磁极 V 产生了磁场，磁极 V 的磁场把离它最近的 2、4 两齿吸引过去，停止在 V 相通电的位置上，这时转子逆时针转了 30°。

再接下去 V 相断电，W 相通电，根据同样的道理，转子又逆时针转了 30°，停止在 W 相通电的位置上。

若再 U 相通电，W 相断电，那么转子再逆转 30°，使磁极 U 的磁场把 2、4 两齿吸引住。定子各相轮流通电一次，转子转一个齿。

这样按 U→V→W→U→V→W→U…的次序轮流通电，步进电动机就一步步地按逆时针方向旋转。通电绕组每转换一次，步进电动机旋转 30°，步进电动机每步转过的角度称之为步距角。

如果把步进电动机通电绕组转换的次序倒过来换成 U→W→V→U→W→V→U…的顺序，则步进电动机将按顺时针方向旋转。

对于一台真实的步进电动机，为了减少每通电一次的转角，在转子和定子上开有很多定分的小齿，定子上开的齿有意错开一个角度，当U相定子齿对正转子小齿时，V相和W相定子上的齿则处于错开状态，如图4-38所示。

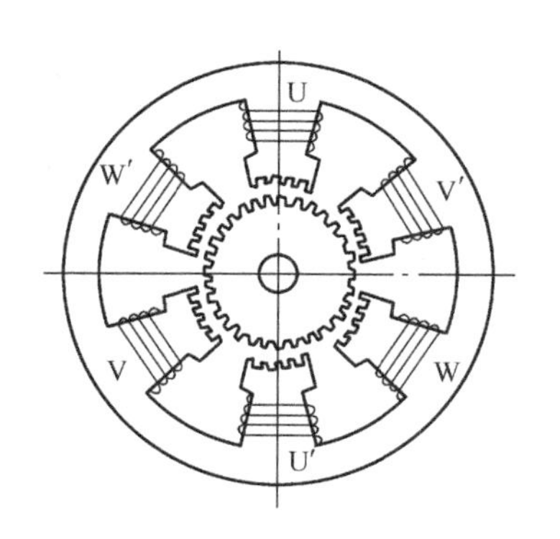

图4-38 三相反应式步进电动机原理图

2. 步进电动机的使用特性

(1) 步距误差　步距误差直接影响执行部件的定位精度。步进电动机单相通电时，步距误差决定于定子和转子的分齿精度和各相定子错位角度的精度。多相通电时，步距角不仅和加工装配精度有关，还和各相电流的大小、磁路性能等因素有关。国产步进电动机的步距误差一般为±10′～±15′，功率步进电动机的步距误差一般为±20′～±25′。

(2) 最高起动频率和最高工作效率　空载时，步进电动机由静止突然起动，并不失步地进入稳速运行，所允许的起动频率的最高值称为最高起动频率。起动频率大于此值时步进电动机便不能正常运行。最高起动频率f_g与步进电动机的负载惯性J有关，J增大则f_g将下降。国产步进电动机f_g最大为1000～2000Hz，功率步进电动机的f_g一般为500～800Hz。步进电动机连续运行时所能接受的最高频率称为最高工作频率，它与步距角一起决定执行部件的最大运行速度，也和f_g一样决定于负载惯量J，还与定子相数、通电方式、控制电路的功率驱动器等因素有关。

(3) 输出的转矩—频率特性　步进电动机的定子绕组本身就是一个电感性负载，输入频率越高，励磁电流就越小。另外，频率越高，由于磁通量的变化加剧，以至与铁心的涡流损耗加大。因此，输入频率增高后，输出力矩T_d要降低。功率步进电动机最高工作频率(f_{max})的输出转矩(T_d)只能达到低频转矩的40%～50%，应根据负载要求参照高频输出转矩来选用步进电动机的规格。

二、环形分配器

步进电动机在一个脉冲的作用下，转过一个相应的步距角，因而只要控制一定的脉冲数，即可精确控制步进电动机转过的相应的角度。但步进电动机的各绕组必须按一定的顺序通电才能正确工作，这种使电动机绕组的通电顺序按输入脉冲的控制而循环变化的装置称为脉冲分配器，又称为环形分配器。

步进电动机在运行中的通电顺序称为一个拍，若干个拍组成一个循环，但是即使是同一种步进电动机也能有不同的通电规律。例如，三相步进电动机就有三种通电规律，也即三种分配方式，这三种分配方式为：三相三拍、三相六拍和双三拍。

如果三相步进电动机绕组为U、V、W，则三相三拍的通电顺序为

正转：→U→V→W→（循环）

反转：←U←V←W←（循环）

三相六拍的通电顺序为

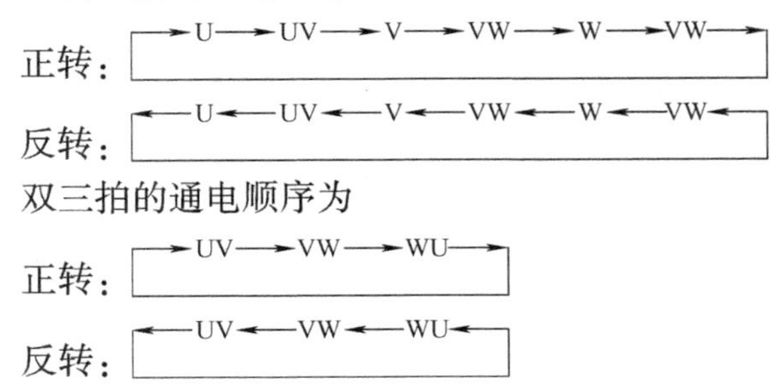

实现环形分配的方法有三种。一种是采用计算机软件分配，采用查表或计算的方法来产生相应的通电顺序。这种方法能充分利用计算机软件资源，以减少硬件成本，尤其是多相电动机的脉冲分配更显示出它的优点。但由于软件分配会占用计算机的运行时间，因而会使插补一次的总时间增加，从而影响步进电动机的运行速度。

另一种是采用小规模集成电路搭接一个硬件分配器，如图 4-39 所示即为双三拍环形分配器的原理图。采用小规模集成电路搭接的环形分配器灵活性很大，可搭成任意相任意通电顺序的环形分配器，同时在工作时不占用计算机的工作时间，使插补的速度有所加快。

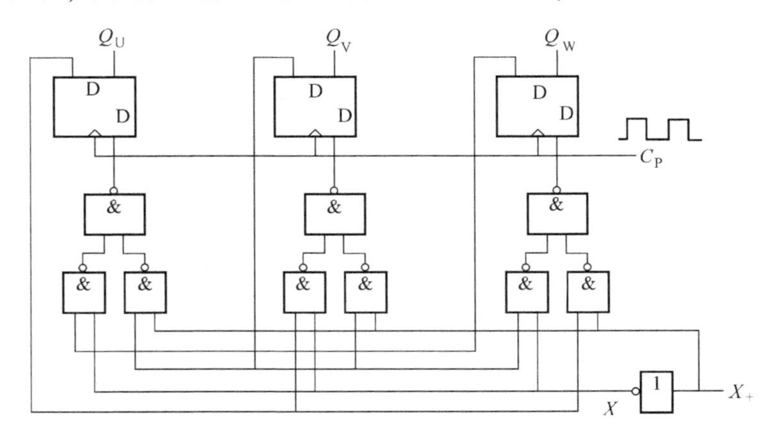

图 4-39 双三拍环形分配器的原理图

第三种即采用专用的环形分配器。目前市面上仅有三相步进电动机的环形分配器，如 CMOS 电路 CH250 即为一专用环形分配器，它的引脚功能图及三相六拍电路图如图4-40所示，其真值表见表 4-2。这种方法的优点是使用方便，接口简单。但仅适合于三相步进电动机，三相以上的步进电动机就不可能采用这种方法。

表 4-2 CH250 真值表

CP	EN	J_{3r}	J_{3L}	J_{6r}	J_{6L}	功 能
	1	1	0	0	0	双三拍正转
	1	0	1	0	0	双三拍反转
	1	0	0	1	0	单六拍正转
	1	0	0	0	1	单六拍反转

（续）

CP	EN	J_{3r}	J_{3L}	J_{6r}	J_{6L}	功　能
0		1	0	0	0	双三拍正转
0		0	1	0	0	双三拍反转
0		0	0	1	0	单六拍正转
0		0	0	0	1	单六拍反转
	1	φ	φ	φ	φ	不变
φ	0	φ	φ	φ	φ	不变
0		φ	φ	φ	φ	不变
1	φ	φ	φ	φ	φ	不变

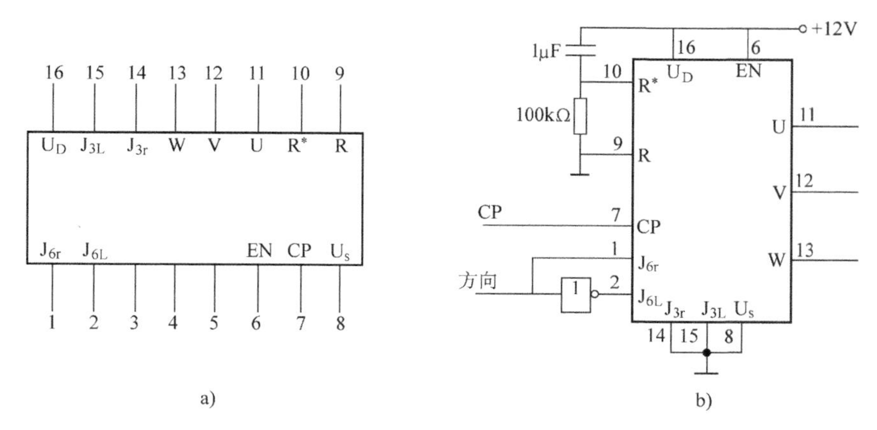

图 4-40　CH250 引脚功能图及三相六拍电路图

三、功率驱动器

功率驱动器实际上是一个功率开关电路，其功能是将环形分配器的输出信号进行功率放大，得到步进电动机控制绕组所需要的脉冲电流（对于伺服步进电动机，励磁电流为几安培，而功率步进电动机的励磁电流可达十几安培）及所需要的脉冲波形。步进电动机的工作特性在很大程度上取决于功率驱动器的性能，对每一相绕组来说，理想的功率驱动器应使通过绕组的电流脉冲尽量接近矩形波。但由于步进电动机绕组有很大的电感，要做到这一点是有困难的。

步进电动机驱动电路的种类很多，按其采用的功率元件来分，有晶闸管功率驱动器和晶体管功率驱动器等；按其主电路结构分：有单电压驱动和高、低电压驱动两种。目前广泛应用的是晶体管功率驱动器，它具有控制方便、调试容易、开关速度快等优点。

1. 单电压驱动电路

图 4-41 所示是用大功率晶体管组成的单电压驱动电路（一相）。整个驱动电路共分两级：第一级（VT_1、VT_2）是射极跟随器，用作电流放大；第二级（VT_3）是功率放大，

直接用来驱动电动机绕组。下面以U相为例，对电路的工作原理进行分析：

当输入信号 u_u（即环形分配器输出的脉冲信号）为低电平（逻辑0）时，虽然 VT_1、VT_2 管都导通，但只要适当选择 R_1、R_3、R_5 的阻值，使 $U_{b3}<0$（约为 -1V），那么 VT_3 管就处于截止状态，U相绕组断电。当输入信号 u_u 为高电平3.6V（逻辑1）时，$U_{b3}>0$（约为0.7V），VT_3 管饱和导通，步进电动机的U相绕组通电。

V相和W相同理，只要某相为逻辑1，该相绕组便通电。这种单电压驱动电路，因其电路简单，常被用于驱动所需电流较小的步进电动机。

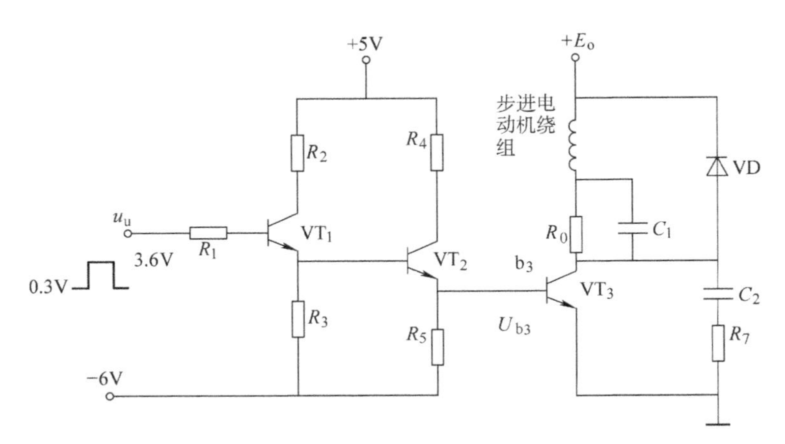

图4-41 单电压驱动电路

2. 高、低压双电压驱动电路

为了改善步进电动机的频率响应和电流波形，往往采用高、低压双电压驱动电路，如图4-42所示（一相）。当分配器输出 u_u 为高电平（即要求该相绕组通电）时，晶体管 VT_g、VT_d 的基极都有信号电压输入，使 VT_g、VT_d 均导通。于是在高压电源作用下（这时二极管 VD_1 两端承受的是反向电压，处于截止状态，可使低压电源不对绕组作用）绕组电流迅速上升，电流前沿很陡。当电流达到或稍微超过额定稳态电流时，利用定时电路或电流检测器等措施切断 VT_g 基极上的信号电压，于是 VT_g 截止，但此时 VT_d 仍然是导通的，因此绕组电流立即转而由低压电源经过二极管 VD_1 供给。

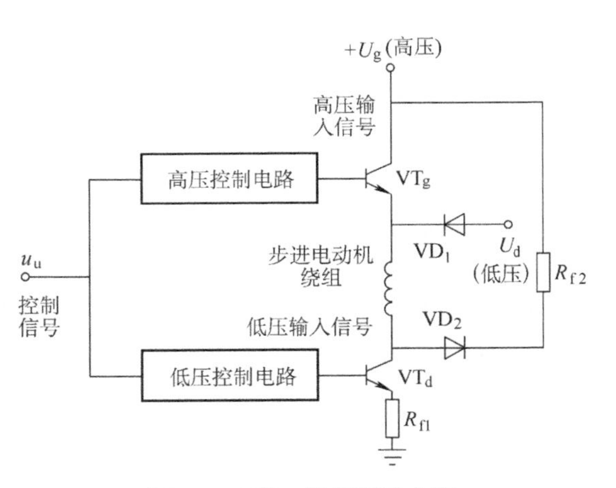

图4-42 高、低压驱动电路

当环形分配器输出端的电压 u_u 消失，要求绕组断电时，VT_d 基极上的信号电压消失，于是 VT_d 截止，绕组中的电流经二极管 VD_2 及电阻 R_{f2} 向高压电源放电，电流便迅速下降。采用这种高、低压切换型电源，电动机绕组上不需要串联电阻或者只需要串联一个很小的电阻 R_{f1}（为平衡各相的电流），所以电源的功耗比较小。由于这种供压方式使电流波形得到很大改善，所以步进电动机的转矩—频率特性好，起动和运行频率得到很大的提高。

3. 伺服控制

以步进电动机为驱动装置的伺服系统，包括驱动控制系统和步进电动机两大部分。驱动控制系统的作用是把脉冲源发出的进给脉冲进行重新分配，并把此信号转换为控制步进电动机各定子绕组依次通、断电的驱动信号，使步进电动机运转。步进电动机的转子通过传动机构（如丝杠）与执行部件连接在一起，将转子的转动转换成执行部件的移动。下面从执行部件的位移量、速度和移动方向等三个方面对伺服系统的控制原理进行介绍。

（1）执行部件的位移量控制　脉冲源发出 n 个进给脉冲，经驱动控制电路之后，变成控制步进电动机定子绕组通、断电的电平信号的变化次数 N，使步进电动机定子绕组的通电状态变化 N 次，从而决定了步进电动机的角位移 Φ ［$\Phi = N\theta$（θ 为步距角）］。该角位移经传动机构转变为执行部件的位移量为

$$L = \frac{\Phi t}{360°}$$

式中　t——丝杠螺距。

显然，L、Φ 和 N 三者之间成正比关系。

（2）执行部件移动速度的控制　脉冲源发出频率为 f 的连续电脉冲信号，经驱动控制电路后，最后表现为定子绕组通电状态的变化频率，并决定了步进电动机转子的角速度 ω，经丝杠等传动机构后，ω 体现为执行部件的位移速度 v。即进给脉冲频率 f→定子绕组通电状态的变化频率 f→步进电动机的角速度 ω→执行部件的移动速度 v。

（3）执行部件移动方向的控制　当控制系统发出的进给脉冲是正向时，经驱动控制电路之后，使步进电动机正转，带动执行部件正向移动。当进给脉冲是反向时，经驱动控制电路之后，使步进电动机反转，从而使执行部件反向移动。

综上所述，在步进电动机伺服系统中，用输入脉冲的数量、频率和方向控制执行部件的位移量、移动速度和移动方向，从而实现对位移控制的要求。

四、提高系统精度的措施

在开环系统中，信号是单向传递的，为了改善步进电动机的控制性能，首先必须选择良好的控制方式和高性能的驱动放大电路，以提高步进电动机的动态转矩性能。然而，由于步进电动机在起动和停止时都有惯性，尤其在步进电动机带负载后，当进给脉冲突变或起动频率提高时，步进电动机可能失步，甚至无法运转。为此应设计一种自动升降速电路，使进给脉冲在进入分配器以前，由较低的频率逐渐升高到所要求的工作频率，或者由较高的频率逐渐降低，以便电动机在较高的起动频率或突变时均能正常工作。

步进电动机在低速运行时转动是步进式的，这种步进转动势必产生振动和噪声。为此可采用细分电路，以解决微量进给与快速移动的矛盾。

此外，机械传动及轴承部件的制造精度和刚度，将直接影响驱动位移的精度。为了提高系统的精度，须适当提高系统各组成环节的精度，其中包括机械传动与支承装置的精度。

第五节 电液伺服系统

电液伺服系统是由电信号处理部分和液压的功率输出部分组成的控制系统，系统的输入是电信号。由于电信号的传输、运算、参量转换等方面具有快速和方便等特点，而液压元件是理想的功率执行元件，这样，把电、液结合起来，在信号处理部分采用电元件，在功率输出部分使用液压元件，两者之间利用电液伺服阀作为连接的桥梁，有机地结合起来，构成电液伺服系统。系统综合了电、液两种元件的长处，具有响应速度快、输出功率大、结构紧凑等优点，因而得到了广泛的应用。

电液伺服系统根据被控制物理量的不同，可分为位置伺服控制系统、速度伺服控制系统、力或压力伺服控制系统。其中最基本的和应用最广泛的是电液位置伺服控制系统。

一、电液位置伺服控制系统

电液位置伺服控制系统常用于机床工作台的位置控制、机械手的定位控制、稳定平台水平位置控制等。在电液位置控制系统中，按控制元件的种类和驱动方式分为节流式控制（阀控式）系统和容积式控制（泵控式）系统两类。目前广泛应用的是阀控系统，它包括阀控液压缸和阀控液压马达系统两种方式。

1. 阀控液压缸电液位置控制系统的工作原理

图 4-43 所示为阀控液压缸电液位置控制系统。该系统采用双电位器作为检测和反馈元件，控制工作台的位置，使之按照给定指令变化。

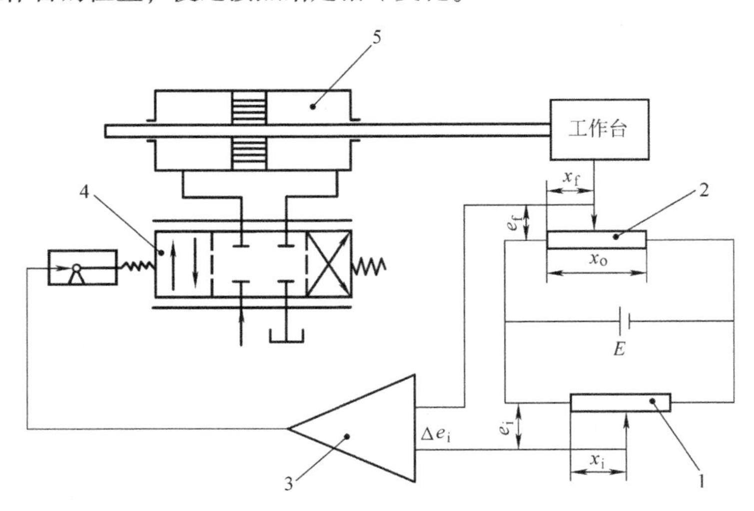

图 4-43 双电位器位置控制电液伺服系统

1—指令电位器 2—反馈电位器 3—放大器 4—电液伺服阀 5—液压缸

该系统由指令电位器 1、反馈电位器 2、放大器（由电子电路组成的放大器）3、电液伺服阀 4、液压缸 5 组成。指令电位器将滑臂的位置指令 x_i 转换成电压 e_i，被控制的工

作台位置 x_f 由反馈电位器检测，并转换成电压 e_f。两个电位器接成桥式电路，电桥的输出电压为

$$\Delta e_i = e_i - e_f = k(x_i - x_f)$$

式中 k——电位器增益，$k = E/x_o$；

E——电桥供桥电压；

x_o——电位器滑臂的行程。

工作台的位置随指令电位器滑臂的变化而变动。当工作台位置 x_f 与指令位置 x_i 相一致时，电桥输出的偏差电压 $\Delta e_i = 0$，此时放大器输出为零，电液伺服阀处于零位，没有流量输出，工作台不动，系统处于一个平衡状态。

若反馈电位器滑臂电位与指令电位器的滑臂电位不同，例如指令电位器滑臂右移一个位移 Δx_i，在工作台位置变化之前，电桥输出偏差电压，经过放大器放大，并转换成电流信号，去控制电液伺服阀，经电液伺服阀转换并输出液压能推动液压缸，驱动工作台向消除偏差的右移方向运动。随着工作台的移动，电桥输出偏差电压逐渐减小，当工作台位移 Δx_f 等于指令电位器滑臂 Δx_i 时，电桥又重新处于平衡状态，输出偏差电压等于零，工作台停止运动。如果指令电位器滑臂反向运动，则工作台也反向跟随运动。在该系统中，工作台位置能够精确地跟随指令电位器滑臂位置的任意变化，实现位置的伺服控制。如图 4-44 所示为该系统的工作原理框图。

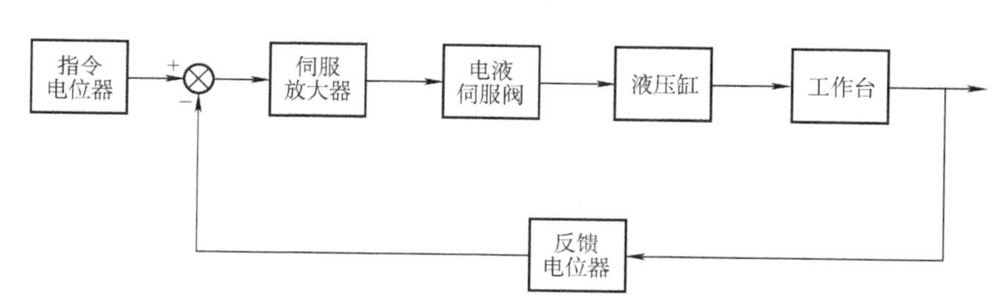

图 4-44 位置控制系统工作原理框图

2. 阀控液压马达电液位置控制系统的工作原理

图 4-45 所示为阀控液压马达电液位置伺服控制系统。该系统采用一对旋转变压器作为角差测量装置，图中通过圆心的点画线表示转轴。

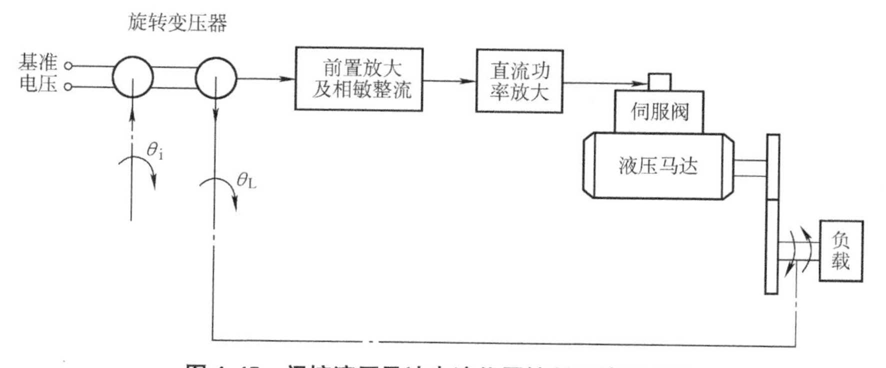

图 4-45 阀控液压马达电液位置控制系统原理图

输入轴与旋转变压器发送机轴相连，负载输出轴与旋转变压器接收机轴相连。旋转变压器检测输入轴和输出轴之间的角位置误差，并将此误差信号转换成电压信号输出。即

$$e_s = k(\theta_i - \theta_L)$$

式中 θ_i——输入轴转角，即系统的输入信号；

θ_L——输出轴转角，即负载输出转角，也就是系统的反馈量；

k——决定于旋转变压器的常数。

当输入轴转角 θ_i 和输出轴转角 θ_L 相一致时，旋转变压器的输出电压 $e_s = 0$，此时功率放大器输出电流为零，电液伺服阀处于零位，没有流量输出，液压马达停转。当给输入轴一个角位移时，在液压马达未转动之前，旋转变压器就有一电压信号输出：$e_s = k(\theta_i - \theta_L)$，该电压经放大后变为电流信号去控制电液伺服阀，推动液压马达转动。随着液压马达的转动，旋转变压器输出的电压信号逐渐减小，当输出轴转角 θ_L 等于指令输入轴转角 θ_i 时，输出偏差电压为零，液压马达停转。如果输入角位移反向，液压马达也跟随反向转动。

以上两个系统虽采用的检测装置不同，执行元件不同，但其工作原理是相似的。

3. 电液位置伺服系统应用实例

随着轧钢机向自动化、连续化、高速化方向发展，利用液压伺服控制系统对张力、位置、厚度和速度等参数进行控制的应用相当广泛，如带材跑偏控制就是其中一种。

图 4-46 所示为用在轧钢机上的电液位置伺服跑偏控制系统。

引起跑偏的主要原因有：张力不适当或张力波动大、辊系的不平行、辊子偏心或有锥度、带材厚度不均匀及横向弯曲等，跑偏控制的作用在于使机组中被轧带钢定位，避免带材跑偏过大，撞坏设备或造成断带停产；同时由于实现了自动卷齐，使带钢可以立放，因而使得成品钢卷整齐，包装运输及使用方便。

常见的跑偏控制系统有气液和光电液伺服控制系统。两者工作原理相同，区别仅在于检测装置和伺服阀不同。前者为气动检测装置和气、液伺服阀，后者为光电检测装置和电液伺服阀，它们各有所长。图 4-46 系统是采用光电检测装置和电液伺服控制系统。系统具有信号传输快、反馈方便、光电检测装置安装方便等特点，但系统较复杂。下面对该系统的控制原理进行简要分析。

系统由光电检测装置、电放大器、电液伺服阀、液压缸、卷取机和液压能源装置所组成。光电检测装置用来检测钢带的横向跑偏及方向，它由电源和光电管接收器组成。如图 4-47 所示，利用光电管作为一个桥臂构成的电桥电路，输出的电压信号是反映带边偏离的偏差信号，送入放大器。当钢带正常运行时，光电管的一半接收光照，其电阻值为 $R_1 = a$，调整电阻 R_2、R_3，使 $R_1 \times R_3 = R_2 \times R_4$，电桥平衡无输出。当钢带跑偏，带边偏离检测装置的中央位置时，光电管接收的光照发生变化，电阻值也随之变化，使电桥失去平衡，产生反映带边偏离值的偏差信号，此信号经放大器放大后输入电液伺服阀，伺服阀输出与输入信号成正比的流量，使伺服液压缸拖动卷取机的卷筒向跑偏的方向跟踪，当跟踪位移和跑偏位移相等时，偏差信号等于零，卷筒停止移动。在新的平衡状态下卷取，完成了自动纠偏过程。本系统中，由于检测装置安装在卷取机移动部件上，与

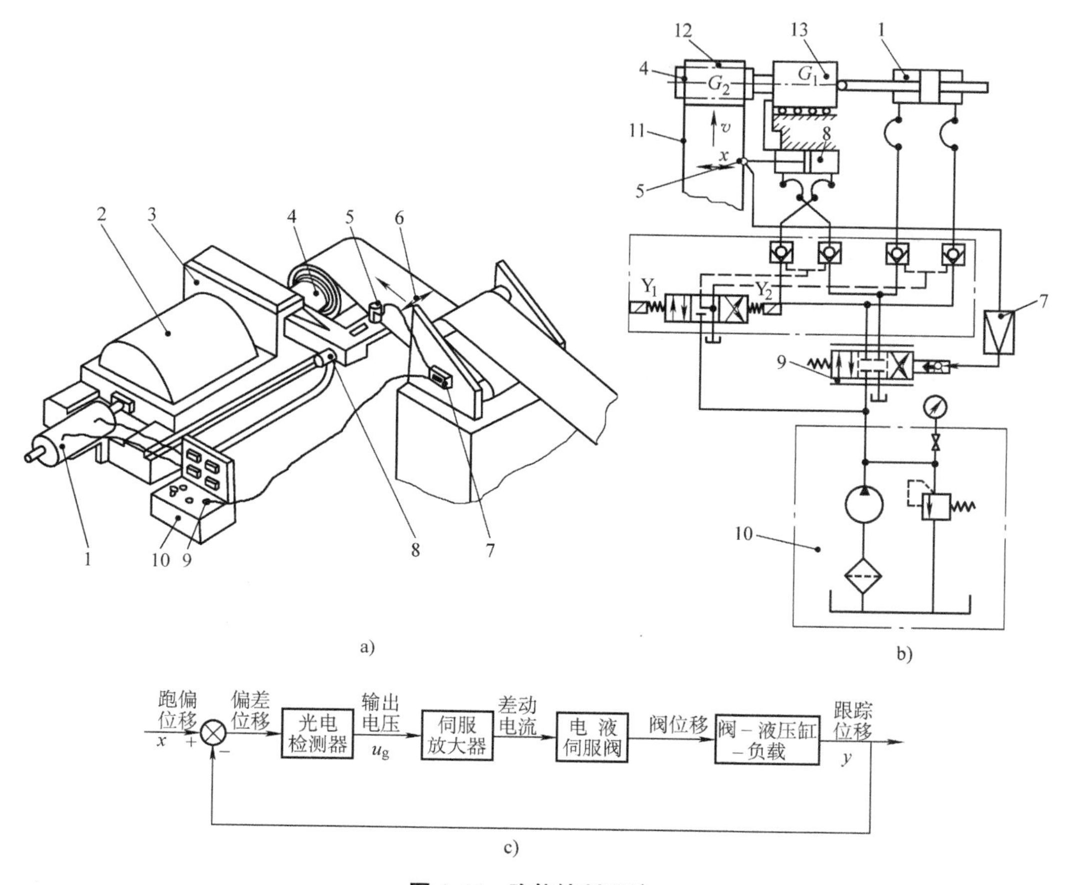

图 4-46 跑偏控制系统

a）工作原理图 b）液压系统图 c）系统功能框图

1—伺服液压缸 2—电动机 3—传动装置 4—卷筒 5—光电检测器 6—跑偏方向 7—伺服放大器 8—辅助液压缸 9—伺服阀 10—能源装置 11—钢带 12—钢卷 13—卷取机

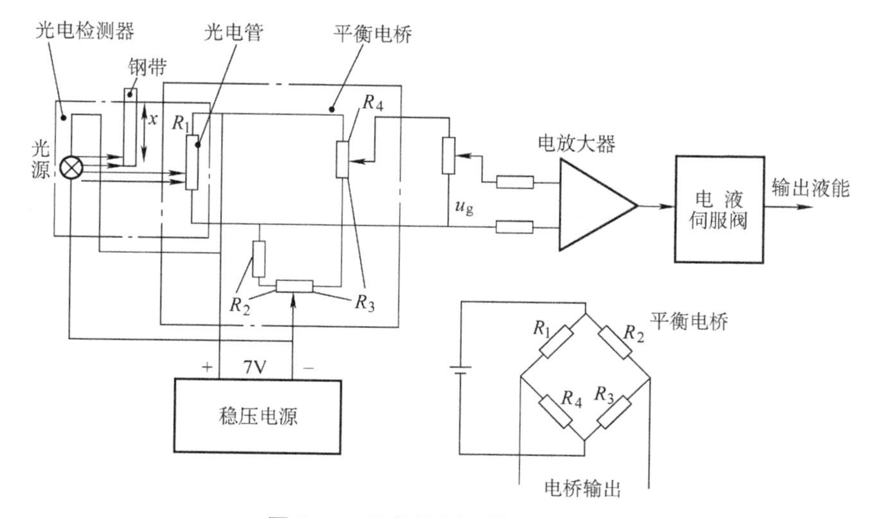

图 4-47 跑偏控制系统电路简图

卷筒一起移动，实现了直接位置反馈。此外，在图 4-46 中，电磁换向阀的作用是使伺服液压缸 1 与辅助液压缸 8 互锁，正常工作时，Y_2 通电，辅助液压缸锁紧。在卷取结束时，Y_1 通电，使伺服液压缸 1 锁紧，用辅助液压缸 8 使检测装置退出工作位置，以便切断带钢；而在卷取开始前，仍由辅助液压缸 8 使检测器自动对准带边。

二、电液速度伺服控制系统

若系统的输出量为速度，将此速度反馈到输入端，并与输入量比较，就可以实现对系统的速度控制，这种控制系统称为速度伺服控制系统。电液速度伺服控制系统广泛应用于发电机组、雷达天线等需对其运转速度进行控制的装置中，此外，在电液位置伺服系统中，为改善主控回路的性能，也常采用局部速度反馈的校正。

图 4-48 为某电液速度控制系统工作原理图。

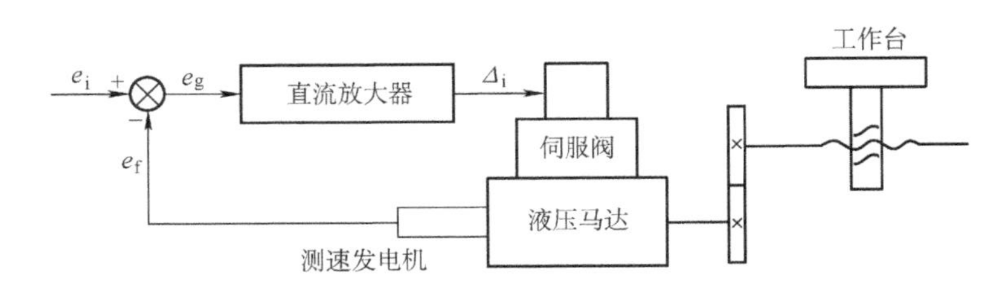

图 4-48　电液速度控制系统工作原理图

这是一个简单的电液速度控制系统。输入速度指令用电压量 e_i 来表示，而液压马达的实际速度则由测速发电机测出，并转换成反馈电液信号 e_f。当实际输出速度信号 e_f 与指令速度信号 e_i 不一致时，则产生偏差信号 e_g，此偏差信号经放大器和电液伺服阀，使液压马达的转速向减小偏差的方向变化，以达到所需的进给速度。

三、电液力控制系统

以力或压力为被控制物理量的控制系统就是力控制系统。在工业上，经常需要对力或压力进行控制。例如材料疲劳试验机的加载控制、压力机的压力控制、轧钢机的张力控制等都是采用电液力（压力）控制系统。

下面以液压带钢张力控制系统为例介绍电液力控制系统的工作原理。

在轧钢过程中，热处理炉内的钢带张力波动会对钢材性能产生较大影响。因此对薄带材连续生产提出了高精度恒张力控制的要求。图 4-49 为带钢张力控制系统的原理图；图 4-50 为其功能框图。

如图 4-49 所示，炉内带钢张力由张力辊组 2、8 来建立。以直流电动机 M_1 作牵引，直流电动机 M_2 作为负载以造成所需张力。但由于系统各部件惯性大，时间滞后大，当外界干扰引起带钢内张力波动时，不能及时调整。其控制精度低，不能满足要求。为了满足张力波动控制在 2% ~3% 范围内的要求，在两张力辊组之间设立一液压张力控制系统来提高控制精度。它的工作原理如下：在转向左右两轴承座下各装一力传感器 5 作为检测

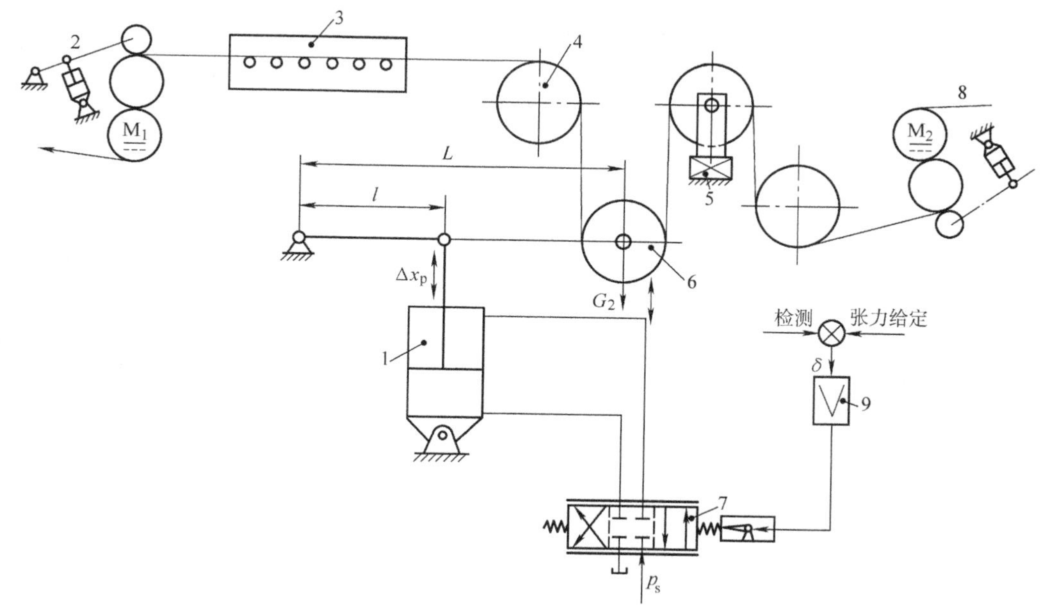

图 4-49　带钢张力控制系统原理图

1—液压缸　2、8—张力辊组　3—热处理炉　4—转向辊
5—力传感器　6—浮动辊　7—电液伺服阀　9—伺服放大器

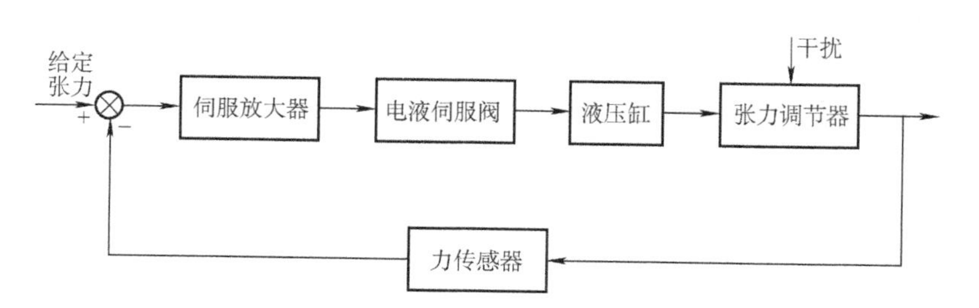

图 4-50　张力控制系统功能框图

装置。两传感器检测所得信号的平均值与给定信号值相比较。出现偏差时，信号经伺服放大器放大后输入伺服阀。若实际张力与给定值相等，则偏差信号为零，伺服阀无输出，液压缸 1 保持不动。当张力增大时，偏差信号使伺服阀在某一方向产生开口量，输出一定流量，使液压缸 1 向上移动，抬起浮动辊 6，张力减小到额定值。反之，张力减小时，则产生的偏差信号使伺服阀控制液压缸向下运动，浮动辊下移张紧钢带，张力升高到额定值。因此系统是一个恒值控制系统。

第五章
计算机控制技术

第一节 概述

机电一体化系统中，计算机担负着信息处理、指挥整个系统运行的任务。信息处理是否正确、及时，直接影响到系统工作的质量和效率，因此计算机技术已成为机电一体化技术发展和变革的最活跃的因素。

一、计算机控制系统的组成及特点

根据系统中信号相对于时间的连续性，通常将控制系统分为连续时间系统和离散时间系统（简称连续系统和离散系统）。在采用计算机进行信号处理的控制系统中，计算机处理的信号是以数码形式存在的，也称为数字信号，它在时间上是离散的。由于计算机字节有限，所以信号的幅值也是离散的，通常用二进制数表示，因此计算机控制系统是一种离散控制系统。离散控制理论是研究计算机控制系统的理论基础。

图 5-1 是计算机控制系统的典型结构框图。包括工作于离散状态下的计算机和具有连续工作状态的被控对象两大部分。被控制量 $c(t)$ 一般为连续变化的物理量（如位移、速度、压力、流量、温度等），称为模拟量，经过检测传感量转换成相应的电信号，再经过模/数（A/D）转换器将信号转换成计算机能够处理的数字量送入计算机，从而完成了信号的输入过程。计算机经数字运算和处理后的数字信号还需要经过数/模（D/A）转换和保持（转换成连续信号），再经过执行机构施加到被控对象，实现了信息的输出。因此从信息转换的观点来观察计算机控制系统，可以抽象为信息的变换与处理过程。其中模/数转换器完成了信息的获取（输入），计算机对输入的信息进行比较和处理（控制运算与逻辑运算），数/模转换器实现了信息的输出。计算机控制系统中信号的具体变换与传输过程如图 5-2 所示。

从图 5-2 可以清楚地看出计算机获得信息的过程，把模拟信号按一定时间间隔 T 转变为在瞬时0，T，$2T$，…，nT的一系列脉冲输出信号$y^*(t)$的过程称为采样过程。经过采样的信号$y^*(t)$称为离散模拟信号，即时间上离散而幅值上连续的信号。从离散模拟信号$y^*(t)$到数字信号$y(kT)$的过程称为量化过程。即用有限字长的二进制数码来逼近离散模拟信号。微型计算机通常采用8位或16位字长，因此量化过程会带来量化误差。量化误差的大小取决于量化单位q。若被转换的模拟量满足量程为M，转换成二进制数字量的位数为N，则量化单位q定义为

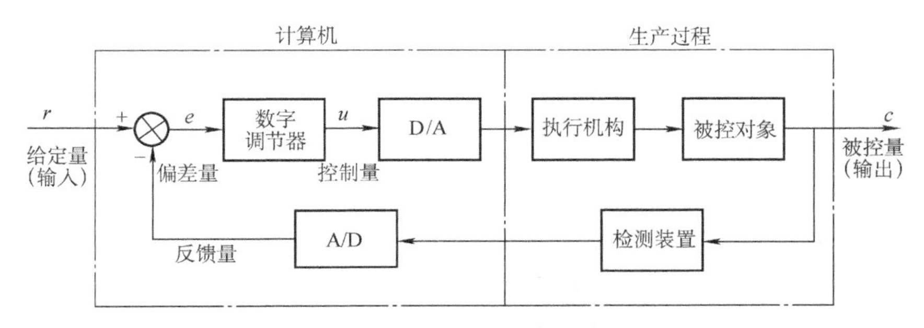

图5-1 计算机控制系统的典型结构框图

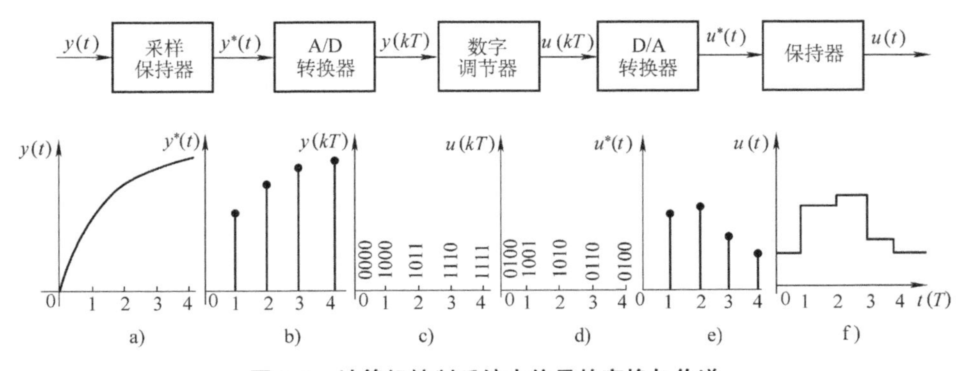

图5-2 计算机控制系统中信号的变换与传递

$$q = M/2^N$$

而量化误差为

$$e = \pm q/2$$

显然N越大，量化误差e越小、但N过大会导致计算机上有效字长的增加。

计算机控制系统由硬件和软件两部分组成。

1. 硬件

计算机控制系统的硬件主要是由主机、外围设备、过程输入/输出设备、人机联系设备和通信设备等组成。就计算机本体而言，从20世纪70年代起，随着微处理器技术的发展，针对着工业应用领域相继开发出一系列的工业控制计算机，如可编程序控制器(PLC)、单回路调节器、总线式工业控制机、单片微计算机和分散计算机控制系统等。这些工业控制计算机弥补了商用机的缺点，并成功地应用于各种工业领域，这大大推动了机电一体化控制系统的自动化程度。

2. 软件

软件是各种程序的统称。软件的优劣不仅关系到硬件功能的发挥，而且也关系到计

算机控制系统的品质。软件通常分为两大类：系统软件和应用软件。

（1）系统软件　系统软件包括汇编语言、高级语言、控制语言、数据结构、操作系统数据库系统、通信网络软件等。计算机设计人员负责研制系统软件，而计算机控制系统设计人员则要了解系统软件，并学会使用，从而更好地编制应用软件。

（2）应用软件　应用软件是设计人员针对某个应用系统而编制的控制和管理程序。一般分为输入程序、控制程序、输出程序、人机接口程序、打印显示程序和各种公共子程序等。其中控制程序是应用软件的核心，是基于控制理论的控制算法的具体实现。

二、计算机控制系统的类型

1. 操作指导控制系统

操作指导控制系统如图 5-3 所示。计算机只起数据采集和处理的功能，它不参加对系统的控制。计算机根据一定的数学模型，依赖检测传感装置测得的被控对象的状态信息数据，计算出供操作人员选择的最优操作条件及操作方案。操作人员根据计算机的输出信息，如 CRT 显示图形或数据、打印机输出、报警等，去改变系统的给定值或直接操作执行机构。

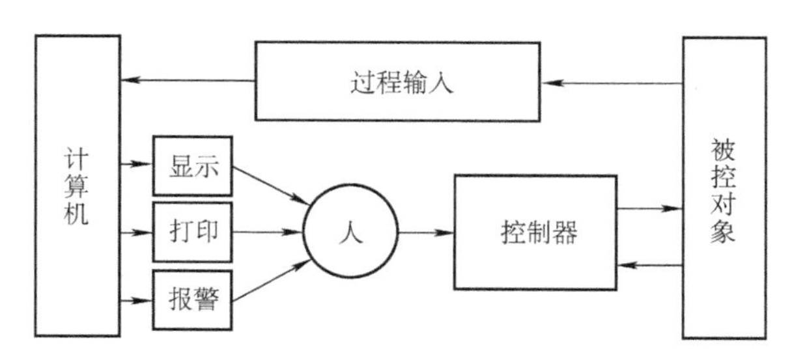

图 5-3　操作指导控制系统

2. 直接数字控制系统（DDC）

这类系统中计算机的运算和处理结果直接输出作用于被控对象，故称为直接数字控制系统（Direct Digital Control，DDC）。直接数字控制系统的构成如图 5-4 所示。DDC 系统中计算机参与闭环控制，不仅完全取代模拟调节器，实现多回路的 PID（比例、积分、微分）控制，而且只要改变程序就可以实现复杂的控制规律，如非线性、纯滞后、自适应系统、解耦控制、最优控制等。DDC 是一个最典型的应用形式，它在工业控制中得到了广泛应用。

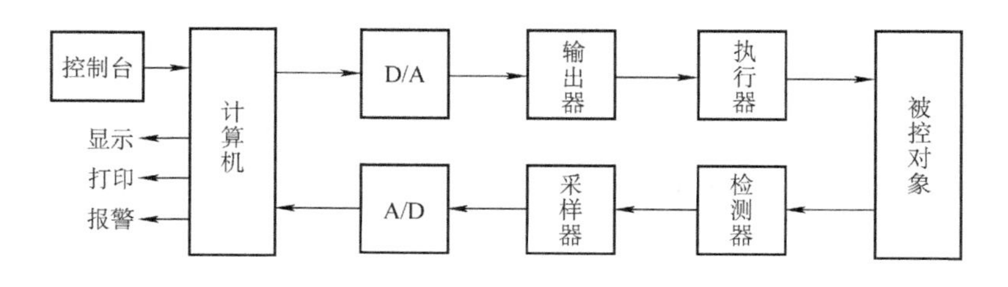

图 5-4　直接数字控制系统

3. 监督控制系统（SCC）

所谓监督控制系统（Supervisory Computer Control）就是根据原始的生产工艺信息及现场检测信息按照描述生产过程的数字模型，计算出生产过程的最优设置值，输入给DDC系统或连续控制系统。SCC系统原理框图如图5-5所示。SCC系统的输出值不直接控制执行机构，而是给出下一级的最佳给定值，因此是较高一级的控制。它的任务是着重于控制规律的修正与实现，如最优控制、自适应控制等，实际上它是操作指导系统与DDC系统的综合与发展。

应当指出，SCC的两级控制形式目前在较复杂的控制设备中应用相当普遍。例如在多坐标高精度数控机床的控制系统中，上一级的任务是完成插补运算（即插补数学模型）及加工过程管理，下一级实现多坐标的进给。又如工业机器人的两级控制中，上一级完成机器人运动轨迹的计算和机器人工作过程的管理，而下一级完成各关节的进给与定位。

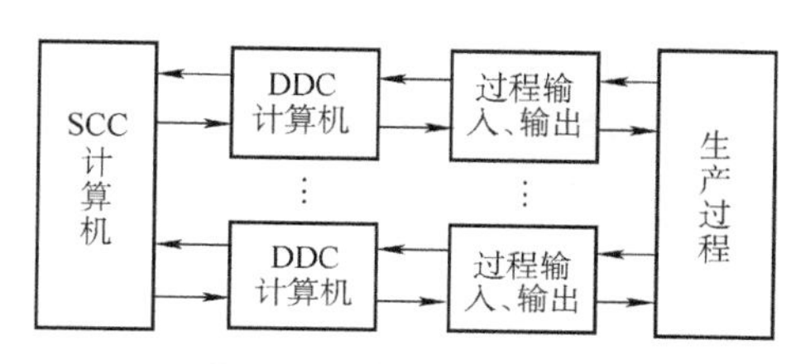

图5-5 监督控制系统

4. 分布式控制系统（DCS）

随着科学技术的发展，工业生产过程规模的扩大，综合控制与管理要求的提高，人们研制出以多台微型机为基础的分布式控制系统（Distributed Control Systems，DCS），如图5-6所示。分布式控制系统综合了计算机技术、通信技术和控制技术，采用多层分级的结构形式，从下而上分为控制级、控制管理级、生产管理级和经营管理级。每级用一台或多台计算机，级间连接通过数据通信总线。分布式控制系统采用分散控制、集中操作、分级管理和分而自治的原则。其安全可靠性、通用灵活性、最优控制性能和综合管理能力，为计算机控制开创了新方法。

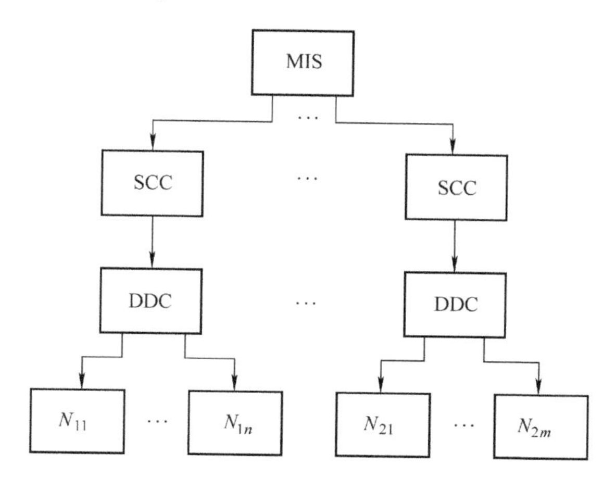

图5-6 分布式控制系统

三、计算机控制技术的发展方向

计算机控制实质上就是计算机技术与控制理论结合，对机械和过程进行控制的一门技术。现代化的生产系统具有多变量、时变和非线性的特点，应用经典控制理论已不能满足现代化的工业生产要求。应用现代控制理论，再加上计算机的快速运算、强大的信息存储能力以及逻辑判断能力，使计算机控制能解决通常自动控制技术所不能解决的问题，使生产过程达到优异的性能指标。

计算机控制技术的发展与计算机技术和控制理论的发展有着密切的联系。近年来，计算机技术出现了惊人的飞跃，计算机的性能不断完善，可靠性不断提高，成本不断降低，从而推动了计算机控制系统的发展。在计算机控制系统中出现了多 CPU 统一总线、功能模块结构、集散系统等控制形式。大量新型接口和专用芯片不断涌现，软件的日益完善和丰富，大大增强了工业控制计算机的功能，这为推进计算机系统的发展创造了有利条件。作为计算机控制的主要控制策略——控制理论，分为经典控制理论、现代控制理论和智能控制理论。经典控制理论主要分析单输入—单输出的系统。现代控制理论可以分析多输入—多输出的系统，可实现最优控制、自适应控制等复杂控制。智能控制理论有各种新的控制策略，如专家控制系统、模糊控制系统等。这不仅成为控制理论的发展趋势，也是计算机控制技术的发展方向。

第二节 计算机控制系统的接口技术

在计算机控制系统中，从计算机的角度来看，除主机外的硬设备，都统称为外围设备。接口技术是研究主机与外围设备交换的技术，它在计算机控制系统中占有相当重要的地位，外界的信息是多种多样的，有电压、电流、压力、速度、频率、温度、湿度等各种物理量，计算机控制系统在实际工作时，通过检测通道的接口对这些量加以检测，经过计算机判断后，将计算结果及控制信号输出到控制通道的接口，对被控对象加以控制。此外，为了方便操作人员与计算机的联系，并及时了解系统输出及输入的工作状态，接口技术中还应包括人机通道的接口。对于多台计算机同时工作的计算机控制系统，为了便于整体控制及资源共享，各个系统间应当有系统间通道接口。接口有通用和专用之分，根据外部信息不同，所采用的接口方式也不同，一般可分为如下几种：

1）人机通道及接口技术。一般包括：键盘接口技术、显示接口技术、打印接口技术、软盘接口技术等。

2）检测通道及接口技术。一般包括：A/D 转换接口技术、V/F 转换接口技术等。

3）控制通道及接口技术。一般包括：F/V 转换接口技术、D/A 转换接口技术、光电隔离接口技术、开关接口技术等。

4）系统间通道及接口技术。一般包括：公用 RAM 区接口技术、串行接口技术。

由于篇幅限制，本节只介绍并行输入/输出接口、D/A 转换接口和 A/D 转换接口等。

一、并行输入/输出接口

并行接口传输的是数字量和开关量。数字量一般指以8位二进制形式所表示的数字信号，例如来自数字电压表的数据。开关量指只有两个状态的信号，如开关的合与断。开关量只用一位二进制（0或1）就可表示，字长8位的微机一次可以输入、输出8个这样的开关量。

接口电路处于运行速度快的微处理器与运行速度比较慢的外设之间，它的一个重要功能就是能使它们在速率上匹配，正确地传送数据。有多种方法可以解决这个问题，通常使用的方法有：无条件传送、查询式传送和中断传送。

并行接口是微机接口技术中最简单，也是最基本的一种方式，如三态缓冲器、锁存器等数字电路都可以用来构成并行接口。而用可编程的8255这类大规模集成电路芯片组成并行接口就更加方便，它们能直接与很多外设相连而无须附加任何逻辑电路，并且具有中断控制功能。

输入/输出接口有两种寻址方式：存储器寻址方式和输入/输出口寻址方式。在存储器寻址方式中，接口和存储器统一编址，是将I/O接口当作存储单元一样，赋给它存储地址，这些地址是存储器地址的一部分。这样，访问存储器的指令也能访问接口了。在输入/输出口寻址方式中，采用I/O独立编址方式，用专门的I/O指令来对接口地址进行操作。这种寻址方式的优点是不占用存储器地址，因而不会减小存储器容量。由于有专门的IN（INPUT）和OUT（OUTPUT）指令，因此比用存储器读写指令执行速度快。

1. 无条件传送

在微机应用中，有些场合，微机与外设间几乎不需有任何的同步，即输出口永远可以立即发送微机送来的信息；可以随时通过输入口读取外设的信息。这种场合可采用无条件传送，输入/输出接口电路如图5-7所示。它由输入缓冲器、输出锁存器和译码电路三部分组成。

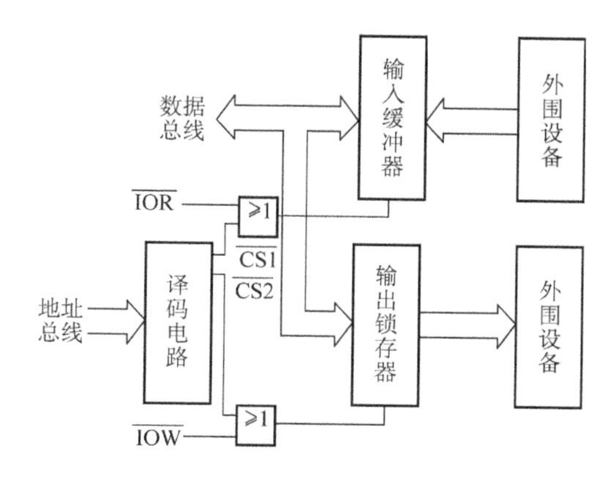

图5-7 无条件传递的输入/输出接口电路

输入缓冲器在外设信息与数据总线之间起隔离缓冲作用。以 8051 单片机为例，设读写信号$\overline{IOW}$与$\overline{IOR}$分别接 P3.6 与 P3.7 引脚，片选信号分别使用 P2.0 与 P2.1 引脚，从而可以确定输入缓冲器与输出锁存器的端口访问地址 Port1 与 Port2，通过读写信号与片选信号的组合分别控制输入缓冲器与输出锁存器芯片。

设置读、写以及外部端口变量的指令如下：

```
unsigned char xdata  * PORT1;
unsigned char xdata  * PORT2;
sbit   IOW = P3^6;
sbit   IOR = P3^7;
```

读取输入缓冲器数据并赋给变量 Input_ data 的指令如下：

```
PORT1 = Port1;
IOR = 0;
Input_data = * PORT1;
IOR = 1;
```

将变量 Output_ data 所保存的数据发送至输出锁存器的指令如下：

```
PORT2 = Port2;
IOW = 1;
* PORT2 = Output_data;
IOW = 0;
```

2. 查询式传送

不是所有的输入、输出设备随时都可以与计算机进行输入或输出操作，为了取得协调，经常采用微机查询输入、输出设备的某种标志，如代表忙或不忙、准备好或未准备好等信息，以决定是否进行数据传输。图 5-8 表示了一种标志位，微机读取输入设备的 READY/$\overline{BUSY}$信号，当 $D_0=1$ 时，便可以打开三态门缓冲器，将数据取走，并同时用使三态门输出允许的信号将外设 READY/$\overline{BUSY}$信号清零，以使其再一次准备数据，重复上述过程。

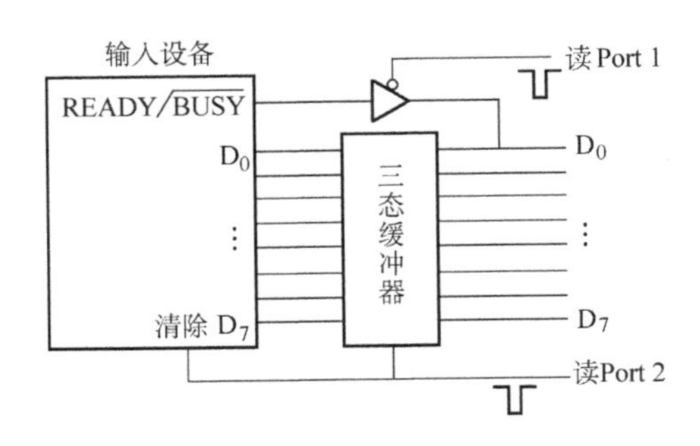

图 5-8 查询式传送

简单的测试程序:

```
unsigned char xdata *PORT1;
unsigned char xdata *PORT2;
PORT1 = Port1;
PORT2 = Port2;
While (TRUE){
    status = *PORT1;
    if (status & 01H)
        BUFFER = *PORT2;
}
```

BUFFER 表示缓冲寄存器。

3. 中断式传送

查询式传送浪费微机的时间，为提高微机的运行效率，可用中断式传送。当外设准备好时产生中断请求信号，微机响应后，马上去接收其输出的数据。图 5-9 示出了这种电路，其中 U_2为允许中断寄存器，当微机允许外设中断时可用 OUT 指令将其置成“1”状态，这样外设准备好信号的前沿将把 U_1 置成“1”，并通过打开的三态门，成为中断请求信号，以产生硬中断，准备好信号的后沿将 U_1置成“0”，以准备下次再产生中断。

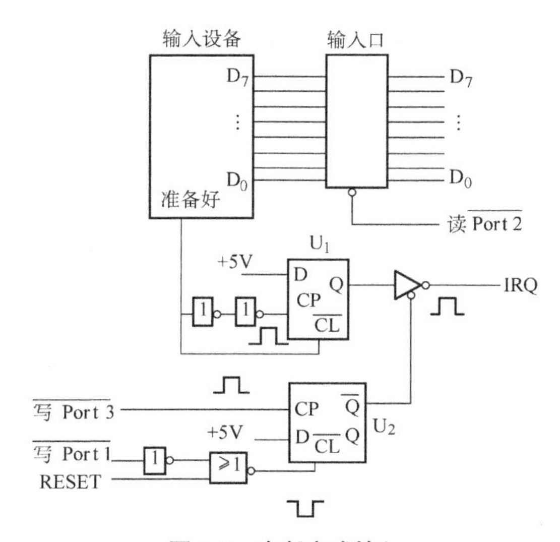

图 5-9 中断方式输入

4. 8255A 可编程并行接口芯片

(1) 8255A 内部结构 8255A 是 Intel 公司生产的可编程并行输入/输出接口芯片，它具有 3 个 8 位的并行 I/O 端口，通过程序可设定三种工作方式，使用灵活方便，通用性强；可作为计算机系统总线与外围设备连接的中间接口电路。8255A 的内部结构框图如图 5-10 所示。其中包括三个并行数据输入/输出端口、两个工作方式控制电路、一个读/写控制逻辑电路和 8 位数据总线驱动器。各部分功能概括如下:

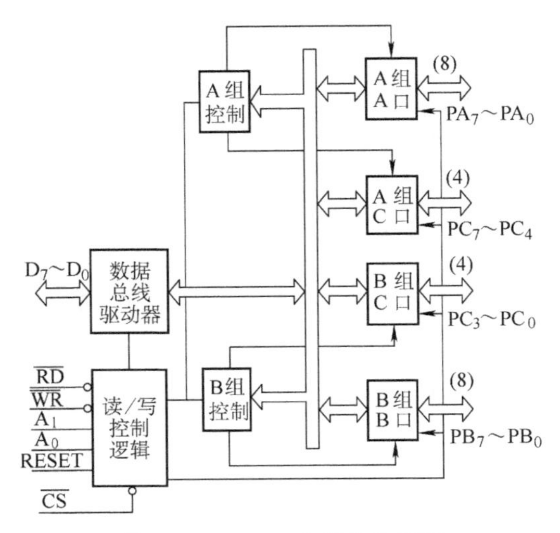

图 5-10 8255A 内部结构框图

1）数据总线驱动器。数据总线驱动器是一个双向三态的 8 位驱动器，将 8255A 与系统总线相连，以实现 CPU 和接口之间的信息传递。

2）并行 I/O 端口。8255A 具有三个 8 位的并行 I/O 端口，其功能由程序决定，但每个端口都有自己的特点。

A 口：具有一个 8 位数据输出锁存/缓冲器和一个 8 位数据输入锁存器。

B 口：具有一个 8 位数据输出锁存/缓冲器和一个不带锁存器的 8 位数据输入缓冲器。

C 口：具有一个 8 位数据输出锁存/缓冲器和一个不带锁存器的 8 位数据输入缓冲器。

通常情况下，A 口和 B 口作为数据输入/输出端口，C 口在方式字控制下，可分为两个 4 位端口，作为 A 口、B 口选通方式操作时的状态控制信号。

3）读/写控制逻辑。读/写控制逻辑的功能用于管理所有的数据或状态字的传送。它接收来自 CPU 的地址总线和控制总线的输入，控制 A 组和 B 组。8255A 的各端口操作状态见表 5-1。

表 5-1 8255A 的端口操作状态

A_1	A_0	$\overline{RD}$	$\overline{WR}$	$\overline{CS}$	所选端口	操作状态
0	0	0	1	0	A 口	A 口数据 → 数据总线
0	1	0	1	0	B 口	B 口数据 → 数据总线
1						
0	0	1	0	0	A 口	数据总线 → A 口
0	1	1	0	0	B 口	数据总线 → B 口
1	0	1	0	0	C 口	数据总线 → C 口
1	1	1	0	0	控制字寄存器	数据总线 → 控制字寄存器
×	×	×	×	1	未选通	数据总线 → 三态
1	1	0	1	0	非法	非法状态
×	×	1	1	×	非法	非法状态

4）A 组和 B 组控制。每个控制块接收来自读/写控制逻辑的命令和内部数据总线的

控制字，并向对应端口发出适当的命令。

A 组控制——控制端口 A 及端口 C 的高 4 位。

B 组控制——控制端口 B 及端口 C 的低 4 位。

（2）8255A 的工作方式　8255A 有三种工作方式，即方式 0、方式 1 和方式 2。图 5-11是三种方式的示意图。

1）方式 0——基本输入/输出方式。在这种方式下，A、B、C 三个口中的任何一个都可提供简单的输入和输出操作，不需要应答式联络信号，数据只是简单地写入指定的端口，或从端口读出。当数据输出时，可被锁存，当数据输入时不能锁存。

2）方式 1——选通输入/输出方式。这是一种能够借助于选通或应答式联络信号，把 I/O 数据发送给指定的端口或从该端口接收 I/O 数据的工作方式。在这种方式中，端口 A 和端口 B 的输入数据和输出数据都被锁存。

3）方式 2——带选通双向总线 I/O 方式。这种方式下，端口 A 为 8 位双向总线端口，端口 C 的 $PC_3 \sim PC_7$用来作为输入/输出的控制同步信号。应该注意的是，只有端口 A 允许作为双向总线口使用，此时端口 B 和 $PC_0 \sim PC_2$则可变成方式 0 或方式 1 工作。

（3）8255A 编程　8255A 的编程是通过对控制端输入控制字的方式实现的。当 CPU 通过输出指令将控制字送入 8255A 内部的控制字寄存器时，各个端口的工作方式便确定了，如需要改变端口的工作方式，则需重新送入控制字，控制字由 8 位组成，有方式选择控制字和 C 口置/复位控制字。

方式选择控制字：方式选择控制字的格式及定义如图 5-12 所示。

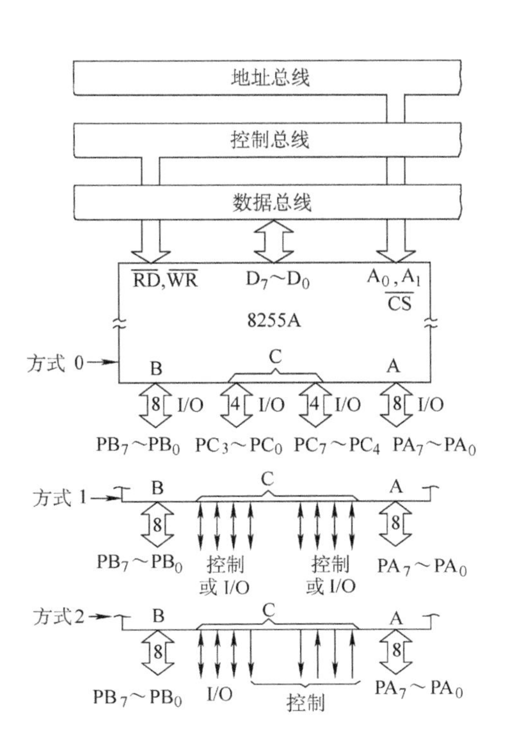

图 5-11　8255A 三种工作方式示意图

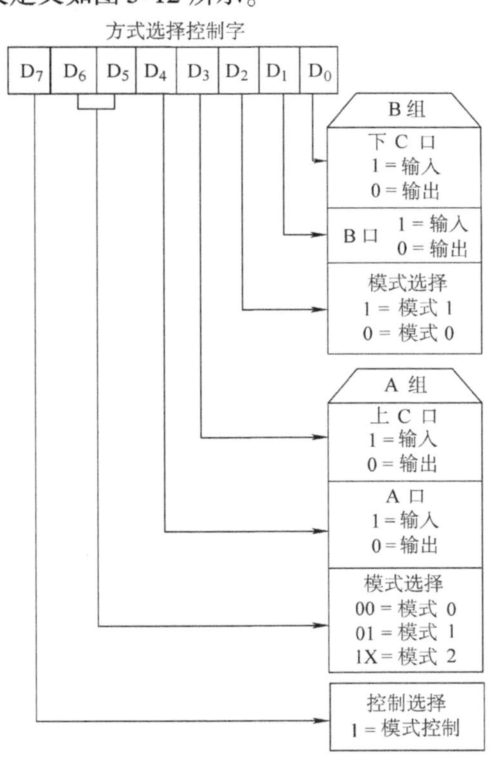

图 5-12　方式选择控制字的格式及定义

例如，输入方式选择控制字95H（10010101B），可将8255A编程为端口A方式0输入，端口B方式1输出，端口C上半部分（$PC_7 \sim PC_4$）输出，端口C的下半部分（$PC_3 \sim PC_0$）输入。

C口置/复位控制字：C口置/复位控制字的格式及定义如图5-13所示。

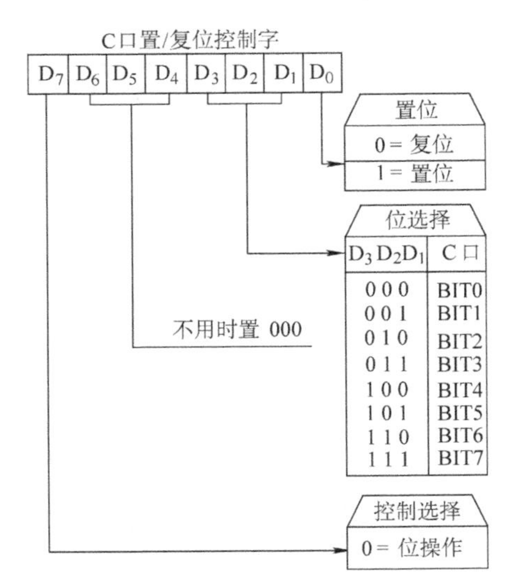

图5-13 C口置/复位控制字格式及定义

例如，输入C口置/复位控制字05H（00000101B），可将8255A的PC_2置“1”，输入C口置/复位控制字06H（00000110B），可将8255A的PC_3复位至“0”。

二、数/模（D/A）转换接口

在计算机控制系统中，很多被检测和控制的对象用的是模拟量，而计算机只能输入、输出数字量，这就存在一个数/模（D/A）转换和模/数（A/D）转换问题。

D/A转换器是指将数字量转换成模拟量的电路，它由权电阻网络、参考电压、电子开关等组成，典型的$R-2R$网络D/A原理图如图5-14所示。从图中可见，不管电子开关接在Σ点还是接地，流过每个支路的$2R$上的电流都是固定不变的，从电压端看的输入电阻为R，从参考电源取的总电流为I，则支路（流经$2R$电阻）的电流依次为：$I/2$、$I/4$、$I/8$、$I/16$，而$I=V_{REF}/R$。故输出电压为

$$V_{out} = -\frac{V_{REF}}{2^4}[d_3 \times 2^3 + d_2 \times 2^2 + d_1 \times 2^1 + d_0 \times 2^0]$$

式中 $d_3 \sim d_0$——输入代码，$d=$“0”，则开关接地；$d=$“1”，则开关接到Σ点上。

如果采用n个电子开关组成网络，那么

$$V_{out} = -\frac{V_{REF}}{2^4}[d_{n-1} \times 2^{n-1} + \cdots + d_0 \times 2^0]$$

式中 n——D/A电路能够被转换的二进制位数，有8位、10位、12位等，有时也称为分辨率。

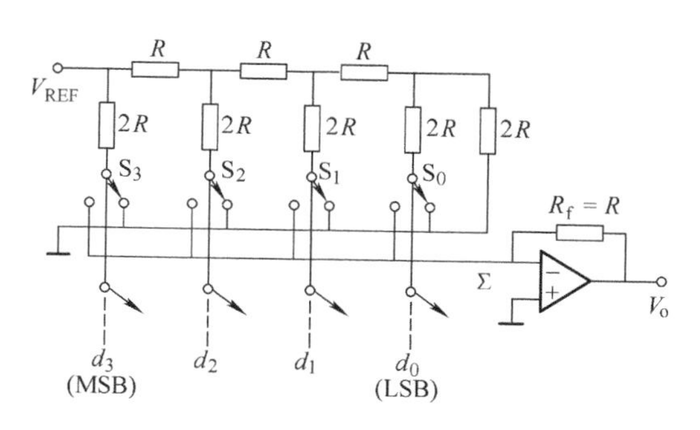

图 5-14 R-2R 网络 D/A 原理图

实用的 D/A 转换器都是单片集成电路，如 DAC0832 是 8 位 D/A 芯片，采用 20 脚双列直插式封装，原理图如图 5-15 所示。

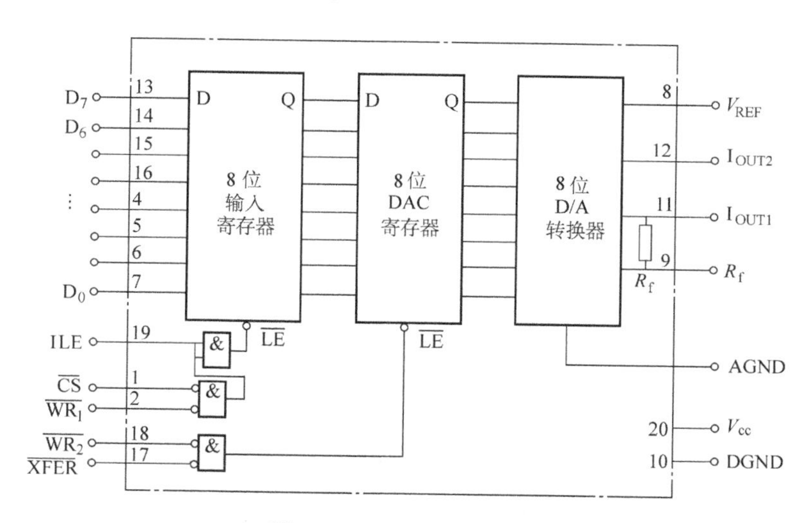

图 5-15 DAC0832 原理图

DAC0832 主要由两个 8 位寄存器和一个 8 位 D/A 转换器组成。使用两个寄存器的优点是可以进行两次缓冲操作，使该器件的应用有更大的灵活性。

DAC0832 各引脚含义如下：$\overline{CS}$为片选信号，ILE 为输入寄存器锁存允许信号，一般设为“1”。当$\overline{CS}$为低、$\overline{WR_1}$为低、ILE 为高时，才能将 CPU 送来的数字量锁存到 8 位输入寄存器中。$\overline{XFER}$为转换控制信号，$\overline{WR_2}$与$\overline{XFER}$同时有效时才能将输入寄存器数字量再传送到 8 位 DAC 寄存器，同时 D/A 转换器开始工作。I_{OUT1}和I_{OUT2}为输出电流，被转换为 FFH 时，I_{OUT1}取大；为 00H 时，I_{OUT1}为 0，I_{OUT2}最大。AGND 和 DGND 称为模拟地和数字地，它们只允许在此片上共地。V_{REF}为参考电压，可在 -10 ~ +10V 范围内选择。V_{cc}为电源，可在 5 ~ 15V 间选择。

图 5-16 为 DAC0832 与计算机的连接图。这里让$\overline{WR_2}$和$\overline{XFER}$接地，因此 DAC 寄存器时刻有效，而只有输入寄存器缓冲锁存作用。设译码后地址为 Port，则 D/A 转换程序如下：

```
#define DAC0832 XBYTE[Port]
DAC0832 = n;
```

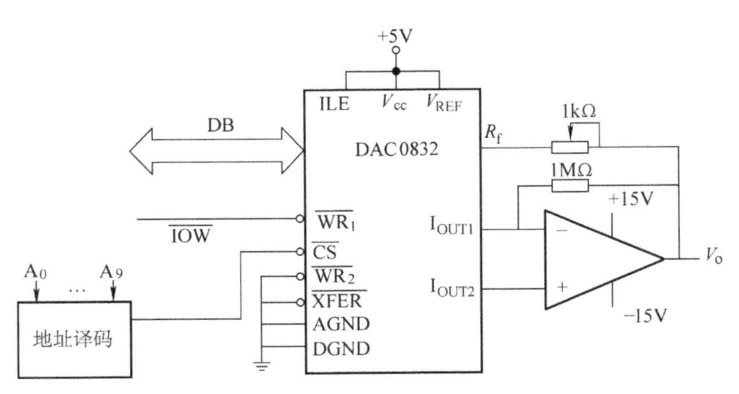

图 5-16 DAC0832 与 CPU 的连接图

三、模/数 <A/D> 转换接口

A/D 转换器是将模拟电压转换成数字量的器件，它的实现方法有多种，常用的有逐次逼近法、双积分法。图 5-17 所示是逐次逼近法 A/D 转换器的原理图。它由 N 位寄存器、D/A 转换器和控制逻辑部分组成。N 位寄存器代表 N 位二进制数码。

当模拟量 V_X 送入比较器后，启动信号通过控制逻辑电路启动 A/D 转换器，开始转换，首先置 N 位寄存器中最高位（D_{N-1}）为“1”，其余位清“0”，寄存器的内容经 D/A 转换后得到整个量程一般的模拟电压 V_N，与输入电压 V_X 比较。若 $V_X > V_N$，则保留 $D_{N-1}=1$；若 $V_X < V_N$，则 D_{N-1} 位清“0”。然后，控制逻辑使寄存器下一位（D_{N-2}）置“1”，与上次的结果一起经 D/A 转换后与 V_X 比较，重复上述过程，直至判别出 D_0 位取 1 而不是 0 为止，此时控制逻辑电路发出转换结束信号 DONE。这样经过 N 次比较后，N 位寄存器的内容是转换后的数字量数据，经输出缓冲器读出。整个转换过程就是这样一个逐次比较逼近的过程。

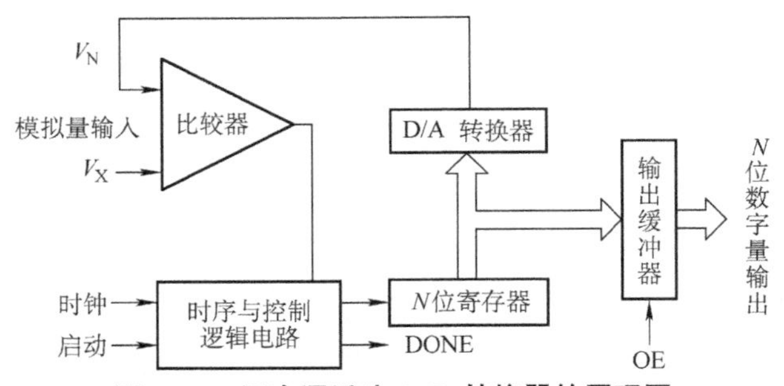

图 5-17 逐次逼近法 A/D 转换器的原理图

常用的逐次逼近法 A/D 器件有 ADC0809、AD574A 等，下面介绍 ADC0809 的原理与应用。

（1）ADC0809 结构　ADC0809 是一种 8 路模拟输入、8 位数字输出的逐次逼近法 A/D器件。其引脚和内部逻辑框图分别示于图 5-18 和图 5-19 中。它内部除 A/D 转换部分，还有模拟开关部分。

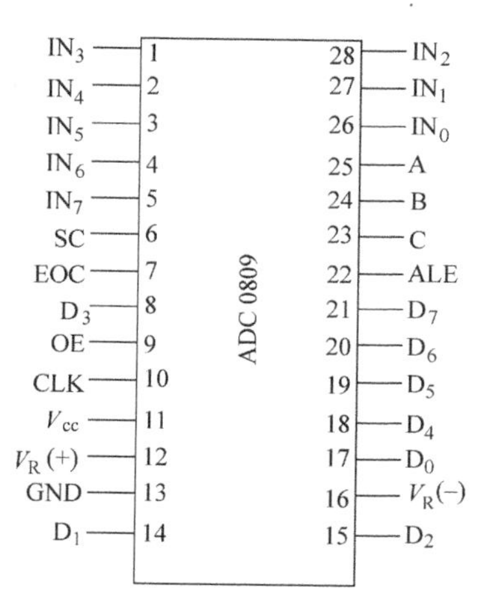

图 5-18　ADC0809 引脚图

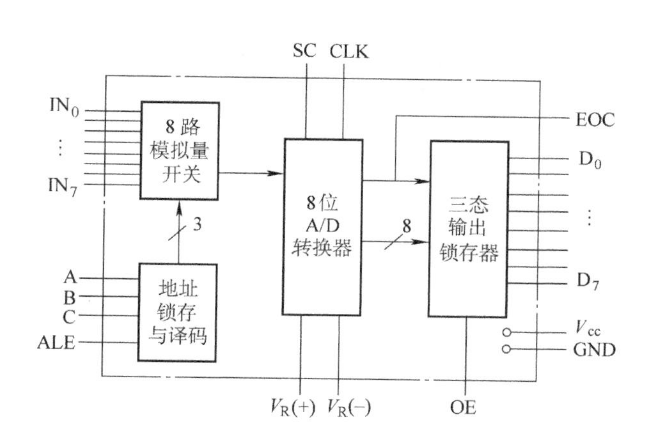

图 5-19　ADC0809 结构图

多路开关有 8 路模拟量输入端，最多允许 8 路模拟量分时输入，共有一个 A/D 转换器进行转换，这是一种经济的多路数据采集方法。8 路模拟开关切换由地址锁存和译码控制，3 根地址线与 A、B、C 引脚直接相连，通过 ALE 锁存。改变不同的地址，可以切换 8 路模拟通道，选择不同的模拟量输入，其通道选择的地址编码见表 5-2。

表 5-2　通道地址表

地址编码			被选中的通道
C	B	A	
0	0	0	IN_0
0	0	1	IN_1
0	1	0	IN_2
0	1	1	IN_3
1	0	0	IN_4
1	0	1	IN_5
1	1	0	IN_6
1	1	1	IN_7

A/D 转换结果通过三态输出锁存器输出，所以在系统连接时，允许直接与系统数据总线相连。OE 为输出允许信号，可与系统读选通信号 RD 相连。EOC 为转换结束信号，表示一次 A/D 转换已完成，可作为中断请求信号，也可用查询的方法检测转换是否结束。

$V_R(+)$ 和 $V_R(-)$ 是基准参考电压，决定了输入模拟量的量程范围。CLK 为时钟信号输入端，决定 A/D 转换的速度，转换一次占 64 个时钟周期。SC 为启动转换信号，通常与系统 WR 信号相连，控制启动 A/D 转换。

（2）ADC0809 与 MCS－51 单片机接口　图 5-20 是 ADC0809 与 8031 的连接方法，此电路为 8 路模拟量输入，输入模拟量变化范围是 0～5V。ADC0809 的 EOC 用作外部中断请求源，用中断方式读取 A/D 转换结果。8031 通过地址线 P2.0 和读写线$\overline{RD}$、$\overline{WR}$来控制转换器的模拟输入通道地址锁存、启动和输出允许。模拟输入通道地址的译码输入 A、B、C 由 P0.0～P0.2 提供，因 ADC0809 具有地址锁存功能，故 P0.0～P0.2 也可不经锁存器直接与 A、B、C 相接。

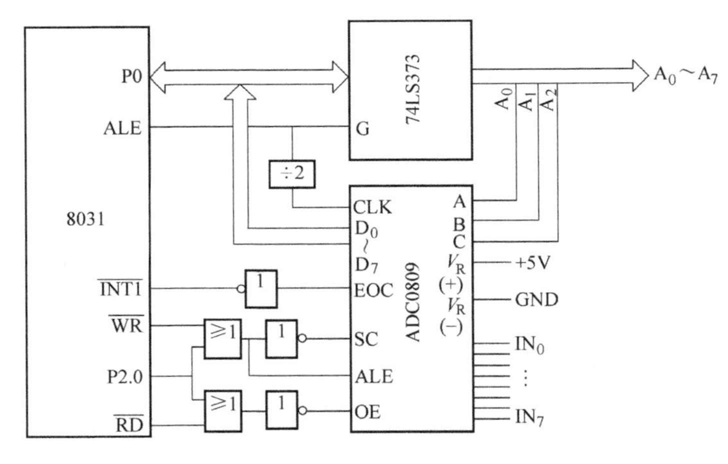

图 5-20　ADC0809 与 8031 的连接

设在一个控制系统中，巡回检测一遍 8 路模拟量输入，将读数依次存放在片外数据存储器 A0H～A7H 单元，其初始化程序和中断服务程序如下：

```
#define  ram_address XBYTE[0x0A0] ;片外存储区
#define  IN_address XBYTE[0xFEF8];模拟量输入通道
unsigned char xdata *pt_ram;
unsigned char xdata *pt_IN;
unsigned char in_num =8;
main()
{
    EA =1;                              ;CPU 开中断
    EX1 =1;                             ;允许申请中断
    IT1 =1;                             ;脉冲触发方式
    pt_ram = ram_address;
    pt_IN = IN_address;
    *pt_IN = 0;                         ;启动 A/D 转换
    while(in_num > =0)
    {                                   ;等待中断
    }
```

```
    EA   = 0;
    EX1  = 0;
    IT1  = 0;
}
void INT_1() interrupt 2          ;外部中断1服务子程序
{
    EX1  = 0;                     ;关中断1
    *pt_ram = *pt_IN;             ;读模拟量输入并存入存储区
    in_num = in_num - 1;
    pt_ram++;                     ;更新暂存单元
    pt_IN++;                      ;更新通道
    EX1  = 1;                     ;开中断
}
```

第三节 工业控制计算机简介

一、工业控制计算机系统硬件组成的一般形式

在工业环境中使用的计算机控制系统，除去被控对象、检测仪表和执行机构外，其余部分称为“工业控制计算机”，简称“工业控制机”或“工控机”。也就是说，用在工业环境、适应工业要求的计算机系统，它是处理来自检测传感装置的输入，并把处理结果输出到执行机构去控制生产过程，同时可对生产进行监督、管理的计算机系统。

典型的工业计算机测控系统如图5-21所示，除图中右面的测控对象、执行机构和传感器以外，其余部分均属于工业控制机系统的组成部分。可见，工业控制机系统由两大部分组成，即总线左面部分为计算机基本系统，总线右面部分为过程输入/输出（I/O）子系统。

计算机基本系统包括主机和外围设备。

（1）主机 主机由中央处理器（CPU）和存储器组成，它是控制系统的核心。主机根据输入设备送来的实时反映测控对象工作状况的各种信息，以及预定的控制算法，自动进行信息处理和运算，及时选定相应的控制策略，并立即通过输出设备向测控对象发送控制命令。

（2）外围设备 常用的外围设备可按功能分为输入设备、输出设备、外存储器和通信设备等。常用输入设备有键盘、终端和专用操作台等，用来输入程序、数据和操作命令。常用输出设备有打印机、绘图机和CRT显示器等，它们以字符、曲线、表格、图形和声音等形式来反映过程工况和控制信息。外存储器有软盘、磁带等，用来存放程序和数据。通信设备的功能是实现多个不同的控制系统进行信息交换，或构成计算机通信网络。

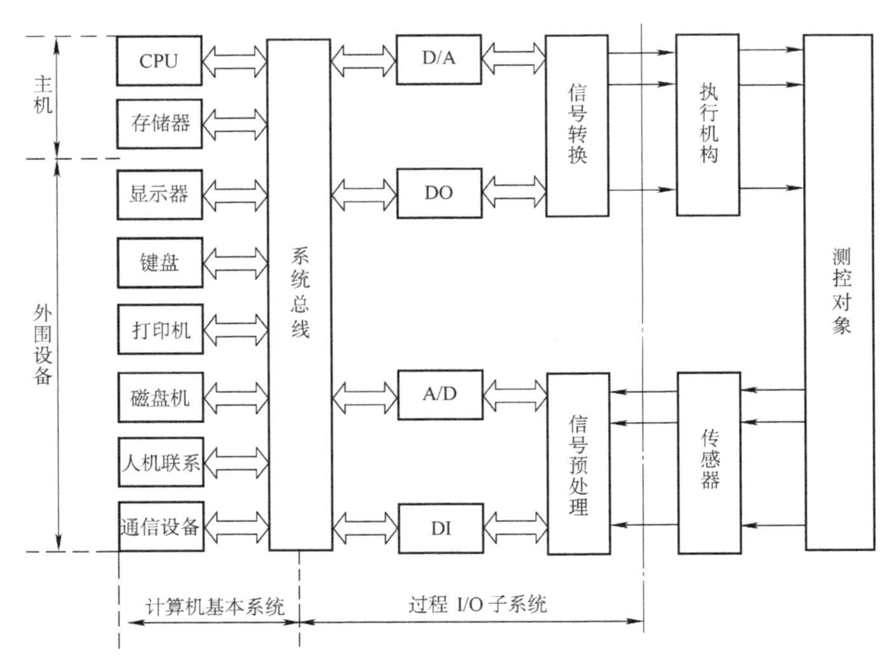

图 5-21 典型的工业计算机测控系统

过程输入/输出子系统，实现计算机与过程对象之间的信息传递。包括过程输入设备和过程输出设备。

过程输入设备由信号预处理、A/D 接口、开关量输入接口（DI）等组成，用来把反映过程状况的各种物理量转换成数字量信号和开关量信号。

过程输出设备由 D/A 接口、开关量输出接口（DO）以及信号转换部分组成，它们把主机输出的二进制信息转换为适应各种执行机构控制的相应信号。

二、工业控制机分类

1. 可编程序控制器（PLC）

可编程序控制器（Programmable Logic Controller，PLC）是从早期的继电器逻辑控制系统与微型计算机技术相结合而发展起来的。它的低端即为继电器逻辑控制的代用品，而其高端实际上是一种高性能的计算机实用控制系统。

PLC 是以微处理器为主的工业控制器，处理器以扫描方式采集来自工业现场的信号。PLC 的典型结构如图 5-22 所示。

PLC 的主要功能有条件控制（即逻辑运算功能）、定时控制、计数控制、步进控制、A/D 与 D/A 转换、数据处理、级间通信等。

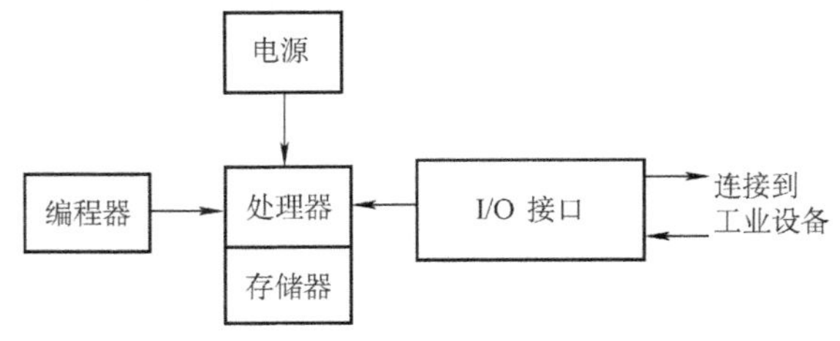

图 5-22 PLC 的典型结构

PLC 的特点是：

1）工作可靠。

2）可与工业现场信号直接连接。

3）积木式组合。

4）编程操作容易。

5）易于安装及维修。

目前微处理器的发展大大提高了 PLC 的性能，特别是在运行速度方面的提高，不但拉大了与继电器控制的距离，也缩小了与微型机功能的差别。

2. 单回路调节器

单回路调节器的基本构成方案如图 5-23 所示。它要处理数字和模拟两种基本信号，检测通道的模拟通入信号 AI_i经 A/D 转换成数字信号后，存入 RAM 备用。输入开关量信号 DI_i，通过光隔离器经外部接口衔接器（Peripheral Interface Adapter，PIA）进入 RAM 备用。CPU 将存入 RAM 的各种参数和 EPROM 中的各种算法程序，按照系统工艺流程进行运算处理，其结果经 D/A 转换器、多路输出切换开关、模拟保持器和 V/I 转换器，从 AO_i输出至执行器。输出开关信号通过 PIA 及继电器隔离输出。现场整定参数、操作参数可通过侧面显示和键盘进行人机对话，并可显示各种复杂的程序设定。

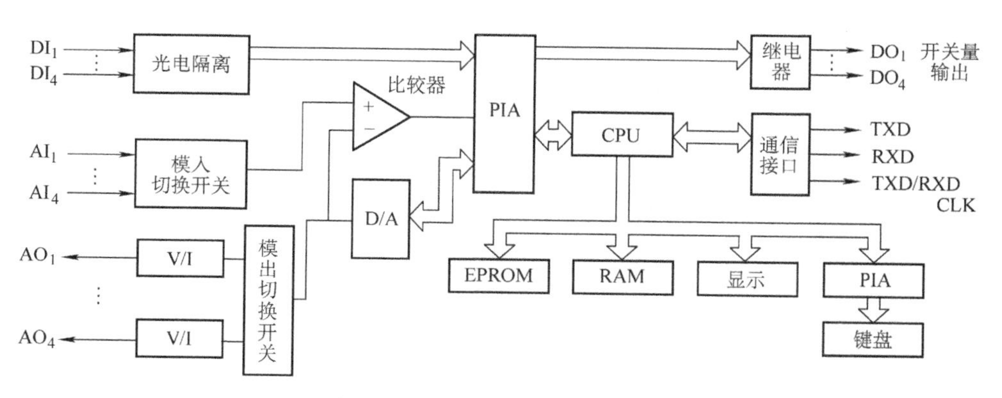

图 5-23 单回路调节器的结构

单回路调节器多用于过程控制系统，其控制算法多采用 PID 算法，可取代模拟控制仪表。单回路调节器的应用使一个大系统，即有多个调节回路的系统分解成若干个子系统。子系统之间可以是相互独立的，也可以有一定的耦合关系。复杂的系统可由上位计算机统一管理，组成分布式计算机控制系统。

单回路调节器的主要特点是：

1）实现了仪表和计算机一体化。

2）具有丰富的运算和控制功能。

3）有专用的系统组态器。

4）人机接口灵活。

5）便于级间通信。

6）具有继电保护和自诊断功能。

目前，单回路调节器在控制算法上实现了自适应、自校正、自学习、自诊断和智能控制等控制方式，它提高了系统性能，加速了仪表的更新换代，已成功地应用到各种过程控制领域。

3. 总线式工业控制机

总线式工业控制机是依赖于某种标准总线，按工业化标准设计，包括主机在内的各种I/O接口功能模板而组成的计算机。例如，PC总线工业控制计算机、STD总线工业控制计算机以及Q-BUS、Multibus、VME bus等。

总线式工业控制机的典型结构如图5-24所示。

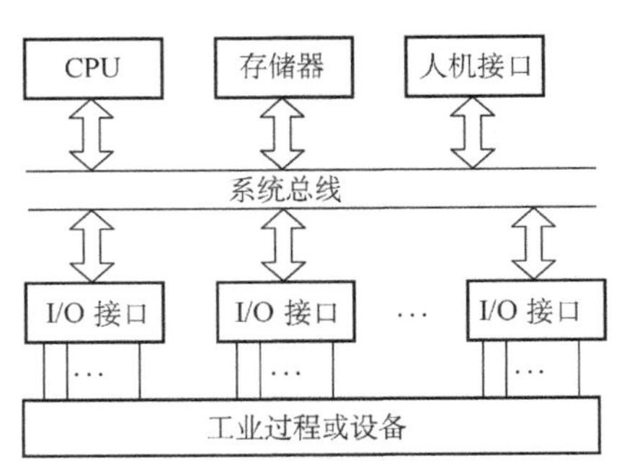

图5-24 总线式工业控制机的典型结构

总线式工业控制机与通用的商业化计算机比较，特点是：取消了计算机系统母板；采用开放式总线结构；各种I/O功能模板可直接插在总线槽上；选用工业化电源；可按控制系统的要求配置相应的模板；便于实现最小系统。

目前，这类工业控制机应用较为广泛，如在过程控制、电力传动、数控机床、过程监控等方面，STD总线工控机及PC总线工业控制机都有成功经验。

特别要指出的是，总线式工业控制机的软件极为丰富。如PC总线工业控制机上可运行各种IBM-PC软件，STD总线中工业控制机如选择8088芯片的主机板，在固化MS-DOS及BIOS的支持下，也可以用IBM-PC的软件资源。这给程序编制、复杂控制算法等的实现创造了方便的条件。

4. 分布式计算机控制系统

分布式计算机控制系统也称为集散型计算机控制系统，简称为集散控制系统（DCS）。它实际上是利用计算机技术对生产过程进行集中监视、操作、管理和分散控制。它是由计算机技术、信号处理技术、检测技术、控制技术、通信技术和人机接口技术相互发展、渗透而产生的新型工业计算机控制系统。

集散控制系统是采用标准化、模块化和系列化设计，由过程控制级、控制管理级和生产管理级组成。它是一个以通信网络为纽带，采用集中显示操作管理、控制相对分散的多级计算机网络系统结构，具有配置灵活、组态方便等优点。典型的具有三层结构模式的集散型控制系统如图5-25所示。

集散型控制系统目前已形成产业，国外的一些厂家已生产出许多型号的产品，如美国Honeywell公司的TDC3000/PM，Foxboro的Spctrun，I/A Series Westing-house的WD-PF，日本Hatachi的HIACS3000，YOKOGAWA的CEN TUM，CEN TUM-XL，TOSHIBA的TOSDIC、TDSDIC-CIEDCS及德国、英国、荷兰等公司的系列产品。

近些年，国内的一些厂家通过合资，引进联合生产出许多集散型控制系统的产品。如上海福克斯波罗有限公司的Spectrum、I/D Series，西安横河控制有限公司的YEWPAK，北京贝利控制有限公司的N-90、INFI-90等。

集散型控制系统目前已广泛地应用于大型工业生产过程控制及监测系统中。特别是在大型钢铁厂、电站、机械生产、石油化工过程控制中都有成功应用的实例。

随着工业自动化水平的提高及大规模集成电路集成度的提高和成本的不断降低，将

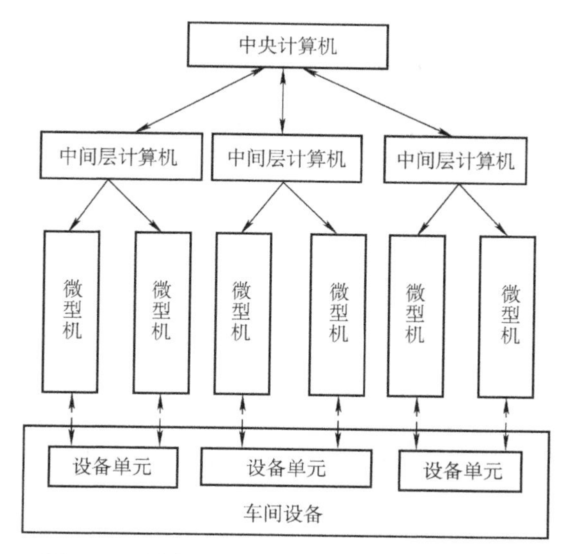

图 5-25 具有三层结构模式的集散型控制系统

会推动集散型控制系统的应用及技术水平的提高。它将会成为工业控制计算机的一个主要的家族成员。

5. 单片微计算机

单片微计算机是将 CPU、RAM、ROM、定时/计数、多功能 I/O（并行、串行、A/D）、通信控制器，甚至图形控制器、高级语言、操作系统等都集成在一块大规模集成电路芯片上。由于单片微计算机的高度集成化，它具有体积小、功能强、可靠性高、功耗小、价格低廉、易于掌握、应用灵活等多种优点。目前已越来越广泛地应用于工业测控领域。

工业控制机的发展为从事机电一体化领域工作的工程技术人员提供了有力的硬件支持。如何更灵活、有效地使用工业控制机，以最好的功能、最低的成本、最可靠的工作完成机电一体化系统的设计，选择合适的工业控制机及配置是非常重要的。因此，工程技术人员应不断地了解、掌握工业控制机发展的动态及产品的更新换代。表 5-3 中列出了三种常用工业控制机的性能对比。

表 5-3 三种常用工业控制机的性能对比

控制装置 / 比较项目	普通微机系统		工业控制机		可编程序控制器	
	单片（单板）系统	PC 扩展系统	STD 总线系统	工业 PC 系统	小型 PLC（256 点以内）	大型 PLC
控制系统的组成	自行研制 <非标准化>	配置各类功能接口板	选购标准化 STD 模板	整机已成系统，外部另行配置	按使用要求选购相应的产品	
系统功能	简单的逻辑控制或模拟量控制	数据处理功能强，可组成功能完整的控制系统	可组成从简单到复杂的各类测控系统	本身已具备完整的控制功能，软件丰富，执行速度快	以逻辑控制为主，也可组成模拟量控制系统	大型复杂的多点控制系统

（续）

比较项目 \ 控制装置	普通微机系统		工业控制机		可编程序控制器	
	单片（单板）系统	PC扩展系统	STD总线系统	工业PC系统	小型PLC（256点以内）	大型PLC
通信功能	按需自行配置	已备1个串行口，若需更多，则另行配置	选用通信模板	产品已提供串行口	选用RS232C通信模块	选取相应的模块
硬件制作工作量	多	稍多	少	少	很少	很少
语言	汇编语言	汇编语言和高级语言均可	汇编语言和高级语言均可	高级语言为主	图编程为主	多种高级语言
软件开发工作量	很多	多	较多	较多	很少	较多
执行速度	快	很快	快	很快	稍慢	很快
输出带负载能力	差	较差	较强	较强	强	强
抗电磁干扰能力	较差	较差	好	好	很好	很好
可靠性	较差	较差	好	好	很好	很好
环境适应性	较差	差	较好	一般	很好	很好
应用场合	智能仪器，单机简单控制	实验室环境的信号采集及控制	一般工业现场控制	较大规模的工业现场控制	一般规模的工业现场控制	大规模工业现场控制，可组成监控网络
价格		较高	稍高	高	高	很高

三、STD总线工业控制计算机

1. STD总线简述

STD总线是一个通用工业控制的8位微型机总线，它定义了8位微处理器总线标准，可容纳各种8位通用微处理器，如8085、8088、6800、Z80、8051等。16位微处理器出现后，为了仍能使用STD总线，采用周期窃取和总线复用技术来扩充数据线和地址线，所以STD总线是8位/16位兼容的总线。可容纳16位的微处理器有8086、80286、8098、68000等。为了能和32位微处理器80386、80486、68030等兼容，近年来又定义了STD32总线标准，且与原来8位总线的I/O模板兼容。

STD总线是56条信号的并行底板总线，是由四条小总线组成的（见图5-26），这些小总线是：数据总线：8根双向；地址总线：16根；控制总线：12根；电源线：10根。

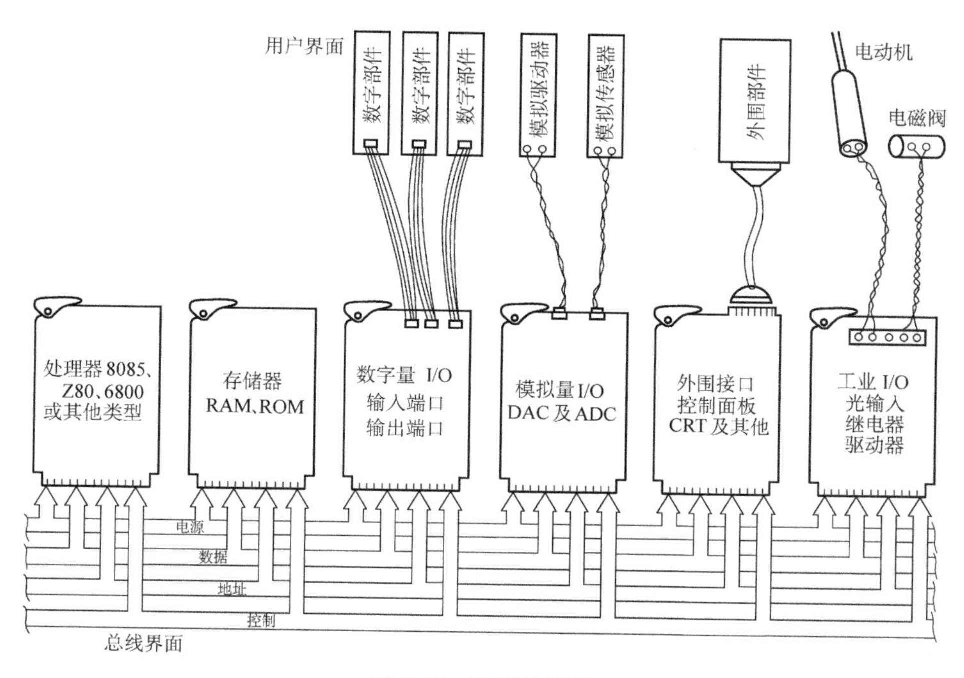

图5-26 总线的实现

STD总线引脚分配和定义见表5-4。

表5-4 STD总线引脚信号名称

	元件面				线路面			
	插脚	信号名称	信号流向	说明	插脚	信号名称	信号流向	说明
逻辑电源	1	$+5V_{DC}$	入	逻辑电源 V_{CC}	2	$+5V_{DC}$	入	逻辑电源 V_{CC}
	3	GND	入	逻辑地	4	GND	入	逻辑地
	5	VBAT	入	电池电源	6	VBB	入	逻辑偏压
数据总线	7	D3/A19	入/出	数据总线/地址扩展	8	D7/A23	入/出	数据总线/地址扩展
	8	D2/A18	入/出		10	D6/A22	入/出	
	11	D1/A17	入/出		12	D5/A21	入/出	
	13	D0/A16	入/出		14	D4/A20	入/出	
地址总线	15	A7	出	出线总线地址总线	16	A15/A15	出	地址总线/数据总线扩展
	17	A6	出		18	A14/D14	出	
	19	A5	出		20	A13/D13	出	
	21	A4	出		22	A12/D12	出	
	23	A3	出		24	A11/D11	出	
	25	A2	出		26	A10/D10	出	
	27	A1	出		28	A9/D9	出	
	29	A0	出		30	A8/D8	出	

（续）

	元件面				线路面			
	插脚	信号名称	信号流向	说明	插脚	信号名称	信号流向	说明
控制总线	31	WR *	出	写存储器或 I/O	32	RD *	出	读存储器或 I/O
	33	IORQ *	出	I/O 地址选择	34	MEMRQ	出	存储器地址选择
	35	IOEXP	入/出	I/O 扩展	36	MEMEX	入/出	存储器扩展
	37	REFRESH *	出	刷新定时	38	MCSYNC *	出	CPU 机器周期同步
	39	STATUS1 *	出	CPU 状态	40	STATUS0 *	出	CPU 状态
	41	BUSAK *	出	总线响应	42	BUSRQ *	入	总线请求
	43	INATK *	出	中断响应	44	INTRQ *	入	中断请求
	45	WAITRQ *	入	等待请求	46	NMIRQ *	入	非屏蔽中断
	47	SYSRESET *	出	系统复位	48	PBRESET *	入	按钮复位
	49	CLOCK	出	处理器时钟	50	CNTRL *	入	辅助定时
	51	PCO	出	优先级链输出	52	PCI	入	优先级链输入
辅助电源	53	AUXGND	入	辅助地	54	AUXGND	入	辅助地
	55	AUX + V	入	辅助正电源（$+12V_{DC}$）	56	AUX - V	入	辅助负电源（$-12V_{DC}$）

注：* 表示低电平有效。

2. STD 总线的技术特点

STD 总线有着自己独具特色的优点，因而在工业控制中得到广泛采用。概括起来有如下四点：

（1）小板结构，高度的模板化　STD 产品采用了小板结构，它们所有模板的标准尺寸为 165.1mm×114.3mm。这种小板结构在机械强度、抗断裂、抗振动、抗老化和抗干扰等方面具有优越性。它实际上是将大板的功能分解，一块模板只有一种或两种功能，这样便于用户的组装，实现自己实用的最小系统。

（2）严格的标准化，广泛的兼容性　STD 总线具备兼容式总线结构。该总线支持各种 8 位、16 位甚至 32 位的微处理器，可很方便地将原 8 位系统通过更换 CPU 和相应的软件达到升级，而原来的 I/O 模板不必替换，仍然兼容。

STD 总线模板设计有严格的标准化。与其他总线相比，STD 总线的每条信号线都是有严格定义的，这种严格的标准化有利于广泛兼容，因此，不同厂家的产品都可在一个总线内使用。

兼容性的另一方面是软件。目前，STD 总线产品有一类采用 Intel8088/80286 CPU 系列，通过固化 MS - DOS 及 BIOS，可以与 IBM - PC/XT/AT 微型机软件系统环境兼容，开发者可利用 IBM - PC 系列丰富的软件资源。

（3）面向 I/O 的设计，适合工业控制应用　许多高性能的总线及总线设计是面向系统性能的提高，及系统的吞吐量或处理能力的提高，而 STD 总线是面向 I/O 的。一个 STD 底板可插 8、15、20 块模板，在众多的功能模板的支持下，用户可方便地组态。

（4）高可靠性　工业控制机的关键技术指标就是可靠性，而 STD 总线工业控制具有较高的可靠性。如美国的 Pro-log 公司生产的 STD 总线系列产品提供 5 年的保用期，平均无故障时间（MTBE）已超过 60 年。可靠性的保证除了靠前面讲的小板结构的优点外，还要依靠线路的设计、印制电路板的布线、元器件老化筛选、电源质量、在线测试等一系列措施。另外，固化应用软件 Watchdog（监控定时器，俗称“看门狗”）、掉电保护等技术也为系统可靠性提供了保障。

3. STD 总线工业控制计算机

STD 总线工业控制计算机就是由某种型号 CPU 芯片构成的主机板和按要求配置的 I/O 功能模板共同插在带有总线板的机箱内，再配上相应的电源而组成。在 STD 总线标准下所开发研制出的 I/O 功能模板都具有通用性，可支持各种不同型号的 CPU 主机板。因此，在 STD 工业控制机家族内，只是以 CPU 的型号来分成不同的系列。

（1）Z80 系列　Z80 系列 STD 总线工业控制机是最早开发的一种机型，Z80 系列以其可靠性高、价格便宜、普及面宽等优点，目前仍有很大的市场。

Z80 系列 STD 总线工业控制机的基本系统硬件组成如下：

CPU 板：Z-80CPU 或 64180CPU、EPROM/RAM、定时器、中断控制器等；

存储器板：64KB，带后备电池；

人机接口：单色/彩色图汉字显示、PC 键盘或 LED 显示/小键盘；

系统支持板：两级 Watchdog、电源掉电检测、总线匹配、日历时钟和 SRAM；

软件配置可采用 Z80 汇编语言，扩展 BASIC 语言等。

（2）单片机系列　单片机（Single-Chip Microcomputer）本身就是工业控制机，集成度较高，作为控制应用其功能比较齐全，可靠性和抗干扰性能均很优良。

康拓公司推出的 STD5000 系列中有采用 8 位 MCS-51 和 16 位 MCS-96 系列单片机的两种 STD 总线 CPU 板（即 5055 和 5056）。其中 5055 板可选用 MCS-51 系列多种芯片（如 8031、8032、8051、8052、8752、8044、8344、8744 等）插在板上作为 CPU 运行，可以组成多种模式的系统。5056 板则选用 8096/98 单片机，组成 16 位单片 CPU 板，板上还有 4 路 10 位 A/D 输入系统。

这两块 CPU 板可配上单色图形汉字显示子系统，也可采用 LED 显示/小键盘作为人机接口。由以上基本系统和 5000 系列中其他各种 I/O 模板组合，即可构成各种各样的单片机系统，也可以利用 RS485 总线接口，方便地组成分布式系统。

对于这两种单片机，工业控制机的软件开发环境可采用汇编语言及 C 语言或 PL-M-96 高级语言的窗口集成开发软件。

（3）8088 系列　8088 系列 STD 工控机是采用 Intel 8088/8086 系列 CPU 芯片及 NEC V20/V40 系列 CPU 芯片组成的主机系统，以固化 MS-DOS 及 BIOS 构成的操作系统，这样使得 8086 系列与 IBM-PCXT/AT 软件系统环境兼容，可以充分利用 IBM-PCXT/AT 的丰富的软件资源，使其成为目前工业控制机领域的主流机型。

以康拓公司 STD5000 系列工业控制机 STD 系统Ⅱ为例，该机是与一台 IBM-PC/AT 完全兼容的 STD 总线工业控制计算机，其功能如下：

1）采用 8088/V20 或采用 V40CPU 和 8087 协处理器，主频为 4.77MHz 或 7.16MHz。

2）内存使用静态 RAM，可扩充到 64KB。

3）可支持半导体盘。在现场运行时，可由半导体盘代替一般的软件磁盘。

① ROM 盘 256KB 或 512KB。

② RAM 盘 360KB。

4）可支持多种档次的图形系统。

5）可支持两个 5.25in（1in＝0.0254m）1.2MB/360KB 或 3.5in 1.44MB/720KB 软盘驱动器。

6）可支持固化的 MS－DOS2.1 和 MS－DOS3.3。

7）支持用高级语言编程的用户程序固化运行。

一个典型的 STD 系统Ⅱ的结构框图如图 5-27 所示。

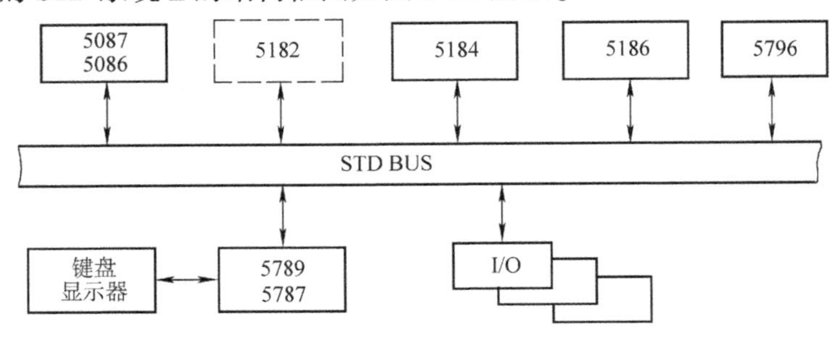

图 5-27 STD 系统Ⅱ的结构框图

其组成如下：

STD5087：CPU 板（采用 V20CPU）或 STD5086CPU 板（采用 V40CPU）；

STD5182：内存扩展板；

STD5184：半导体盘板；

STD5186：软盘驱动器板；

STD5787：EGA 卡或 STD5789VGA 卡；

STD5796：系统支持板。

4. STD 总线工业控制机的功能模板

随着 STD 总线工业控制机在工业中的广泛应用，各类功能模板开发也日趋扩大化，目前 STD 模板的型号已达上千种。除了一些特殊用途的功能模块外，STD 模板大致可分成以下几类。

（1）人机接口模板 这类功能模板主要有显示系统、键盘接口、打印接口、汉字库系统等模板。

（2）输入—输出接口模板 这类模板包括各种开关量 I/O 板，16 位、32 位 TTL 电平或光隔型；大功率晶闸管控制板，包括线性输出控制板；各种 A/D、D/A 板，包括 8 位、12 位、16 位高速的或双积分式 A/D，还有 16 位超高精度的 A/D 板；模拟信号处理板，包括信号调理板，如热电阻、热电偶、应变片信号的交换、放大、滤波等；计数器/定时器模板等。

（3）串行通信接口和工业局域网络功能模板 这是为工业控制机之间、系统之间的联系、信号交换而研制的，如 RS232、RS422 接口板，以及构成工业局域网的网络控制功能模板等。

四、PC/104 与 CompactPCI 总线

1. PC/104 总线简述

IBM 公司于 1981 年和 1984 年分别提出了 8 位的 PC/XT 总线和 16 位的 PC/AT 总线，用于其制造的 IBM PC 计算机。为了开发与 IBM PC 计算机兼容的外围设备，行业内逐渐确立了以 IBM PC 总线规范为基础的工业标准架构（Industry Standard Architecture，ISA）总线，并于 1987 年由 IEEE 正式制定 ISA 总线标准（即 IEEE－996）。

PC/104（也称为 PC104）是一种嵌入式的总线规范，与 ISA 总线联系紧密，是一种专门为嵌入式控制而定义的工业控制总线，其信号定义与 PC/XT、PC/AT 基本一致，但电气和机械规范却完全不同。PC/104 总线设备具有紧凑型尺寸，极低功耗和堆叠式连接形式，受到了众多从事嵌入式产品生产厂商的欢迎。目前，全世界已有 200 多家厂商在生产和销售符合 PC/104 规范的嵌入式模块。

2. PC/104 总线结构及其发展

1992 年，PC/104 总线开始由 PC/104 联盟进行标准化维护。1997 年，在 ISA 与 PCI 总线的基础上，PC/104 联盟又提出了 PC/104－Plus 总线标准；2003 年，在 PCI 总线基础上，PC/104 联盟提出了 PCI－104 总线标准；2008 年，在 PCI 与 PCI Express 总线基础上，PC/104 联盟提出了 PCI/104－Express 与 PCIe/104 总线标准。

（1）PC/104　最初的 PC/104 总线源于 ISA 总线，其包含所有的 ISA 总线信号以及为了确保总线完整性的额外地线信号，其信号时序以及电压都与 ISA 总线规定相同，但只需更小电流。PC/104 总线标准定义了 8 位及 16 位两种总线规范，其中 8 位标准对应的是 IBM PC/XT 总线，包含 64 个引脚；16 位标准对应 IBM PC/AT 总线，其在 64 引脚基础上增加了 40 个引脚（共 104 个引脚，也即“PC/104”这个名称的来源）。

与 IBM PC 计算机中使用的总线相比，PC/104 总线的关键不同之处在于：

1）紧凑的尺寸结构：标准模块的机械尺寸是 3.6in×3.8in，约为 90mm×96mm。

2）独特的堆叠式连接：没有总线背板和插板滑道。

3）接插件为针—孔形式：使用牢固可靠的 64 与 40 引脚的公/母插接器替换标准 PC 中的金手指插槽。

4）宽松的总线驱动需求：模块能量消耗低（每个模块功率 1～2W）。

（2）PC/104－Plus 与 PCI－104　PC/104－Plus 总线在 ISA 总线的基础上集成了对 PCI 总线的支持，其既继承了 PC/104 总线在嵌入式应用中的若干优点，如结构紧凑、堆叠式连接以及低功率等，又融合了 PCI 总线的高速数据传输能力。更为重要的是，支持 PC/104－Plus 总线的新模块与传统的 PC/104 总线模块相兼容，这使得应用 PC/104－Plus 总线模块的系统中依旧可以使用 PC/104 总线模块。

为了同时支持 8 位/16 位 ISA 总线，以及 32 位 PCI 总线，PC/104－Plus 总线模块在机械连接上既包含原有 PC/104 总线的 104 引脚接插件，也包括一个新的高密度 120 引脚接插件，以支持 32 位 PCI 总线信号。在外形尺寸上，PC/104－Plus 总线模块与 PC/104 总线模块一致；在最大数据传输速率上，PC/104－Plus 是 PC/104 的 26 倍；PC/104－Plus

模块的最小总线驱动电流为3mA，最大总线负载电流为700μA。

PC/104 - Plus 总线为传统的 ISA 设备与高速 PCI 设备之间提供了连接的桥梁，但随着 ISA 总线设备逐渐被 PCI 设备替代，PC/104 联盟提出了 PCI - 104 总线标准，其可在坚固、紧凑型结构下提供专用于 PCI 设备的总线结构。

与 PC/104 以及 PC/104 - Plus 总线不同，PCI - 104 总线中不再包含支持 ISA 总线的接插件，从而 PCI - 104 总线模块不再与 PC/104 总线模块兼容，但依旧能够与 PC/104 - Plus 总线模块通过堆叠方式组成应用系统。为了适应 PCI 高速总线的需求，PCI - 104 总线支持额外的控制逻辑，但并不支持 64 位扩展及 JTAG、PRSNT、CLKRUN 等总线信号。

（3）PCIe/104 与 PCI/104 - Express　PCIe/104 与 PCI/104 - Express 是 PC/104 联盟开发的，在可堆叠、模块化的嵌入式系统中使用高速 PCI Express 总线的标准。PCI Express 总线在软件上与传统的 PCI 总线软件架构相兼容，同时提供了更高性能的物理接口。

与 PC/104、PC/104 - Plus 总线模块相类似，PCIe/104 以及 PCI/104 - Express 总线标准模块的机械尺寸也为 3.6in × 3.8in，同样采用可堆叠连接形式。PCI/104 - Express 同时提供 PCI 与 PCIe 两种接插件，从而与已有的 PC/104 - Plus 总线模块相兼容，PCIe/104 只提供 PCIe 接插件并与 PCI/104 - Express 模块设备相兼容。

PCIe/104 总线支持互补的两种版本——格式 1 与格式 2。格式 1 包含 2 个 USB2.0 接口、4 个 PCIe x1 与 1 个 PCIe x16，格式 2 中无 PCIe x16，但额外支持 2 个 USB3.0、2 个 PCIe x4 以及 2 个 SATA 接口。

PC/104 总线结构的变化发展过程如图 5-28 所示。

PC/104

PC/104-Plus

PCI-104

PCI/104-Express

PCIe/104

图 5-28　PC/104 总线结构的变化发展过程

3. CompactPCI 总线简述

CompactPCI 是一种用于工业嵌入式系统的低成本、模块化及可扩展的总线标准，其伴随着 PCI 总线的大规模应用而出现。CompactPCI 总线在电气规范上是 PCI 总线的一个超集，但总线模块具有不同的外形尺寸，与 VME 总线中广泛使用的 Eurocard 相同，有 3U（100mm × 160mm）与 6U（160mm × 233mm）两种。

CompactPCI 具有如下特点：

1）标准 Eurocard 尺寸，符合 IEEE1101.1 标准。

2）高密度 2mm 针—孔接插件。

3）垂直安装、散热良好、抗冲击、防振动、金属前面板。

4）用户 I/O 的物理接口位于模块的前/后面板，使用标准化机架。

5）电源引脚支持热插拔。

3U 尺寸的 CompactPCI 模块使用 220 引脚的接插件，包含电源线、地线以及所有的 32 位与 64 位 PCI 信号线。220 个引脚被分为上下两部分，上半部分（包含 110 引脚）称为 J1，下半部分称为 J2，20 个引脚保留供将来使用。背板使用针接插件，CompactPCI 模块板使用孔接插件。32 位的模块板可以只使用单独的 110 引脚（J1），32 位的模块板与 64 位的模块板可混合使用并与 64 位背板相连接。

6U 尺寸的 CompactPCI 模块可以包含 3 个接插件，最多 315 个引脚，可用于在混合背板上与 VME 或 ISA 设备进行连接，CompactPCI 模块作为整个系统的处理器以及高速外设接口，其他总线则作为 I/O 扩展使用。

通过利用 PCI 兼容的软件与硬件，CompactPCI 总线已经成为工业嵌入式应用中最流行的模块化开放计算机总线标准。

五、工业控制网络

工业控制网络建立在工业数据通信与控制网络的基础之上，是计算机网络、通信与自动控制技术相结合的产物。工业数据通信技术历史久远，但控制网络则是近年才发展形成的。工业数据通信是控制网络的基础，控制网络则将多个分散在生产现场、具有数字通信能力的测量控制设备作为网络节点，通过规范公开的通信协议连接成可互通信息并完成控制任务的网络控制系统。

相较于普通计算机网络系统，控制网络的组成成员比较复杂。除各类计算机、工作站及显示终端外，大量网络节点是各种可编程序控制器、开关、电动机、变送器、阀门、按钮等。因此，控制网络是一类特殊的网络系统，其应用涉及制造业、交通、环保、楼宇、家电，甚至农、林、牧、渔等各行各业。

1. 工业数据通信

数据通信是指在两点或多点之间以二进制形式进行信息交换的过程，在工业生产过程中，信息交换存在于计算机及其外围设备间、不同类型的控制设备之间，以及这些设备的各功能单元之间等。此类应用数据通信技术交换信息的过程，称为工业数据通信。

传统的测量控制系统中，从输入设备到控制器，从控制器到输出设备，均采用设备间点到点的信息传输方式。当在多点之间实现通信时，为了不在每对通信节点间建立直达线路以减少成本及降低系统复杂度，从而采用网络形式构建数据通道，于是产生了数据通信网络。

工业数据通信网络的规模从简单到复杂，从两个节点到成千上万台设备，各类应用俱全。一个汽车组装生产线可能有多达 25 万个 I/O 点，石油炼制过程中的一个普通装置也会有上千台测量控制设备，从而由它们组成的通信网络规模也相当庞大。

2. 控制系统网络化

采用开放且标准化的网络通信解决方案，把来自不同厂商而遵从同一协议的自动化设备连接形成网络，进而实现综合自动化系统的各种功能，此即控制系统网络化。

控制系统的网络化具有很多优点：

1）控制系统网络改变了传统控制系统的结构形式，使连线变得简单明了，为系统设计、安装、维护带来很多方便。

2）控制网络系统采用总线式通信，可以提供更为丰富的控制信息。

3）作为网络节点的各类智能现场设备，实质上是将完整的控制系统功能彻底分散到现场，从而可以提高控制系统运行可靠性。

控制网络的出现，打破了自动化系统原有的信息孤岛的僵局，为工业数据的集中管理与远程传送、为自动化系统与其他信息系统的沟通创造了条件。

3. 工业控制网络的发展

随着工业控制网络与现代工业系统的结合越来越紧密，欧洲、北美以及亚洲的许多国家都投入巨额资金与人力研究开发相关技术及标准。

据不完全统计，已有的工业控制网络标准已有 100 多种，其中宣称为开放的就有 40 多种。不同种类的标准在特定的应用领域中显示了各自的特点和优势，表现了较强的生命力。同时，还出现了各种开发推广工业控制网络技术的组织，例如现场总线基金会（Fieldbus Foundation）、PROFIBUS 协会、工业以太网协会（Industrial Ethernet Association）以及工业自动化开放网络联盟（Industrial Automation Open Network Alliance）等。

伴随技术的发展，许多国家、地区及国际组织都积极参与工业控制网络标准的制定。最早成为国际标准的是 CAN，它属于 ISO11898 标准。IEC/TC65 负责测量和控制系统数据通信国际标准化工作的 SC65C/WG6，是最先开始工业控制网络标准化工作的组织，它于 1984 年就开始着手工业控制网络标准的制定，致力于推出单一的工业控制网络技术标准；此外，IEC/17B 负责制定的低压开关装置与控制装置用控制设备之间的接口标准，即 IEC62026 国际标准已获通过。

第四节 计算机控制算法

计算机控制系统的典型结构如图 5-29 所示。要解决的问题是根据已知的被控对象传递函数，以及给定闭环系统的性能指标设计数字调节器 $D(z)$。

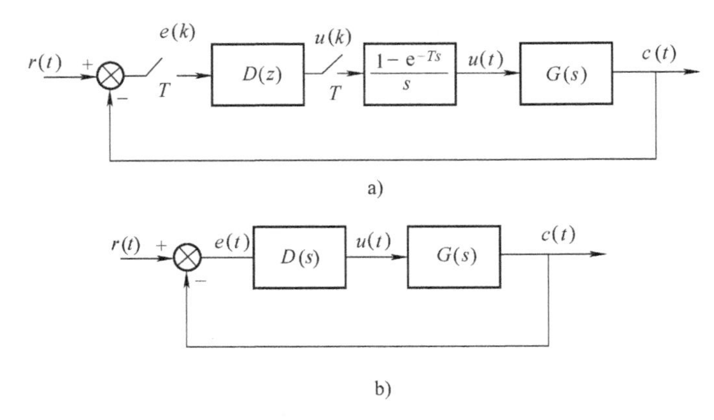

图 5-29 计算机控制系统典型结构

设计数字调节器 $D(z)$ 有几种方法。从设计思路来看，可归纳为连续化设计法和离散化设计法。

连续化设计法又称间接设计法。这种方法形成了一套系统的、成熟的、实用的设计方法，并在控制领域已被人们所熟知和掌握。因此，在设计计算机控制系统时，仍然经常使用连续系统的设计方法。首先设计出连续系统的调节器 $D(s)$，再将 $D(s)$ 所描述的连续调节规律，通过某种规则（即数字化方法），变为计算机能够实现的数字调节规律 $D(z)$。

离散化设计法又称直接设计法。这种方法可直接在离散域用 Z 域根轨迹设计法、W 域频率特性设计法和解析设计法等设计数字调节器 $D(z)$。

本节主要介绍连续化设计法，并对广泛应用的 PID（比例、积分、微分）控制算法进行讨论。

一、模拟装置的数字化方法

1. 直接差分法

直接差分法是一种简单、直观的数字化方法，常用于低阶（一阶或二阶）连续装置的数字化，它可以将连续装置的微分方程近似地用差分方程表示出来，直接差分法有两种，一种是向前差分法，另一种是向后差分法。

(1) 向前差分法　设某一装置的输入 $e(t)$ 与输出 $u(t)$ 可以用如下的一阶微分方程来表示

$$u(t)=\frac{\mathrm{d}e(t)}{\mathrm{d}t} \tag{5-1}$$

向前差分，可将其表示为一节差分方程

$$u(k)=\frac{e(k+1)-e(k)}{T} \tag{5-2}$$

式中　T——系统对 $e(t)$ 进行采样的周期；

$e(k)$，$e(k+1)$——分别为第 k 个采样时刻和第 $k+1$ 个采样时刻的输入值；

$u(k)$——第 k 个采样时刻的输出值。

由式(5-2) 可见，式(5-1) 所示的微分关系经过直接差分以后，变成了一种简单的减法和乘法（乘以 $1/T$）的关系。这样的表达式特别适合计算机处理。当然，式(5-2) 是式(5-1) 的一种近似的表达式，其近似的程度取决于采样周期 T。T 越小，两者就越加接近。类似地，二阶微分方程

$$u(t)=\frac{\mathrm{d}^2e(t)}{\mathrm{d}t^2} \tag{5-3}$$

也可以用二阶差分方程

$$u(t)=\frac{1}{T}\frac{[e(k+1+1)-e(k+1)-e(k+1)-e(k)]}{T}=\frac{e(k+2)-2e(k+1)+e(k)}{T^2} \tag{5-4}$$

来表示，式(5-4) 表明原来二阶微分的关系，变成了加法、减法和乘法的关系。这是直接差分法的优点。但更高阶（三阶或三阶以上）的直接差分法，由于精度较低，运算次

数增多，实际中不便采用。

将式(5-2) 两端进行 Z 变换，可以得到

$$U(z)=\frac{1}{T}E(z)(z-1) \tag{5-5}$$

或

$$D(z)=\frac{U(z)}{E(z)}=\frac{z-1}{T} \tag{5-6}$$

而式(5-1) 的拉普拉斯变换式为

$$D(s)=\frac{U(s)}{E(s)}=s \tag{5-7}$$

比较式(5-6) 与式(5-7) 可知，当用向前差分法将连续装置 $D(s)$ 数字化，求其相应的脉冲传递函数 $D(z)$ 时，可将 $D(s)$ 中的因子 s 直接变为 $(z-1)/T$，即

$$D(z)=D(s)\big|_{s=\frac{z-1}{T}} \tag{5-8}$$

例 5-1 设有一惯性环节

$$D(s)=\frac{U(s)}{E(s)}=\frac{1}{T_{\mathrm{a}}s+1}$$

试用向前差分法将其数字化。

解：根据式(5-8) 的关系可得

$$D(z)=D(s)\big|_{s=\frac{z-1}{T}}=\frac{1}{T_{\mathrm{a}}\dfrac{z-1}{T}+1}=\frac{T/T_{\mathrm{a}}}{z-(1-T/T_{\mathrm{a}})}$$

向前差分法使差分方程与微分方程有一一对应的关系。但在实际使用当中，有时不能实现。例如式(5-2) 所示的关系，要计算当前时刻的输出 $u(k)$，不仅需要知道当前时刻的输入 $e(k)$，还要知道未来时刻的输入 $e(k+1)$，这在实际应用中是无法实现的。

(2) 向后差分法 向后差分法可将式(5-1) 所示的微分方程近似地表示为一阶差分方程

$$u(k)=\frac{e(k)-e(k-1)}{T} \tag{5-9}$$

与向前差分法不同的是，这种表达关系虽然不能与原来的一阶差分方程严格对应，但式(5-9) 的右端不再含有未来时刻的输入，所以在使用中是可以实现的。至于它逼近于式(5-1) 的程度，仍然取决于采样周期 T，通过选择适当的 T，可以使式(5-9) 具有足够高的精度。

类似地，用二阶向后差分法也可将二阶微分方程

$$u(k)=\frac{\mathrm{d}^2e(t)}{\mathrm{d}t^2}$$

表示为

$$u(k)=\frac{\frac{1}{T}[e(k)-e(k-1)]-[e(k-1)-e(k-2)]}{T}=\frac{e(k)-2e(k-1)+e(k-2)}{T^2} \tag{5-10}$$

式(5-9) 两端进行 Z 变换有

$$U(z)=E(z)\frac{1-z^{-1}}{T} \tag{5-11}$$

或

$$D(z)=\frac{U(z)}{E(z)}=\frac{1-z^{-1}}{T} \tag{5-12}$$

比较式(5-12) 与式(5-7) 可知，当用向后差分法将连续装置 $D(s)$ 数字化，求其相应的脉冲传递函数 $D(z)$ 时，可将 $D(s)$ 中的因子 s 直接用 $(1-z^{-1})/T$ 代替，即

$$D(z)=D(s)\big|_{s=\frac{1-z^{-1}}{T}} \tag{5-13}$$

这里 $s=(1-z^{-1})/T$ 正好滞后于向前差分法的 $s=(z-1)/T$ 一个采样周期。

当连续装置的输入 $e(t)$ 与输出 $u(t)$ 具有如下关系

$$u(t)=\int_0^t e(t)\mathrm{d}t \tag{5-14}$$

时，可用矩形积分法将其数字化

$$u(k)=\sum_{i=1}^{k}e(i)T=\sum_{i=0}^{k-1}e(i)T+Te(k)=u(k-1)+Te(k) \tag{5-15}$$

将式(5-15) 两端进行 Z 变换有

$$U(z)=z^{-1}U(z)+TE(z)$$

或

$$D(z)=\frac{U(z)}{E(z)}=\frac{T}{1-z^{-1}} \tag{5-16}$$

而式(5-14) 的拉普拉斯变换式为

$$D(s)=\frac{U(s)}{E(s)}=\frac{1}{s} \tag{5-17}$$

比较式(5-16) 与式(5-17)，仍有

$$D(z)=D(s)\big|_{s=\frac{1-z^{-1}}{T}} \tag{5-18}$$

而式(5-18) 说明，矩形积分法与后向差分法有相同的映射关系。

例 5-2 设有一装置的输入 $e(t)$，输出 $u(t)$ 满足微分方程

$$u(t)=K_{\mathrm{P}}\left[e(t)+\frac{1}{T_{\mathrm{I}}}\int_0^t e(t)\mathrm{d}t+T_{\mathrm{D}}\frac{\mathrm{d}e(t)}{\mathrm{d}t}\right]$$

试将其数字化。

解：用向后差分法和矩形积分法有

$$\begin{aligned}u(k)&=K_{\mathrm{P}}\left[e(k)+\frac{1}{T_{\mathrm{I}}}\sum_{i=0}^{k}e(i)T+T_{\mathrm{D}}\frac{e(k)-e(k-1)}{T}\right]\\&=K_{\mathrm{P}}e(k)+\frac{K_{\mathrm{P}}T}{T_{\mathrm{I}}}\sum_{i=0}^{k}e(i)+\frac{K_{\mathrm{P}}T_{\mathrm{D}}}{T}[e(k)-e(k-1)]\end{aligned}$$

2. 匹配 Z 变换法

匹配 Z 变换法是从 Z 域与 S 域的映射关系出发，将 s 平面上的零、极点 $s=a$ 直接映射为 Z 域上的零、极点 $z=\mathrm{e}^{aT}$，其中 T 为采样周期，这种直接映射关系可以表示为

$$D(z)=D(s)\big|_{(s-a)=(1-z^{-1}\mathrm{e}^{aT})} \tag{5-19}$$

对于共轭复数零、极点，式 (5-19) 的映射关系变成

$$(s-a-\mathrm{j}b)(s-a+\mathrm{j}b)\to(1-z^{-1}\mathrm{e}^{aT}\mathrm{e}^{\mathrm{j}bT})(1-z^{-1}\mathrm{e}^{aT}\mathrm{e}^{-\mathrm{j}bT})=1-2z^{-1}\mathrm{e}^{aT}\cos(bT)+z^{-2}\mathrm{e}^{2aT} \tag{5-20}$$

匹配 Z 变换法的这种映射关系还应保证映射前后的增益相等，设

$$D(s)=\frac{K_{\mathrm{s}}(s-a_1)\cdots(s-a_m)}{(s-b_1)\cdots(s-b_n)} \tag{5-21}$$

映射后

$$D(z)=\frac{K_{\mathrm{z}}(1-z^{-1}\mathrm{e}^{a_1T})\cdots(1-z^{-1}\mathrm{e}^{a_mT})}{(1-z^{-1}\mathrm{e}^{b_1T})\cdots(1-z^{-1}\mathrm{e}^{b_nT})} \tag{5-22}$$

映射后应使

$$\lim_{z\to1}D(z)=\lim_{s\to0}D(s) \tag{5-23}$$

即

$$K_{\mathrm{z}}=\lim_{s\to0}D(z)\lim_{z\to1}\frac{(1-z^{-1}\mathrm{e}^{b_1T})\cdots(1-z^{-1}\mathrm{e}^{b_nT})}{(1-z^{-1}\mathrm{e}^{a_1T})\cdots(1-z^{-1}\mathrm{e}^{a_mT})}$$

这种离散化方法应用于具有因式分解形式的传递函数时，比较方便。

例 5-3 设一连续装置的传递函数为

$$D(s)=\frac{(s+4)(s+1.5)}{(s+10)}$$

当采样周期 $T=0.01\mathrm{s}$ 时，用匹配 Z 变换法将其离散化。

解：由式(5-19) 有

$$D(z)=\frac{K_{\mathrm{z}}(1-z^{-1}\mathrm{e}^{-4\times0.01})(1-z^{-1}\mathrm{e}^{1.5\times0.01})}{1-z^{-1}\mathrm{e}^{-10\times0.01}}=\frac{K_{\mathrm{z}}(1-0.96z^{-1})(1-0.985z^{-1})}{1-0.9z^{-1}}$$

$$K_{\mathrm{z}}=\lim_{s\to0}D(s)\lim_{z\to1}\frac{1-0.9z^{-1}}{(1-0.96z^{-1})(1-0.985z^{-1})}=0.6\times\frac{1}{6\times10^{-3}}=100$$

最后得

$$D(z)=\frac{100(1-0.96z^{-1})(1-0.985z^{-1})}{1-0.9z^{-1}}$$

3. 双线性变换法

双线性变换法也称突斯汀（Tustin）法，是实际控制系统中比较常用的一种离散化方法，根据 Z 变换定义：

$$z=\mathrm{e}^{Ts}=\mathrm{e}^{\frac{Ts}{2}}/\mathrm{e}^{-\frac{Ts}{2}} \tag{5-24}$$

将 $\mathrm{e}^{\frac{Ts}{2}}$ 和 $\mathrm{e}^{-\frac{Ts}{2}}$ 展开成泰勒级数，并取前两项有

$$\mathrm{e}^{\frac{Ts}{2}}\approx1+\frac{Ts}{2},\mathrm{e}^{-\frac{Ts}{2}}\approx1-\frac{Ts}{2}$$

于是可得

$$z=\frac{1+\frac{Ts}{2}}{1-\frac{Ts}{2}} \tag{5-25}$$

从中解出 s，得双线性变换的近似表达式为

$$s=\frac{2}{T}\frac{1-z^{-1}}{1+z^{-1}} \tag{5-26}$$

根据式(5-26)的变换关系，如果连续装置的传递函数为 $D(s)$，则其离散化后的脉冲传递函数为

$$D(z)=D(s)\Big|_{s=\frac{2}{T}\frac{1-z^{-1}}{1+z^{-1}}} \tag{5-27}$$

式(5-27)表明，当

$$D(s)=\frac{U(s)}{E(s)}=s \tag{5-28}$$

时，则

$$D(z)=\frac{U(z)}{E(z)}=\frac{2}{T}\frac{1-z^{-1}}{1+z^{-1}} \tag{5-29}$$

或

$$\frac{U(z)+z^{-1}U(z)}{2}=\frac{E(z)-z^{-1}E(z)}{T} \tag{5-30}$$

与其相应的差分方程为

$$\frac{u(k)+u(k-1)}{2}=\frac{e(k)-e(k+1)}{T} \tag{5-31}$$

将式(5-31)与式(5-9)的向后差分法比较可知，在双线性变换中，用 $u(k)$ 和 $u(k-1)$ 两点的平均值代替了向后差分法中的 $u(k)$。所以双线性变换法比直接差分法具有更高的精度，但在使用中比直接差分法繁杂一些。

例 5-4 用双线性变换法求

$$D(s)=\frac{T_1 s+1}{s(T_2 s+1)}$$

的离散化模型。

解：将式(5-26)的变换关系代入 $D(s)$ 有

$$D(z)=\frac{T_1\frac{2}{T}\frac{1-z^{-1}}{1+z^{-1}}+1}{T_2\left(\frac{2}{T}\frac{1-z^{-1}}{1+z^{-1}}\right)^2+\frac{2}{T}\frac{1-z^{-1}}{1+z^{-1}}}=\frac{2T_1T(1-z^{-2})+T^2(1+z^{-1})^2}{4T_2(1-z^{-1})^2+2T(1-z^{-2})}$$

$$=\frac{(2T_1T+T^2)+2T^2z^{-1}+(T^2-T_1T)z^{-2}}{(4T_2+2T)-8T_2z^{-1}+(4T_2-2T)z^{-2}}$$

4. 连续化设计方法的一般步骤

图 5-29 所示为典型的计算机控制系统的框图。为了应用连续系统的设计方法，首先对图 5-29a 所示系统按照连续系统（图 5-29b）的设计方法进行设计。

利用设计连续系统所熟知的方法，如频率特性法、根轨迹法等，首先设计出假想的连续调节器的传递函数 $D(s)$，然后利用模拟装置的数字化方法，求出近似的、等效的脉冲传递函数 $D(z)$，最后根据 $D(z)$ 得到数字调节器的差分方程，编制成计算程序由计算机实现。

在使用连续系统的设计方法时，没有考虑到实际计算机控制系统中存在的零阶保持器的影响，如果系统的采样周期为 T，那么零阶保持器的影响大体上相当于在系统中附加

一个 $T/2$ 的滞后环节。因此，这种设计方法只适合于系统的采样周期相对于系统时间常数较小的情况，否则，实际系统的特性与设计要求相比将明显变差。下面，通过一个例子来说明这种方法的设计过程。

已知某伺服系统被控对象的传递函数为

$$G(s)=\frac{1}{s(10s+1)} \tag{5-32}$$

要求满足的性能指标为

$$\begin{aligned}&\text{速度品质系数} && K_v\geqslant 1\\ &\text{过渡过程时间} && t_s\leqslant 10\text{s}\\ &\text{阶跃响应超调量} && M_p\%\leqslant 25\%\end{aligned} \tag{5-33}$$

要求设计满足上述要求的数字控制器 $D(s)$。

第一步：设计连续调节器 $D(s)$。根据被控对象传递函数式(5-32) 及性能指标式(5-33)，利用熟知的连续控制系统的设计方法，不难设计出能够满足要求的连续调节器的传递函数 $D(s)$。例如求得

$$D(s)=\frac{10s+1}{s+1} \tag{5-34}$$

这是典型的超前—滞后校正。根据 $D(s)$ 可以求得系统的闭环传递函数

$$\Phi(s)=\frac{D(s)G(s)}{1+D(s)G(s)}=\frac{1}{s^2+s+1} \tag{5-35}$$

不难验证，闭环连续系统满足式(5-32) 的性能指标。

第二步：选择采样周期 T。由于实际的校正装置由计算机实现，式(5-32) 只是校正装置的连续形式。为便于计算机实现。需将 $D(s)$ 离散化为 $D(z)$，为此，首先需要确定采样周期 T。

采祥周期对于控制系统有着明显的、直接的影响，在计算机控制系统中是一个重要的控制参数。但是，它与其他参数之间又没有一个确定的、简单的解析关系，所以，实际设计过程中需要根据对象的情况和设计要求以及以往的经验进行选择，并且一般要经过不止一次的修正才能最后确定。采样周期初步选择可以根据下列经验公式确定：

$$\omega_s=\frac{2\pi}{T}\geqslant(10\sim15)\omega_c \tag{5-36}$$

式中 ω_s——采样角频率；

ω_c——校正以后系统（开环）的剪切频率。

在本例中，由

$$D(s)G(s)=\frac{1}{s(s+1)} \tag{5-37}$$

可知，校正后开环系统的剪切频率为

$$\omega_c=1 \tag{5-38}$$

因此可取

$$T\leqslant\frac{2\pi}{15} \tag{5-39}$$

考虑到 $D(z)$ 后面的零阶保持器的影响，这里取 $T=0.2\text{s}$。

第三步：计算脉冲传递函数 $D(z)$。利用匹配 Z 变换法可求得

$$D(z)=D(s)\big|_{(s-a)=(1-z^{-1}\mathrm{e}^{aT})}=\frac{K_z(1-z^{-1}\mathrm{e}^{-0.1T})}{(1-z^{-1}\mathrm{e}^{-T})}$$

$$=K_z\frac{(1-z^{-1}\mathrm{e}^{-0.1\times0.2})}{(1-z^{-1}\mathrm{e}^{-0.2})}=K_z\frac{(z-0.98)}{z-0.82} \tag{5-40}$$

再根据增益不变的原则，应有

$$\lim_{z\to1}D(z)=\lim_{s\to0}D(s) \tag{5-41}$$

从而有

$$K_z=\lim_{s\to0}D(s)\lim_{z\to1}\frac{(z-0.82)}{(z-0.98)}=9 \tag{5-42}$$

将 $K_z=9$ 代入式(5-40) 有

$$D(z)=\frac{9(z-0.98)}{(z-0.82)} \tag{5-43}$$

第四步：将数字调节器的脉冲传递函数

$$D(z)=\frac{U(z)}{E(z)}=\frac{9(z-0.98)}{(z-0.82)} \tag{5-44}$$

化为差分方程，有

$$u(k)=0.82u(k-1)+9e(k)-8.82e(k-1) \tag{5-45}$$

式(5-45) 即为计算机控制中，数字调节器的输入输出表达式。可根据这个表达式编制程序，对被控制对象 $G(s)$ 进行控制。

第五步：校核。设计完成后，要对整个闭环系统进行校核。有条件时，可用计算机进行数字仿真。本例的仿真结果为：$M_p\%=20.6\%$，$t_s=5.35\text{s}$。

二、数字 PID 调节器的设计

1. 基本数字 PID 调节器

PID 调节器由于能够较好地兼顾系统动态控制性能和稳态性能，因此在工程中得到了很普遍的应用。PID 调节器的控制机理已为控制系统领域的人们所熟悉，将传统的 PID 调节器用计算机予以实现，是设计计算机控制系统的一种简便、常用的方法。

在连续系统中，模拟 PID 调节器输入输出之间的关系可用下面的微分方程表示：

$$u(t)=K_P\left[e(t)+\frac{1}{T_I}\int_0^t e(t)\mathrm{d}t+T_D\frac{\mathrm{d}e(t)}{\mathrm{d}t}\right] \tag{5-46}$$

式中 $e(t)$——调节器的输入，即系统的偏差；
$u(t)$——调节器的输出；
T_I——积分时间常数；
T_D——微分时间常数；
K_P——比例系数。

设计数字 PID 调节器，首先应把式(5-46) 数字化，设 T 为采样周期，并且它的值相

对于被采样信号 $e(t)$ 的变化周期是很短的。这样，就可以用前面所讲的离散化方法，在式(5-46) 中，用矩形积分代替连续积分，用向后差分代替微分，于是式(5-46) 可以写成

$$
\begin{aligned}
u(k) &= K_{\mathrm{P}}\left[e(k)+\frac{1}{T_{\mathrm{I}}}\sum_{i=0}^{k}e(i)T+T_{\mathrm{D}}\frac{e(k)-e(k-1)}{T}\right] \\
&= K_{\mathrm{P}}e(k)+K_{\mathrm{I}}\sum_{i=0}^{k}e(i)+K_{\mathrm{D}}[e(k)-e(k-1)]
\end{aligned}
\tag{5-47}
$$

式中 K_{I}——积分系数，$K_{\mathrm{I}}=\dfrac{K_{\mathrm{P}}T}{T_{\mathrm{I}}}$；

K_{D}——微分系数，$K_{\mathrm{D}}=\dfrac{K_{\mathrm{P}}T_{\mathrm{D}}}{T}$；

T——采样周期；

$e(k)$——第 k 个采样时刻的输入值；

$e(k-1)$——第 $k-1$ 个采样时刻的输入值；

$u(k)$——第 k 个采样时刻的输出值。

式(5-47) 中，令

$$
u_{\mathrm{I}}(k)=K_{\mathrm{I}}\sum_{i=0}^{k}e(i) \quad u_{\mathrm{I}}(k-1)=K_{\mathrm{I}}\sum_{i=0}^{k-1}e(i)
$$

则式(5-47) 还可以写成

$$
\begin{aligned}
u(k) &= K_{\mathrm{P}}e(k)+K_{\mathrm{I}}\sum_{i=0}^{k-1}e(i)+K_{\mathrm{I}}e(k)+K_{\mathrm{D}}[e(k)-e(k-1)] \\
&= K_{\mathrm{P}}e(k)+u_{\mathrm{I}}(k-1)+K_{\mathrm{I}}e(k)+K_{\mathrm{D}}[e(k)-e(k-1)]
\end{aligned}
\tag{5-48}
$$

式(5-48) 称为位置式 PID 控制算式。计算机按该式算出的是控制全量，也即对应于执行机构每次所达到的位置，通过保持器加在被控对象 $G(s)$ 的输入端，如图 5-30 所示。式(5-48) 的 $u_{\mathrm{I}}(k-1)$ 为第 $k-1$ 个采样时刻积分器的输出值，它是从 $i=0$ 一直到 $i=k-1$ 所有 $K_{\mathrm{I}}e(i)$ 的累加值，是通过积分作用的逐步累加得到的，并且当 $k<0$ 时

$$
u_{\mathrm{I}}(k-1)=0 \tag{5-49}
$$

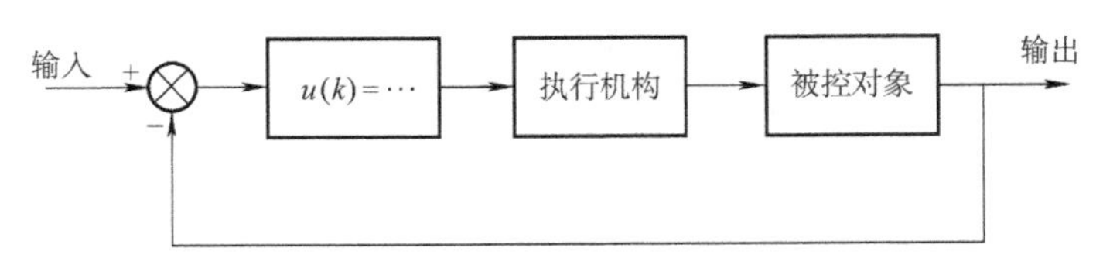

图 5-30 位置式 PID 控制系统方案

尽管在式(5-48) 的右端，第一项、第三项和第四项中都存在着同类项 $e(k)$，但在实际处理时，一般并不能将它们合并。这是因为在实际运行中，数字 PID 调节器的控制参数 K_{P}、K_{I}、K_{D}都应能够分别进行调整，以方便现场调试。除此之外，由于积分器往往需要加入积分限幅环节，这时也不允许将 $e(k)$ 与其他项合并。

式(5-48) 实际是系统常用的位置式 PID 算式，控制机理明确，算法简洁，只需三次

乘法、三次加法和一次减法，并且只要将其中的一个或两个参数置0，就可获得P、I、D、PI、PD、PID等不同的控制方式，也可以对其中任何一种调节器的输入输出特性进行单独测试，以观察它的控制作用，这些都大大地方便了调节器的设计和现场调试过程。所以式(5-48)在实际中得到了普遍的应用。

有些被控制对象带有积分性质的执行机构（如步进电动机等），这时数字调节器就不能使用式(5-48)所表示的位置式算法，而应使用增量式算法。

根据式(5-48)的递推关系，可以写出

$$u(k-1)=K_{\mathrm{P}}e(k-1)+K_{\mathrm{I}}\sum_{i=0}^{k-1}e(i)T+K_{\mathrm{D}}[e(k-1)-e(k-2)] \tag{5-50}$$

用式(5-48)减去式(5-50)，有

$$\begin{aligned}\Delta u(k)&=u(k)-u(k-1)\\&=K_{\mathrm{P}}[e(k)-e(k-1)]+K_{\mathrm{I}}e(k)+K_{\mathrm{D}}[e(k)-2e(k-1)+e(k-2)]\end{aligned} \tag{5-51}$$

式(5-51)就是PID调节器的增量式算法，与其相应的控制系统如图5-31所示。由式(5-51)可见，增量式PID算法不会出现积分饱和问题，因为积分项的值$e(k)$始终为一有限值，与位置式算法相比，这是它的一个优点。

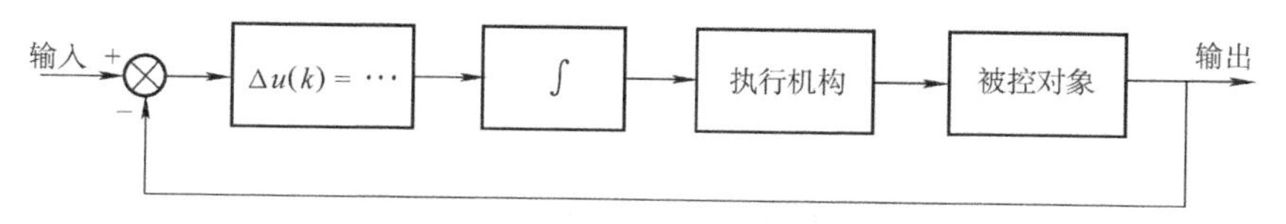

图5-31 增量式PID控制系统框图

应当指出，数字PID调节器的设计，是采用位置式算法还是增量式算法，应根据被控对象的要求而定。当被控对象要求调节器输出位置量时，就采用位置式算法；当被控对象要求调节器输出位置的增量时，应采用增量式算法。

2. 数字PID调节器的改进

（1）积分算法的改进　在上面叙述了基本PID调节器的形式。在实际使用中，这种基本的PID调节器往往还存在着一些缺陷。其中一个对控制系统影响比较大的问题就是积分器的饱和问题。

基本PID算法中，积分运算是通过对系统偏差的不断累加而实现的，积分器的积分值代表着系统偏差的面积。由于计算机输出接口（D/A转换器）的字长是有限的，当系统在刚启动的一段时间内，系统的偏差较大，积分器经过若干个采样周期的积分运算以后，其积分结果就会超过计算机输出接口所能表示的最大数值，从而使调节器从线性工作区进入饱和区。进入饱和区以后，调节器便失去了调节能力，系统在调节器饱和输出值的作用下，以最大的加速度运动，一直到系统出现较大幅度的、并且持续时间较长的超调以后，在较大的负偏差的作用下，才能将积分器从饱和区拉到线性区，这就是积分饱和问题。被控对象的惯性越大，这种积分饱和现象就越严重。为使数字调节器尽可能工作在线性区，可以采用积分分离的方法，即在系统的给定值画出一条带域，其宽度为2ε，$\varepsilon>0$为积分器投入或切除的切换点，如图5-32所示。

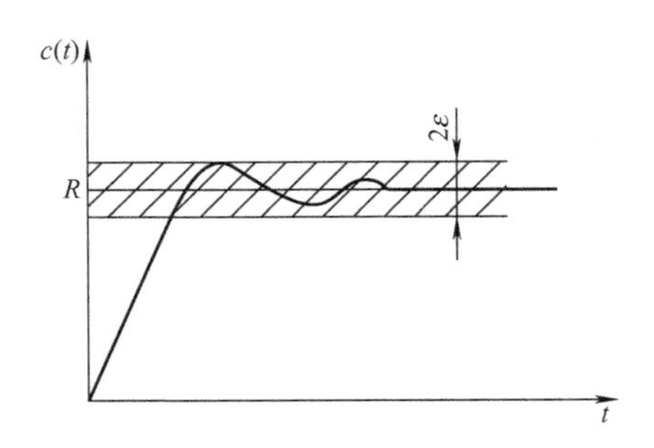

图 5-32 积分分离 PID 切换原理图

在系统启动初期，系统的偏差较大时，暂时切除积分（将积分系数 K_I 置 0）作用；当系统的输出接近给定值（进入到带域之内）时，再将积分器投入，即

$$u(k)=\begin{cases}K_Pe(k)+K_D[e(k)-e(k-1)] & |e(k)|\geq e\\ K_Pe(k)+K_I\sum_{i=0}^{k}e(i)+K_D[e(k)-e(k-1)] & |e(k)|<e\end{cases}\tag{5-52}$$

积分器分离值可作为积分分离 PID 调节器的一个设计参数，算法程序将系统的偏差 $e(k)$ 的绝对值与 ε 进行比较，然后根据式(5-52) 做出使用 PID 调节器还是 PD 调节器的决策。由于 ε 与系统其他参数之间没有简单的解析关系，所以 ε 的值要在调试过程中根据系统的具体情况而定。由式(5-52) 可见。当 ε 的值很大时，调节器将失去积分分离的作用。积分分离 PID 调节器的结构图如图 5-33 所示。

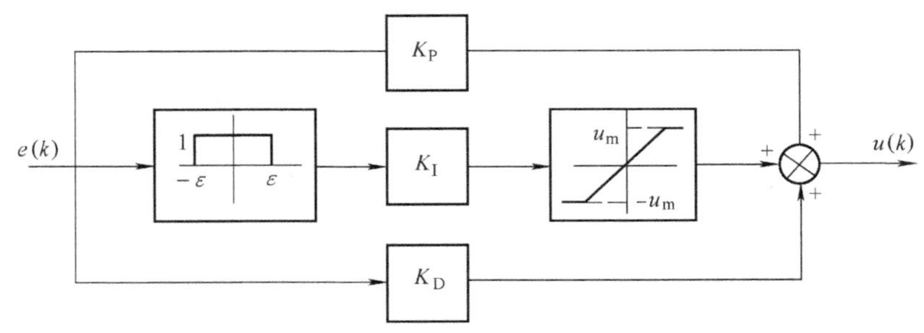

图 5-33 积分分离 PID 调节器结构图

（2）微分算法的改进 PID 调节器的微分作用对于克服系统的惯性、减小超调、抑制振荡起着重要的作用，但在数字 PID 调节器中，微分部分的调节作用并不很明显，甚至没有什么调节作用，这可以从以下的分析中看出。

在式(5-48) 中，微分部分的输出为

$$u_D(k)=K_D[e(k)-e(k-1)]\tag{5-53}$$

两端进行 Z 变换得

$$U_D(z)=K_DE(z)(1-z^{-1})\tag{5-54}$$

当调节器的输入信号 $e(k)$ 为阶跃信号时，则

$$E(z)=\frac{1}{1-z^{-1}}\tag{5-55}$$

从而得到微分部分的输出序列为

$$u_D(0)=K_D$$
$$u_D(1)=0$$
$$u_D(2)=0$$
$$\cdots$$

微分部分的输入输出关系如图 5-34 所示。由图可见，在第一个采样周期之内，微分器输出为常值 K_D，第一个采样周期以后，$u_D(k)$ 一直为 0。由此可见，微分控制作用的持续时间只有一个采样周期。通常，一个采样周期相对于控制系统的过渡过程时间来说是很短的，并且由于输出装置受到驱动能力的限制，输出的幅度不会无限大。所以微分作用的控制能量（阴影部分的面积）往往是很小的，不足以克服系统的惯性，因此对系统的控制作用也是很不明显的。数字微分器的控制作用与连续微分调节器的控制作用相比相差甚远，达不到期望的控制效果。相反，对于频率较高的干扰信号又比较敏感，使系统极易受到噪声信号的干扰。因此，对于基本数字 PID 调节器中的微分作用进行改进是非常必要的。

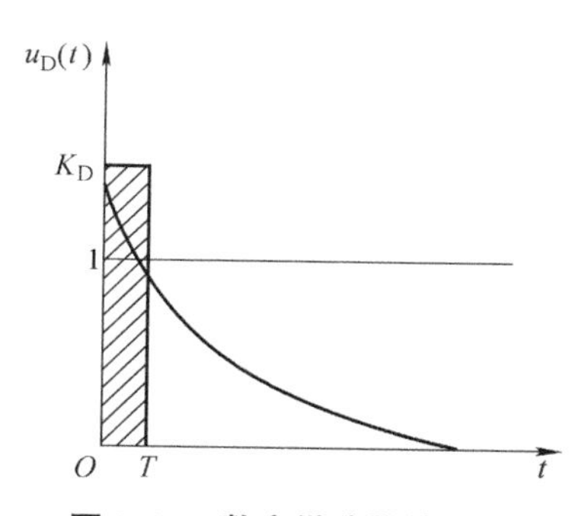

图 5-34 数字微分器的特性

改进微分作用常用的方法有两种：一种是采用微分平滑的方法，即取四点输入信号的微分加权平均值作为微分器的实际输出；另一种是采用不完全微分 PID 的方法，不完全微分 PID 调节器是在一般 PID 调节器中串入一个一阶惯性环节而构成。

下面推导不完全微分调节器的表达式。一阶惯性环节的传递函数为

$$G_a(s)=\frac{1}{T_a s+1} \tag{5-56}$$

常规 PID 调节器的传递函数为

$$D(s)=K_P\left(1+\frac{1}{T_I s}+T_D s\right)=\frac{K_P(1+T_I s+T_I T_D s_2)}{T_I s}=\frac{K_1(T_1 s+1)(T_2 s+1)}{T_1 s} \tag{5-57}$$

其中

$$T_I=T_1+T_2,\ T_D=\frac{T_1 T_2}{T_1+T_2},\ K_P=K_1\frac{T_I}{T_1}$$

将 $G_a(s)$ 与 $D(s)$ 相串联，并设 $T_a=\beta T_2$，得到不完全微分 PID 调节器的传递函数

$$D_a(s)=G_a(s)D(s)=\frac{K_1(T_1 s+1)(T_2 s+1)}{T_1 s(T_a s+1)}=\frac{T_2 s+1}{\beta T_2 s+1}K_1\left(1+\frac{1}{T_1 s}\right) \tag{5-58}$$

其中$\beta>0$，为不完全微分系数，调节β的值，可以调节微分作用的持续时间。$K_1=K_PT_1/T_I$为比例系数。T_1为积分时间常数，T_2为微分时间常数，与式(5-57)对应的不完全微分PID调节器的原理框图如图5-35所示。

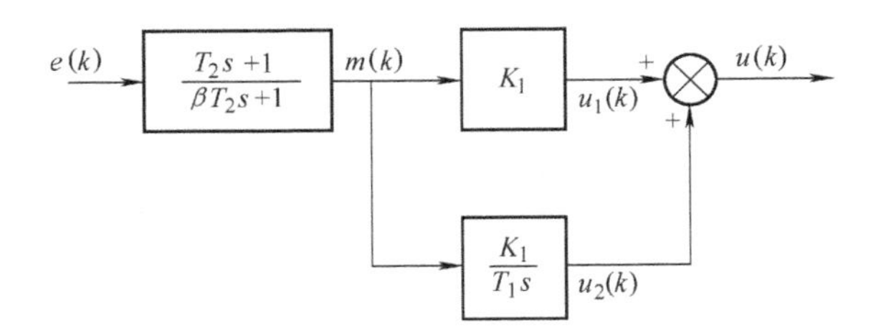

图5-35 不完全微分PID调节器原理框图

下面讨论不完全微分PID调节器的实现过程。由图5-35可以得到

$$T_2\frac{\mathrm{d}e(t)}{\mathrm{d}t}+e(t)=\beta T_2\frac{\mathrm{d}m(t)}{\mathrm{d}t}+m(t) \tag{5-59}$$

设系统的采样周期为T，化成差分方程得

$$(T+\beta T_2)m(k)-\beta T_2m(k-1)=(T_2+T)e(k)-T_2e(k-1) \tag{5-60}$$

整理得微分部分的输出为

$$m(k)=\frac{\beta T_2}{T+\beta T_2}m(k-1)+\frac{T_2+T}{T+\beta T_2}e(k)-\frac{T_2}{T+\beta T_2}e(k-1) \tag{5-61}$$

比例部分的输出为

$$u_1(k)=k_1m(k) \tag{5-62}$$

积分部分的输出为

$$u_2(k)=\frac{K_1}{T_1}\sum_{i=0}^{k}m(i)T=\frac{K_1}{T_1}\sum_{i=0}^{k-1}m(i)T+\frac{K_1}{T_1}m(k)T=u_2(k-1)+\frac{K_1}{T_1}m(k)T \tag{5-63}$$

最后得到不完全微分PID调节器的输出为

$$u(k)=u_1(k)+u_2(k) \tag{5-64}$$

当调节器参数K_P、K_I、K_D、β及采样周期T确定以后，即可按式(5-61)~式(5-64)计算出调节器的输出$u(k)$。不完全微分调节器的阶跃响应如图5-36所示。

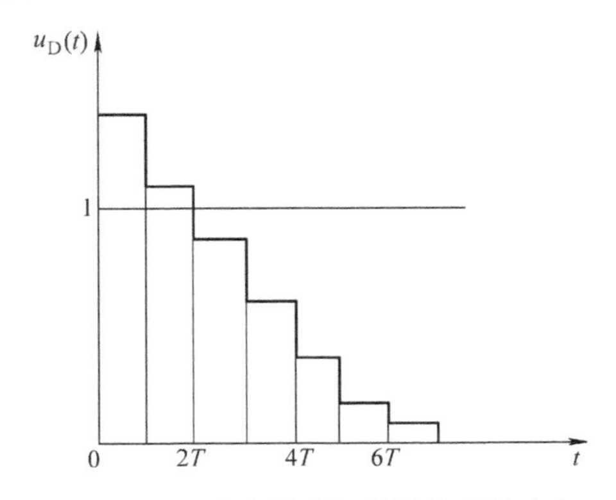

图5-36 不完全微分调节器的阶跃响应

第五节 单片微机控制的直流调速系统

图 5-37 为单片微机控制的直流调速系统结构图，中央处理器（数字控制器）是系统的核心，可配以显示器、键盘等外围设备，用以进行交互。直流电源为电压恒定的外部供电电源，经直流 PWM 变换器为电动机供电。转速检测模块将检测到的电动机转速反馈给中央处理器，中央处理器依据计算机控制算法调整 PWM 脉冲的占空比，进而经由驱动电路调节 PWM 变换器所提供给电动机的电压，最终实现调节电动机转速的目标。电源供电电压与电动机驱动电流经由 A/D 转换器，将模拟量转换为数字量输入中央处理器，进而确定其是否处于正常范围内。

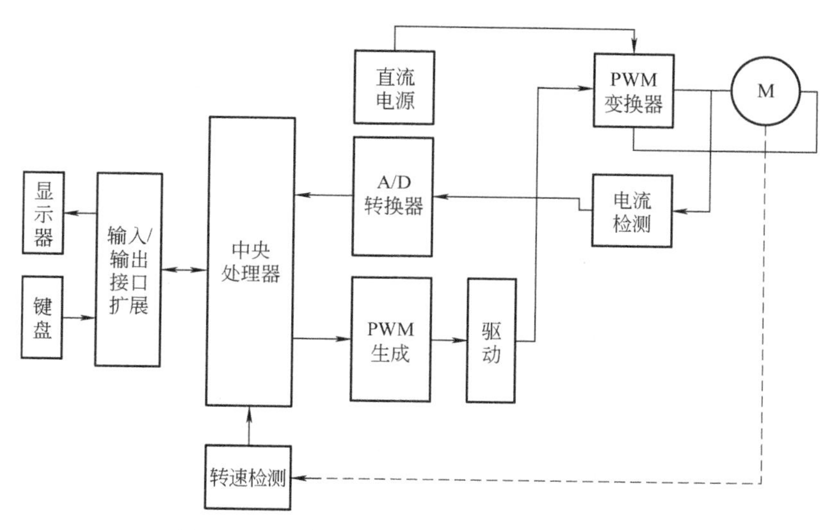

图 5-37 单片微机控制的直流调速系统结构图

从功能上可以将图 5-37 中的直流调速系统分为电动机驱动、速度反馈、状态监测、人机交互以及电动机速度控制算法五个部分。电动机驱动、速度反馈以及速度控制算法构成闭环系统，用于调节电动机转速；状态监测模块检测电动机驱动电流，人机交互模块则用于实现外部输入及显示系统状态的功能。

一、电动机驱动模块方案设计

直流电动机有三种调节转速的方法：

1）调节电枢供电电压 U。

2）减弱励磁磁通 Φ。

3）改变电枢回路电阻 R。

对于要求在一定范围内平滑调速的系统来说，以调节电枢供电电压的方式为最好。通过调节电动机电枢电压实现直流调速的系统，其硬件结构中需要包含能够变压的直流电源。可控直流电源主要有相控整流器与直流脉宽变换器两大类，从而直流调速系统大体上又可分为可控整流式调速和直流 PWM 调速两类。

与可控整流式调速相比，直流 PWM 调速有下列优点：

1）主电路简单，需要的电力电子器件少。

2）开关频率高，电流容易连续，谐波少，电动机损耗及发热都较小。

3）低速性能好，稳速精度高，调速范围宽。

4）若与快速响应的电动机配合，则系统频带宽，动态响应快，抗干扰能力强。

5）电力电子开关器件工作在开关状态，导通损耗小，当开关频率适当时，开关损耗不大，因而装置效率较高。

由于有上述优点，直流 PWM 调速的应用日益广泛。

对于本节所介绍的直流电动机调速系统，其直流 PWM 调速的电动机驱动模块实现方式可以有两种：

1）采用大功率电力电子器件构建驱动以及 PWM 变换器的硬件电路，其优点是结构透明，成本可能相对较低，但系统的抗干扰能力以及可靠性不高。

2）采用专用的电动机驱动芯片，如 L298N、ML4428 等，由于此类专用芯片已经考虑了电路的抗干扰、可靠性等，因此在应用时只需考虑芯片的硬件连接、驱动能力等即可。

对于实际系统来说，在非特殊需求情况下，基于抗干扰及可靠性的考虑，通常不会采用分立元件的方式构建电动机驱动模块，而常直接选择合适的电动机驱动模块。

图 5-38 中为使用 L298N 实现 PWM 调速的电动机驱动模块原理图。L298N 内部包含 2 个 H 型全桥式驱动器，可用于驱动直流电动机。图中，IN1、IN2 及 ENA 连接单片微机的 I/O 接口，调节与 IN1、IN2 相连 I/O 端口的逻辑电平信号控制电动机的正反转，而电动机调速则通过调整与 ENA 连接的 I/O 接口输出 PWM 脉冲的占空比来实现。

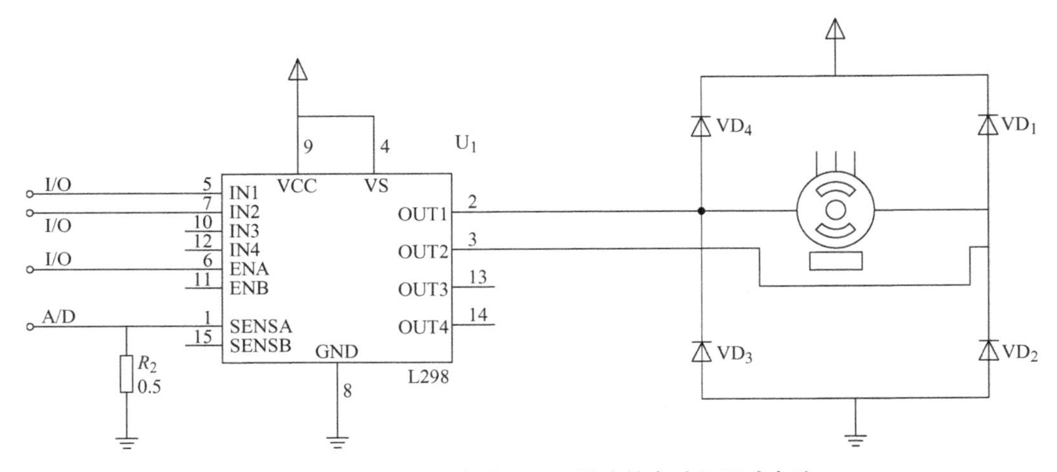

图 5-38 用 L298N 实现 PWM 调速的电动机驱动电路

二、速度反馈模块设计

调速系统为闭环控制系统，在速度调节过程中需要将设定与当前实际转速进行比较，速度反馈模块的功能是测量当前电动机的转速，其模块设计可以通过如下三种方式实现：

1）采用霍尔传感器测量电动机转速：霍尔传感器是对磁敏感的传感元件，为了使用霍尔传感器获得脉冲信号，可在电动机转轴的圆周上粘上一粒磁钢，霍尔开关靠近磁钢，就有信号输出。在转轴旋转时，就会不断地产生脉冲信号输出。如果在圆周上粘上多粒磁钢，可以实现旋转一周，获得多个脉冲输出，进而通过对脉冲的计数进行电动机速度的检测。

2）采用测速发电机对直流电动机转速进行测量：测速发电机是一种测量转速的发电机，其将输入的机械转速变换为电压信号输出，并要求输出的电压信号与转速成正比，其绕组和磁路经过精确设计，输出电动势 E 和转速 n 呈线性关系，即 $E=kn$，其中 k 是常数。改变旋转方向时，输出电动势的极性即相应改变。当被测机构与测速发电机同轴连接时，只要检测出输出电动势，即可以获得被测机构的转速，所以测速发电机可以作为速度传感器。

3）采用光电传感器测量电动机转速：将光电发射器和接收器相对安装，发射器的光直接对准接收器，当被测物挡住光时，接收器输出脉冲以指示被测物被检测到。通过脉冲计数，对速度进行测量。

对于电动机调速系统，选择第三种方式实现速度反馈。在实现时可在电动机轴上固定一个圆盘，且其边缘上有 N 个等分凹槽，如图 5-39a 所示。在圆盘的一侧固定一个发光二极管，其位置对准凹槽处，在另一侧和发光二极管平行的位置上固定一个光电晶体管，电动机带动圆盘转到凹槽处时，发光二极管通过缝隙将光照射到光电晶体管上，晶体管导通，反之晶体管截止。测速模块电路原理如图 5-39b 所示，从图中可以看出，电动机每转一圈，与单片微机 I/O 连接的输出端会产生 N 个脉冲，从而可依据脉冲数量计算电动机转速。

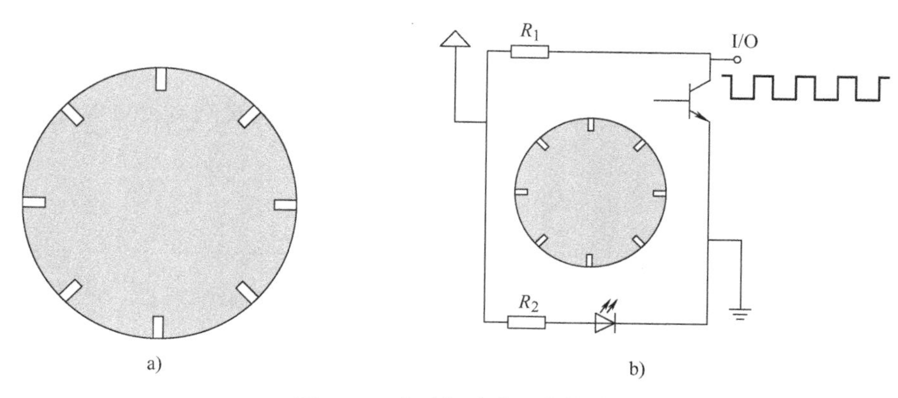

图 5-39　电动机速度采集模块

三、状态监测模块设计

通过在运行过程中检测电动机的驱动电流，可以确定电动机驱动电路是否工作正常。图5-40即为使用A/D转换器检测驱动芯片H桥驱动电流的监测模块原理图。为了检测电动机的驱动电流，将L298N的SENSA引脚通过电阻接地，ADC0809在输入通道上测量SENSA引脚的H桥驱动电压，经由模/数转换后将结果经与单片机I/O连接的输出通道送至单片机。若H桥驱动电压在限定的阈值范围内，则驱动电路工作正常，否则认为系统出现故障。

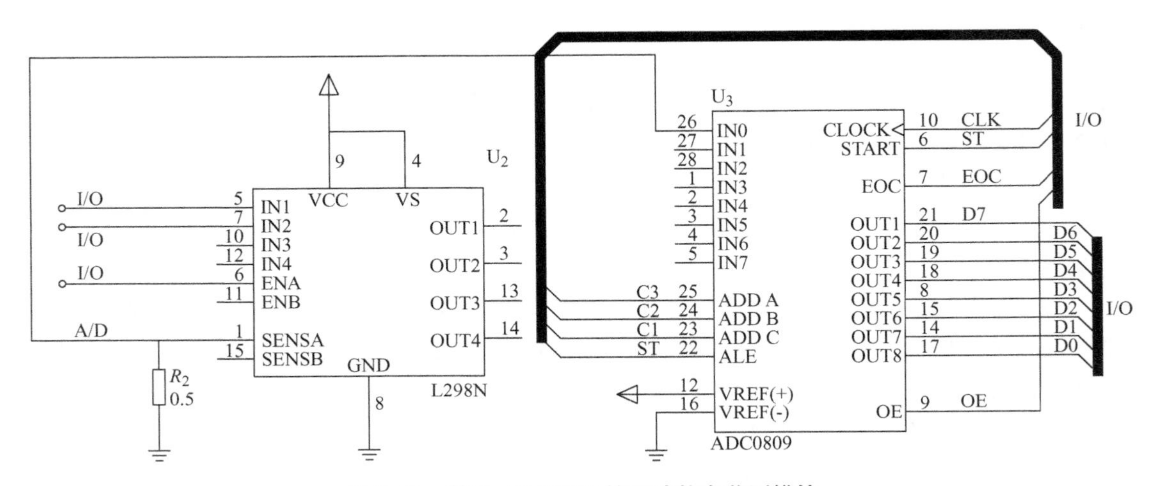

图5-40 基于ADC0809的驱动状态监测模块

四、人机交互模块设计

对于此类需要大量I/O接口的模块，为了减少占用单片机有限的接口资源，考虑使用8255A扩展接口，图5-41为基于8255A的系统输入输出模块。其中，系统输出设备选择基于HD44780控制芯片的1602液晶显示屏，其数据总线连接8255A的A端口，控制端口则与单片机I/O接口连接。输入设备使用4×4键盘矩阵，连接8255A的B端口。8255A经由74LS373锁存器与单片机I/O接口相连，而读写逻辑则直接由单片机I/O接口控制。

五、速度控制算法

调速系统设计的核心为速度控制算法，依据k时刻的速度采样数据，计算与速度设定值之间的偏差$e(k)$。以此为基础，通过PID控制算法计算得到下一时刻所需的PWM脉冲的占空比，通过调整产生的PWM脉冲的占空比，可以调节施加在电动机上的电压，进而控制电动机转速。考虑采用增量式PID控制算法，其运算公式为

$$u(k)=K_{\mathrm{p}}[e(k)-e(k-1)]+K_{\mathrm{I}}e(k)+K_{\mathrm{D}}[e(k)-2e(k-1)+e(k-2)]+u(k-1) \quad (5\text{-}65)$$

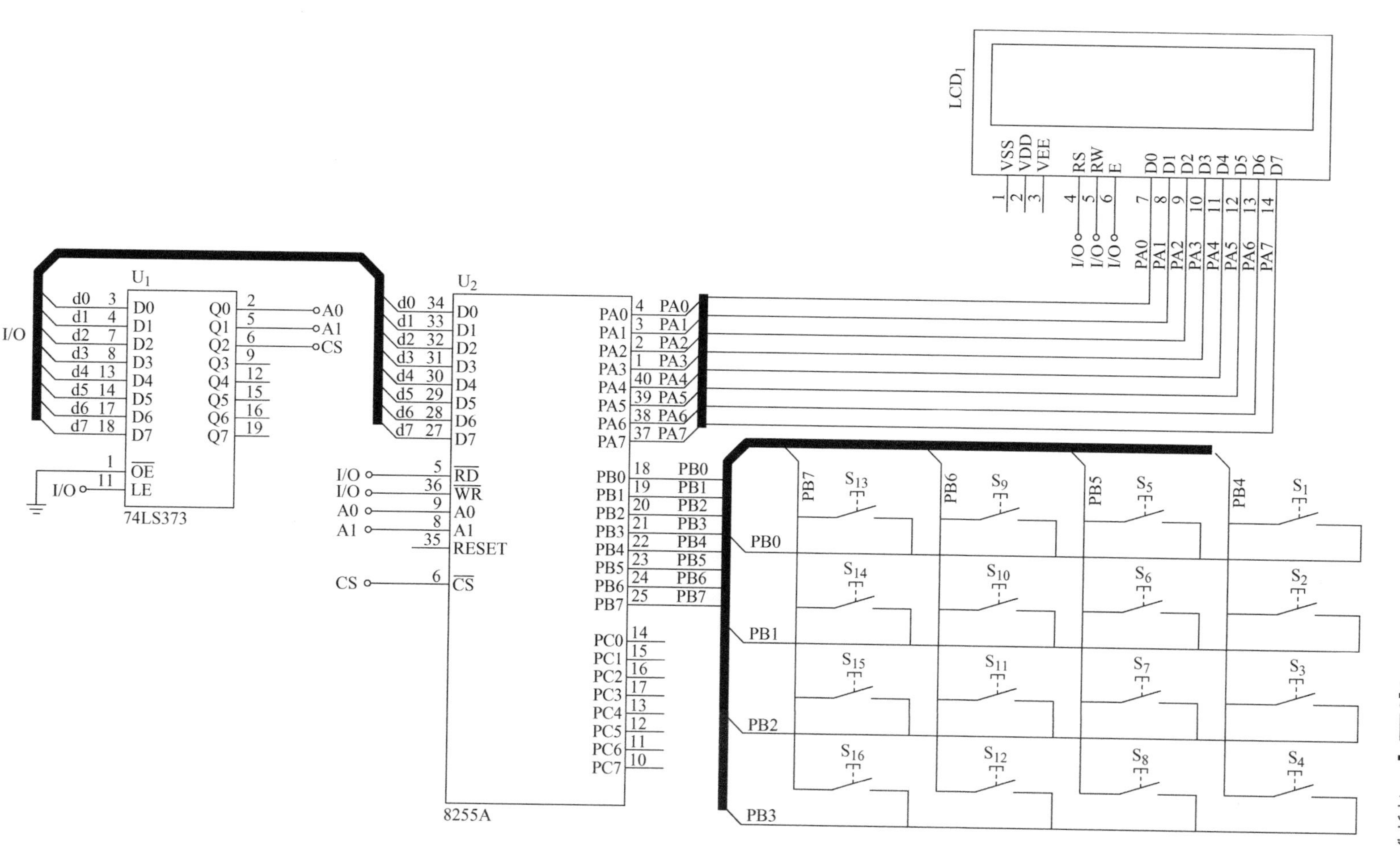

图 5-41 使用8255A扩展接口实现的输入输出模块

式中计算得到的 $u(k)$ 实际上代表的是生成 PWM 脉冲的占空比，因此在编写单片机的软件程序时可以直接作为调整 PWM 脉冲占空比的依据。

为了计算电动机运行速度与设定速度之间的偏差 $e(k)$，需要将采样模块采集到的脉冲转换为速度。设当电动机以一定的转速运行时，采样周期 t 秒内输出的脉冲数为 n，由于电动机旋转 1 周产生 N 个脉冲，从而电动机转速的计算公式为

$$v = \frac{n}{N \times t}(\mathrm{r/min}) \tag{5-66}$$

在直流调速系统中，电动机速度控制算法是实现系统设计目标的关键，尽管 PID 控制算法形式简单，但由于其能够兼顾系统的动态与静态性能，因此在工程中得到了普遍的应用。

第六章
简单机电一体化系统

第一节 全自动洗衣机

采用单片机控制的模糊洗衣机是当今市场上的主流产品，深受用户欢迎。由于它能自动识别衣质、衣量和衣服的肮脏程度，通过模糊推理决定洗涤程序、决定水量、自动投入适量洗涤剂，从而大大提高了洗衣质量，也大大提高了洗衣机的全自动化程度。在整个洗涤过程中，单片机和模糊控制软件起了决定性的作用。

一、模糊全自动洗衣机的模糊推理

模糊洗衣机的工作程序是通过模糊推理决定的，其推理框图如图 6-1 所示。工作时，单片机通过检测装置将待洗衣物的布质、布量、水温、浑浊度等参数检测出来，并以此为模糊推理的输入条件。模糊推理的输出结果有水位、洗涤时间、水流、漂洗方式、脱水时间和洗涤剂量等，由此产生洗衣机的控制信号。对于这样一个多输入、多输出的模糊推理控制系统，其输出结果和输入条件（也称后件和前件）之间的相互关系对于不同的因素而有所不同。例如，浑浊度和水温可以确定洗涤剂投放的剂量和洗涤时间，而布质、布量等可以确定水位和水流、脱水时间等。考虑到洗涤剂浓度是静态量，而洗衣水流及时间是一种动态量，故推理可分为两大部分，即洗涤剂浓度推理和洗衣推理。

洗涤剂浓度推理规则如下：

1）如果浑浊度高，则洗涤剂投放量多。

2）如果浑浊度偏高，则洗涤剂投放量偏大。

3）如果浑浊度低，则洗涤剂投放量少。

洗衣推理规则如下：

1）如果布量少、布质以化纤偏多，而且水温高，则水流为特弱，洗涤时间定为特短。

2）如果布量多、布质以棉纤偏多，而且水温低，则水流为特强，洗涤时间定为特长。

……

洗衣推理见表6-1。

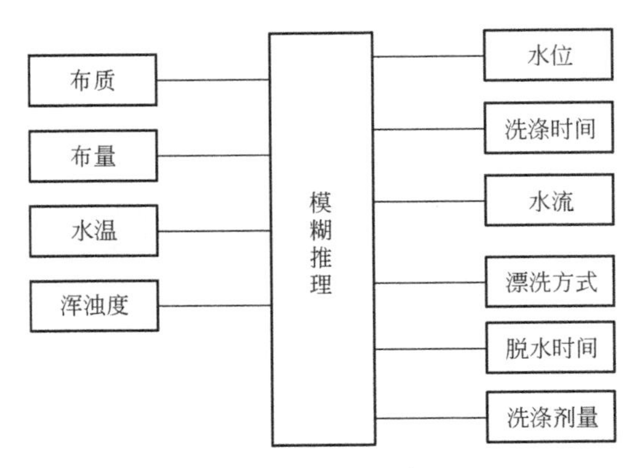

图6-1　模糊推理框图

表6-1　洗衣的模糊推理

布量	水流与时间 \ 布质 / 水温	棉布偏多			棉布与化纤各半			化纤偏多		
		低	中	高	低	中	高	低	中	高
多	水流	特强	强	强	强	强	中	中	中	中
	时间	特长	长	中	长	长	中	长	中	中
中	水流	强	中	中	中	中	中	中	弱	弱
	时间	长	中	短	长	中	中	中	中	短
少	水流	弱	弱	弱	弱	弱	弱	弱	弱	特弱
	时间	中	中	短	中	短	短	中	短	特短

在上述多因素的推理中，如果采用“主要因素起决定作用”的理论执行，称为主要因素推理。在这种理论中，抛弃了各种次要因素，便于进行处理。即

1）如果浑浊度高，洗涤剂投放量多。

2）如果布量多、布质以棉纤偏多，而且水温高，则水流为强，洗涤时间为中。

……

实际洗涤中，洗涤剂投放量多时，要求洗涤时间较长才能洗得干净。这实际上是把前一种推理的结果作为本次推理的条件，这种推理叫作顺序因素推理。即

1）如果洗涤剂投放量多，则洗涤时间长。

2）如果洗涤剂投放量中，则洗涤时间中。

……

当顺序推理和主要因素推理得到某个后件模糊量不同时，则采用“大者优先”的原则处理。

二、洗衣机物理量检测

洗衣机在洗衣过程中起决定作用的物理量有布质、布量、浑浊度、水温四种，只有把这些物理量检测出来，转换成单片机能接收的信号，才能执行模糊推理。

1. 浑浊度的检测

浑浊度的检测是采用红外光电传感器来完成的，利用红外线在水中的透光和时间的关系，通过模糊推理，以得出检测结果。

浑浊度检测器的结构和安装如图 6-2 所示。红外发射管和红外接收管分别安装在排水管两侧，在红外发射管中通以恒定电流使红外线以一定的强度发射，红外接收管中接收到的红外线强度反映了水的浑浊度。洗涤全过程中的透光度变化曲线如图 6-3 所示，从图 6-3a 可以看出，随着洗涤的开始，衣物中的脏物溶解于水，使透光度下降。随着洗涤剂的投入，衣服中的污物进一步溶解于水，透光度进一步下降，并到达一个最低值。然后随着漂洗的进行，衣物变干净，水质也变清，从而使红外透光度渐渐升高，最后达到初始值，此时说明衣物洗涤干净，可以停止漂洗。图 6-3b 表示衣物轻度污脏和重度污脏对透光度的影响。图 6-3c 表示了衣物污脏性质。油污时透光度较高，泥污时透光度较低。图 6-3d 表示了洗涤剂对透光度的影响。油污时透光度较高，泥污时透光度较低。

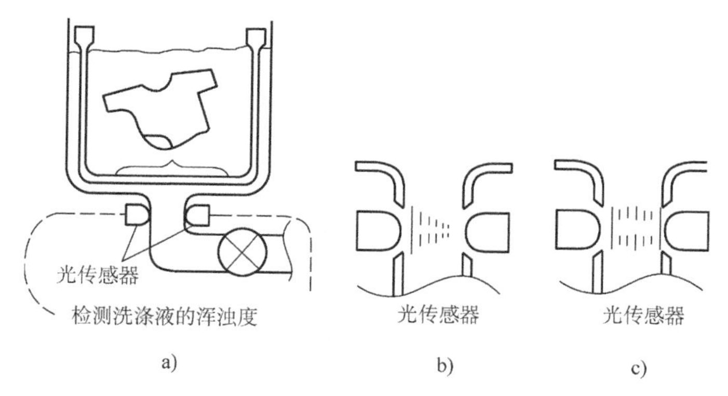

图 6-2 浑浊度检测器结构与安装

a）安装情况 b）混浊度较高时信号情况 c）混浊度较低时信号情况

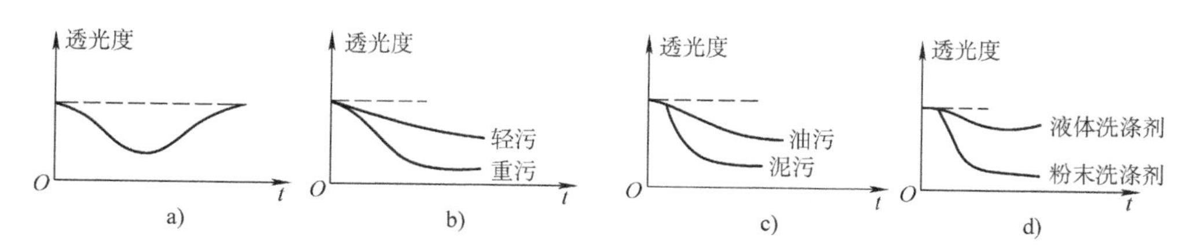

图 6-3 洗涤全过程的透光度变化曲线

a）一般过程 b）轻度和重度污脏 c）油污及泥污 d）洗涤剂类型

按图 6-3 给出的透光度曲线，就可以根据洗衣机中水的透光度来判别衣物的污脏程度、污脏性质，以及洗涤剂种类。从而可以按此进行洗涤过程控制。

2. 布量和布质检测

布量和布质的检测是在洗涤之前进行的。在水位为一定时，布质和布量的不同会产生不同的布阻抗。检测时，首先注入一定的水位，然后起动主电动机旋转，接着断电让主电动机以惯性继续运转，直到停止。在断电的时间内，主电动机因惯性运转而使其处于发电状态，产生感应电动势输出。随着布阻抗的大小不同的变化，主电动机处于发电状态的时间长短也将变化。布阻抗越大，主电动机发电时间越短，反之，则主电动机发电时间越长。因此，只要检测出主电动机处于发电状态的时间长短，就可以反过来推理出布阻抗的大小。

3. 水温检测

水温检测是由温度检测器 MTS102 执行的。MTS102 线性度好、对温度敏感，很适于常温检测。

三、控制电路

单片机 MC6805R3 对洗衣机的控制系统逻辑结构图如图 6-4 所示。它包括电源电路、洗衣机状态检测电路、显示电路和输出控制电路。

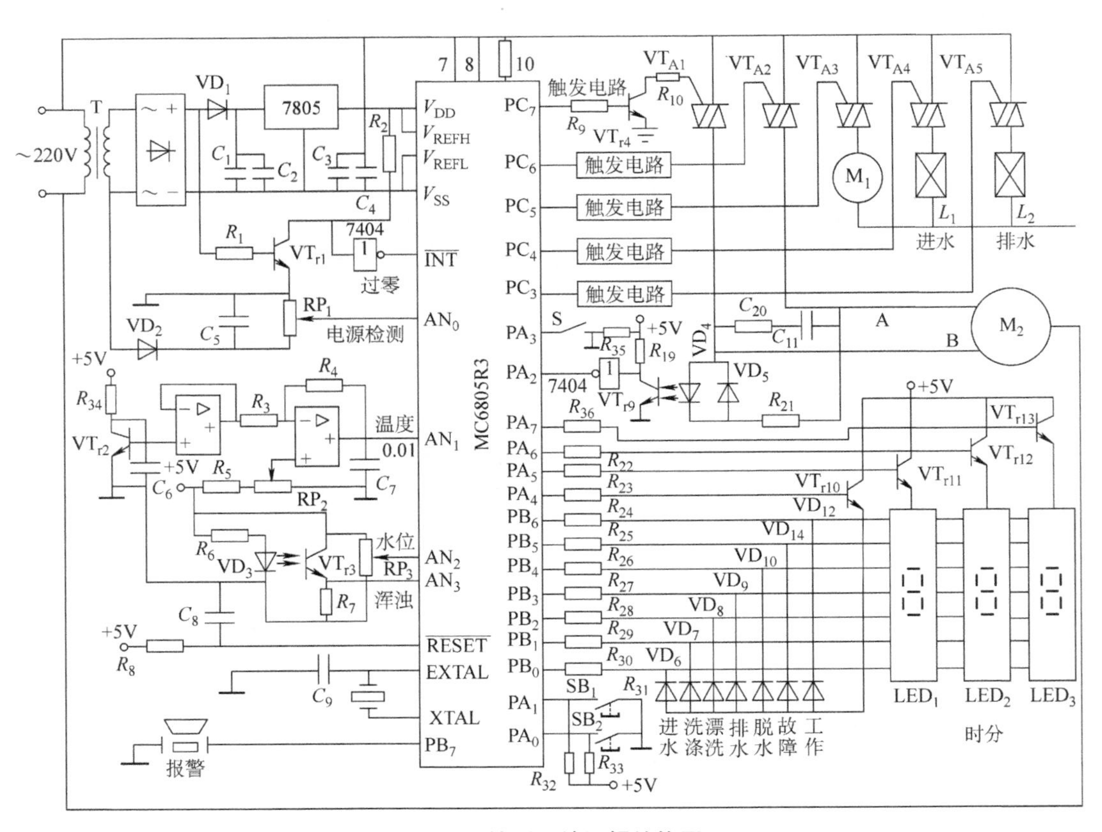

图 6-4 控制系统逻辑结构图

1. 电源电路

电源电路由变压器 T、桥式整流器、滤波电容和集成稳压电路 7805 组成。电源电路有二极管 VD_1，它用于隔离滤波电容与桥式整流电路，使之进行过零检测。

2. 洗衣机状态检测电路

状态检测电路共有 7 个。它们分别是内桶平衡检测电路、衣质与衣量检测电路、过零检测电路、电源电压检测电路、温度检测电路、水位检测电路和浑浊度检测电路。

1）内桶平衡检测电路由平衡开关 S 和电阻 R_{35} 接至单片机 PA_3 口实现。

2）衣质、衣量检测电路由电动机 M_2、二极管 VD_4 与 VD_5、电阻 R_{21}、光电晶体管 VT_{r9}、电阻 R_{19} 和反相器 7404 组成。衣质、衣量检测电路接于单片机 PA_2 端口，主电动机 M_2 绕组输出电动势经整流和检测，再经光电隔离后形成脉冲信号送入单片机，单片机只要计算出主电动机在停电时产生的计数脉冲个数就可确定布阻抗，进而确定衣质、衣量。

3）过零检测电路由电阻 R_1 与 R_2、晶体管 VT_{r1} 和反相器 7404 组成。桥式整流器的全波整流信号通过 R_1 送到晶体管 VT_{r1} 的基极，当整流信号为正时，VT_{r1} 导通；当整流信号为零时，VT_{r1} 截止。VT_{r1} 输出的信号再由 7404 反相之后送单片机的 $\overline{INT}$ 端。显然，只要电源过零就会产生中断请求信号。

4）电源电压检测电路由整流二极管 VD_2、滤波电容 C_5 和调整电位器 RP_1 组成。由于 VD_2 只是半波整流，当电压下降时，电位器 RP_1 的抽头会灵敏地反映电压下降的情况，该电压变化由 MC6805R3 的 AN_0 端进行检测。

5）温度检测电路由 MTS102、LM358 及有关电阻、电容组成。第一级 LM358 用作阻抗隔离器，第二级 LM358 用作放大器。检测结果送到单片机 AN_1 端。

6）水位检测器由电位器 RP_3 和相应机械部件组成。水位变化使 RP_3 的中心抽头产生位移，故送入到单片机的 AN_2 端的信号也产生变化。

7）浑浊度检测电路由红外发光管 VD_3、红外接收管 VT_{r3} 和有关电阻组成。被检测的水从 VD_3 和 VT_{r3} 之间流过，根据红外线信号的变化即可反映水的浑浊度。该信号接至单片机 AN_3 端。

3. 显示电路

显示电路由晶体管 VT_{r10}、VT_{r11}、VT_{r12}、VT_{r13}，发光二极管 VD_6 ~ VD_{12}，7 段发光二极管显示器 LED_1、LED_2、LED_3 和相应电阻组成。其中晶体管 VT_{r10} ~ VT_{r13} 作为扫描开关管，用于选择 VD_6 ~ VD_{12}、LED_1 ~ LED_3。VD_6 ~ VD_{12} 用于显示洗衣机现行工作状态，LED_1 ~ LED_3 用于显示定时时间。

4. 输出控制电路

输出控制电路由触发电路和相应的双向晶闸管组成。控制电路只有 5 路，L_1 是进水电磁阀，L_2 是排水电磁阀，M_1 是洗涤剂自动投入电动机，M_2 是主电动机。其中，双向晶闸管 VT_{A1}、VT_{A2} 用于控制主电动机 M_2 正反转；VT_{A3} 控制洗涤剂投入电动机；VT_{A4} 控制进水电磁阀，VT_{A5} 用于控制排水电磁阀。

除了上述控制电路之外，还有工作起停和状态设定电路。SB_1 是全自动洗衣机的起停按键；SB_2 是功能选择按键，它可以设定洗衣机从某个程序开始进行工作。所有电路均在单片机 MC6805R3 的控制下工作。

四、控制软件

控制软件由主程序、各种子程序和中断服务程序组成。其主程序流程图如图 6-5 所示。当程序被启动之后，首先进行一系列的检测和推理，然后才开始洗涤过程。若在洗涤过程中产生故障，则系统执行报警。

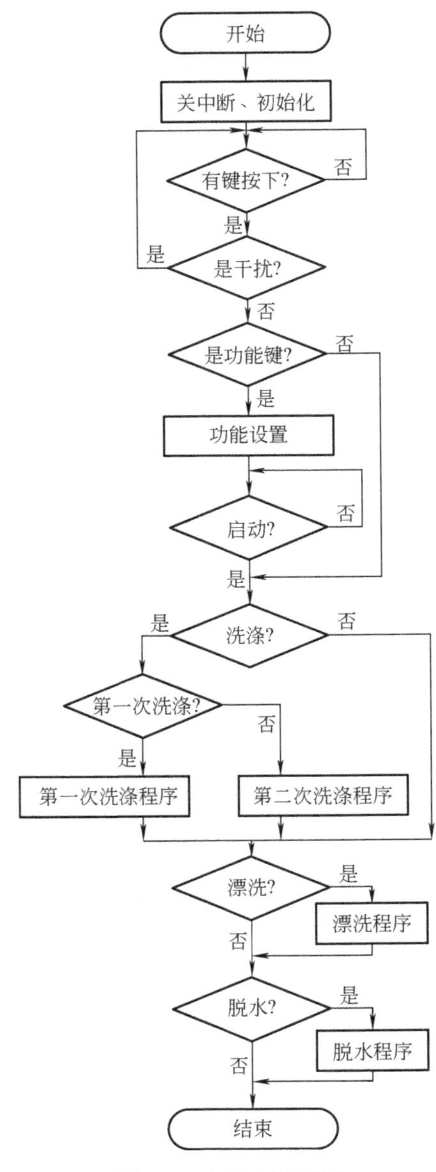

图 6-5 主程序流程图

第二节 自动锁螺丝机

自动锁螺丝机具备自动上螺钉、自动定位、自动拧紧螺钉、异常报警等功能，可以在工作范围内的任意位置进行锁螺钉操作。

螺钉上料方式确定为往复吸取式。可同时打两种螺钉，螺钉上料装置位置固定，每次都需要移动到上料装置处吸取相应的螺钉。需要根据实际生产需求进行综合考虑和系统设计，也可以对目前的生产流程和工位进行适当调整，使其适应自动锁螺钉的自动化需求，以提高整体工作效率。

一、自动锁螺丝机工作原理

自动锁螺丝机主要由直角坐标机器人本体、控制器、自动送丝机、电批、工装夹紧部分、人机界面等部分组成。总体结构如图6-6所示。

利用直角坐标机械臂运动灵活、定位精确的特性，带动电批将螺钉锁附在工作范围内的任意位置，以适应不同工件、不同位置的螺钉锁附任务。

机械臂在其工作范围内的任意位置都可以进行精确的定位，通过离线编程和现场示教，对螺钉位置进行确定，之后便可以批量性的对同一工件进行螺钉锁附。

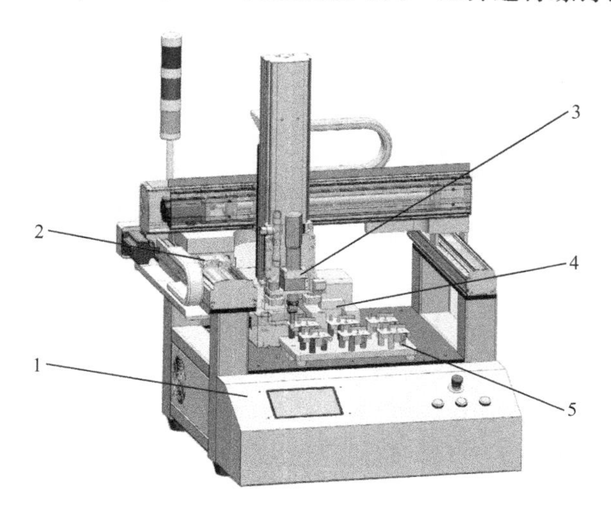

图6-6 螺丝机总体结构图

1—控制箱 2—正交机械臂 3—电批组件 4—送丝机 5—工装

二、自动锁螺丝机零部件结构

在自动锁螺丝机中，直角坐标机械臂是整机的机械本体，因此，它的精度直接影响整机的精度，甚至会影响整机的正常运行。

为了保证锁螺丝机的精度以及改善其负载特性，正交机器人采用稳固的龙门结构，由 *X*、*Y*、*Z* 三个运动单元以及龙门助轨组成。

同时为了保证运动的精度和以后负载的提升空间，*X*、*Y*、*Z* 三个运动单元均采用刚度和性能更好的双导轨形式，即每个运动单元内都安装两条导轨。运动方面为了保证运动速度，采用导程为 10mm 的优质丝杠，同时采用优质电动机。

Y 轴为基础运动单元，运动单元宽度为 120mm，内部有两根 15mm 宽的导轨，一根直径为 16mm、导程为 10mm 的丝杠，两端采用优质支撑座，电动机采用 200W 的伺服电动机。为提高空间利用率角度，电动机采用折回安装的形式，*Y* 轴运动单元如图 6-7 所示。

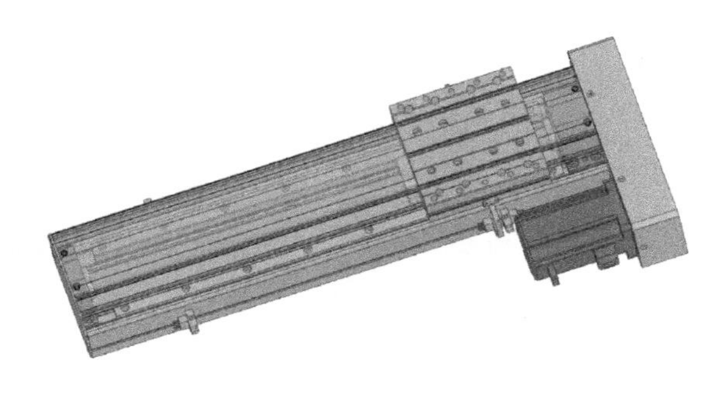

图 6-7　*Y* 轴运动单元

X 轴运动单元的内部结构与 *Y* 轴基本相似，也采用 200W 的伺服电动机，不过电动机采用直连的形式，*X* 轴运动单元如图 6-8 所示。

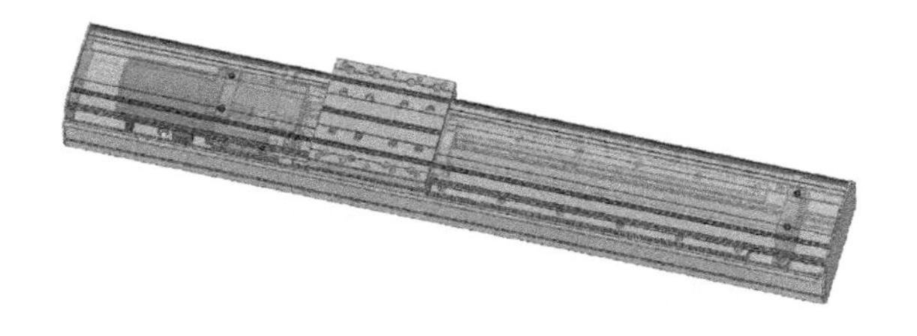

图 6-8　*X* 轴运动单元

Z 轴运动单元与 *X* 轴的结构形式完全一致，不过行程为 *X* 轴行程的一半。

龙门助轨采用 75mm 运动单元外壳，内置 15mm 导轨，主要起到辅助性支撑 *X* 轴的作用，以提高机器的整体刚度。龙门助轨如图 6-9 所示。

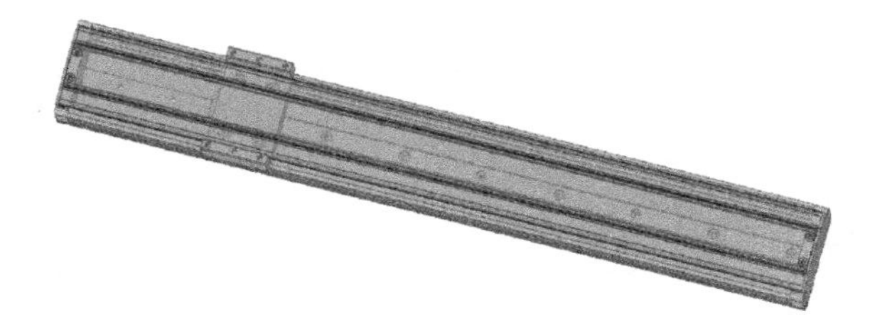

图 6-9　龙门助轨

三、自动锁螺丝机控制系统及其控制软件

直角坐标机器人的控制系统是整个锁螺丝机的核心。控制系统需要实现上面提到的各种运动的平滑控制，还要方便用户使用。控制系统采用三轴运动控制，能够准确定位控制 *XYZ* 轴，实现电批最终准确、自动锁螺钉。

同时控制系统中配有触摸屏，通过手动操作，实现示教功能，通过232 串口或网口与上位机连接能够实现离线编程控制，在特殊情况下可以通过编程软件将程序下载到 U 盘中，然后通过 U 盘将程序下载到控制器中，方便操作。控制系统如图 6-10 所示。

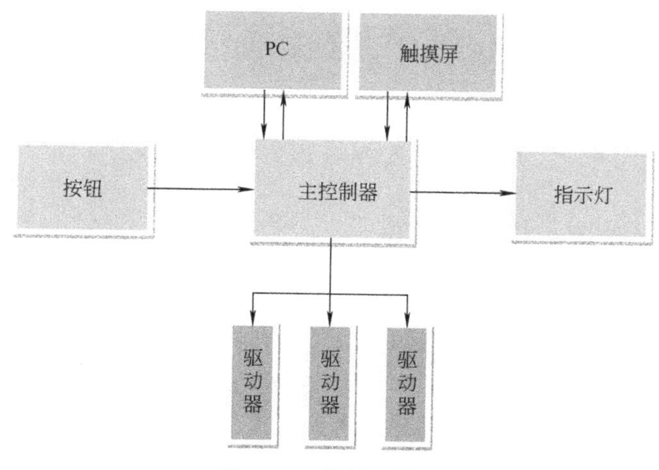

图 6-10　控制系统图

1. 三轴运动控制方案

此控制系统中，上电后需要对设备进行初始化操作，此过程中系统具备自动零点检测功能，系统自动回归零点，同时三轴具有自动限位安全检测功能，保障了整台机器工作安全可靠。

系统初始化完成之后就可以对系统进行操作，此系统具有手动示教功能和离线编程功能。用户可以根据现场零件实际位置采用手动示教功能记录每个螺钉点的位置，保存后，机器能够根据保存的实际位置自动工作。用户还可以通过上位机编程，将编好的程序下载到控制器中，机器将根据用户编写好的程序自动运行。两套控制方案能够很好地满足用户需求，适应多种应用场合。

用户可以对系统参数进行修改，可以根据需求对螺钉长度、螺距等参量进行修改，满足产品多样性需求。

2. 电批工作控制

机器工作过程中，机械臂首先将电批送到取料位置，当到达指定位置后，吸头吸取螺钉，传感器检测到吸头吸取之后，机械臂将电批送到工件处，到达指定位置后，启动电批将螺钉自动拧紧，当系统检测到螺钉拧紧后，系统自动完成后续工作。当系统检测到滑丝或者卡丝的情况后，系统会自动停止工作，同时报警，待报警信号解除后系统重

新工作。

3. 扩展接口

为满足用户生产线应用，此系统预留扩展 I/O，同时具有网口通信功能，方便用户后续的应用开发以及与其他设备之间相互通信。

4. 错误处理

当螺丝机在运行中出现错误时，会报警或自动做出一些其他的必要的操作，如自动停止、重复吸取、提示工人进行必要的操作等。

受外力阻挡时，螺丝机会报警并停止运行，以保证人员的安全。

第三节 短导管自动接管机

短导管自动接管机是将导管挤出机生产的导管自动摆放到周转箱中的一种设备。该设备通过 PLC 进行控制。可实现 150～200mm 规格导管的摆放。

一、短导管自动接管机工作原理

短导管自动接管机由理料单元、夹爪、直角坐标机器人、周转箱输送带和控制系统五部分组成。其整机效果如图 6-11 所示。

导管挤出机生产的导管经过理料单元后，导管被梳理成整齐排列的状态，之后由夹爪将排列好的导管夹走，直角坐标机器人将夹爪送到周转箱中需要放置导管的位置后，夹爪将导管放下，如此往复，直到一箱导管摆满，周转箱输送带将装满箱的周转箱运走，同时空的周转箱就位，继续进行装箱操作。

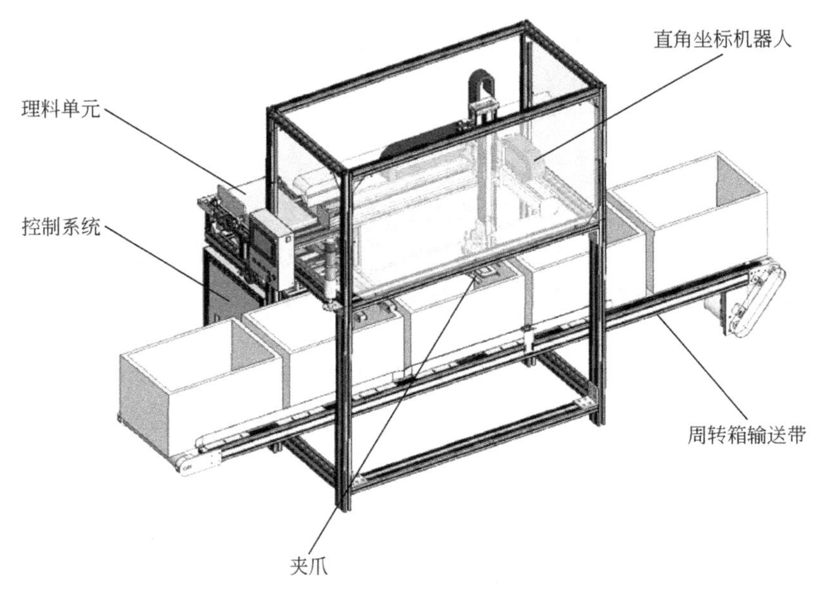

图 6-11 短导管自动接管机整机效果图

二、短导管自动接管机零部件结构

理料单元由两条输送带组成，理料单元部分实现了将由挤出机生产出来的导管理齐的功能。为此在输送带上增加了两块挡板，和一个对齐用气缸，如图 6-12 所示。

为了适应不同长度规格的导管，要求理料单元下方输送带的宽度可调，其应用了滚珠花键来实现，因为滚珠花键能够同时提供传递力矩和轴向导向的作用。滚珠花键结构如图 6-13 所示。

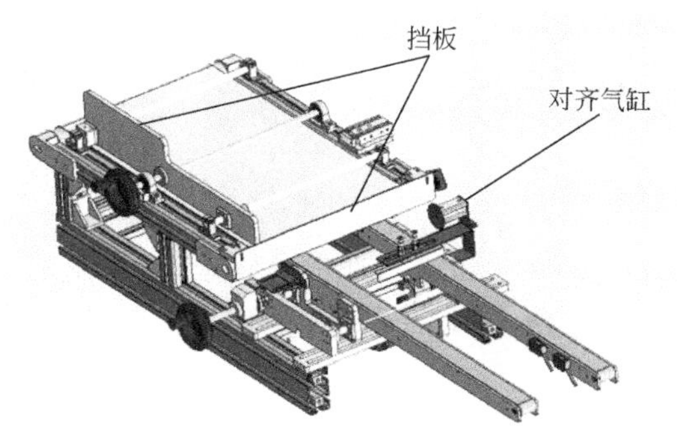

图 6-12 理料单元

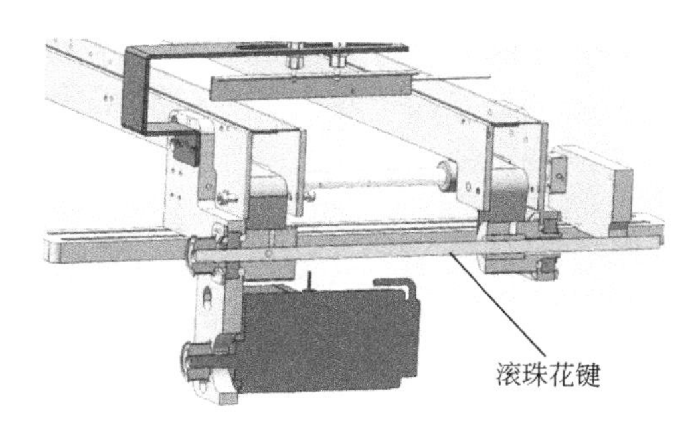

图 6-13 滚珠花键结构

为了能够抓取不同长度规格的导管，夹爪的宽度必须是可调的。因此夹爪的两侧夹片是分别固定在直线导轨上，通过滑动导轨实现夹爪夹取宽度的调节，如图 6-14 所示。

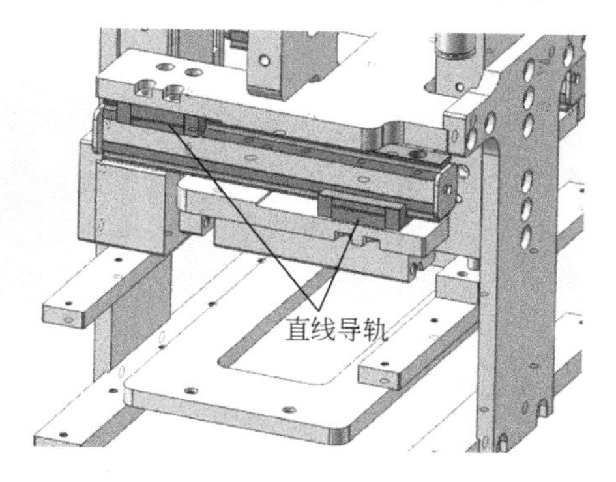

图 6-14 直线导轨结构

同时为满足导管洁净度的要求，夹爪上的驱动全部采用气缸。

三、短导管自动接管机控制系统及其控制软件

整台设备是通过 PLC 进行控制的。控制系统图如图 6-15 所示。

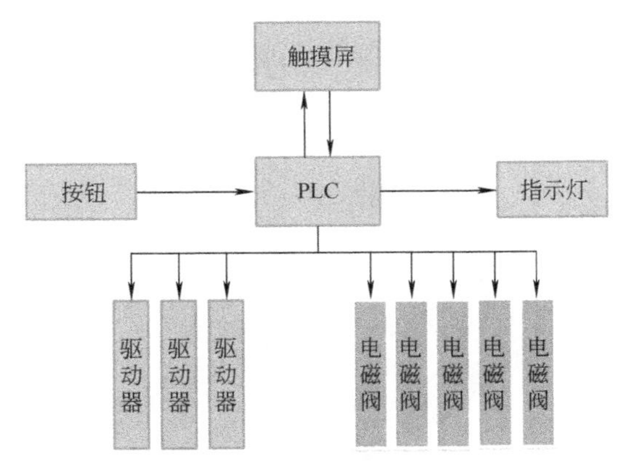

图 6-15 控制系统图

直角坐标机器人的控制系统和夹爪控制系统是整个短导管接管机的核心。控制系统需要实现直角坐标机器人空间方位的运动，夹爪抓取和放置同时还要将两者的动作配合，进而实现导管的摆放。同时控制系统还要有良好的人机交互界面，控制系统中配有触摸屏，通过手动操作，实现示教功能。

1. 三轴运动控制方案

此控制系统中，上电后需要对设备进行初始化操作，此过程中系统具备自动零点检测功能，系统自动回归零点，同时三轴具有自动限位安全检测功能，保障了整个机器工作安全可靠。

系统初始化完成之后就可以对系统进行操作，用户可以通过触摸屏，对直角坐标机器人的运动速度以及各轴的行程进行调整。

本系统提供空走功能，即可以通过点动的方式，同时以较低的速度运行直角坐标机器人，此功能在用户更改完系统参数后使用，可确保直角坐标机器人不会因改变参数后与设备其他部位相撞。

2. 夹爪工作控制

机器工作过程中，直角坐标机器人首先将夹爪送到抓取位置，当到达指定位置后，夹爪执行抓取动作，待传感器检测到抓取完成后，直角坐标机器人将夹爪送到周转箱中放料位置，到达指定位置后，夹爪动作，将导管放在周转箱中指定位置，当系统检测导管完全从夹爪上分离后，直角坐标机器人将夹爪再次送到抓取位置，进行循环操作。

第七章 工业机器人

第一节 概述

一、工业机器人的定义与发展

机器人学是近60年发展起来的一门交叉性学科，它涉及机械工程、电子学、控制理论、传感器技术、计算机科学、仿生学、人工智能等多学科领域。工业机器人本身是一种典型的机电一体化系统。各种生产过程的机械化和自动化是现代生产技术发展的总趋势，随着技术的进步和经济的发展，为适应产品的多品种、小批量生产，作为现代最新水平的FMS（柔性制造系统）和FA（工厂自动化）技术的重要组成部分的工业机器人技术得到了迅速发展，并在世界范围内很快地形成了机器人产业。尽管如此，各国对工业机器人的定义却各有差异。

国际标准化组织（ISO）基本上采纳了美国机器人协会的提法，定义为："一种可重复编程的多功能操作手，用以搬运材料、零件、工具或者是一种为了完成不同操作任务，可以有多种程序流程的专门系统。"

我国国家标准GB/T 12643—2013将工业机器人定义为："一种能自动控制的、可重复编程、多用途的操作机，可对三个或三个以上轴进行编程，它可以是固定式或移动式，在工业自动化中使用。"而将操作机定义为："用来抓取和（或）移动物体、由一些相互铰接或相互滑动的构件组成的多自由度机器。"

英国机器人协会（BRA）的定义是："一种可重复编程的装置，用以加工和搬运零件、工具或特殊加工器具，通过可变的程序流程以完成特定的加工任务。"

日本工业标准（JIB B0134—1998）定义为："一种在自动控制下，能够编程完成某些操作或者动作功能的装置。"

综合上述定义，工业机器人具有以下三个重要特性：

1）是一种机械装置，可以搬运材料、零件、工具，或者完成多种操作和动作功能，也即具有通用性。

2）是可以再编程的，具有多种多样的程序流程，这为人—机联系提供了可能，也使之具有独立的柔软性。

3）有一个自动控制系统，可以在无人参与下，自动地完成操作作业和动作功能。

工业机器人的发展通常可划分为三代。

第一代工业机器人：通常是指目前国际上商品化与实用化的“可编程工业机器人”，又称“示教再现工业机器人”，即为了让工业机器人完成某项作业，首先由操作者将完成该作业所需的各种知识（如运动轨迹、作业条件、作业顺序和作业时间等），通过直接或间接手段，对工业机器人进行“示教”，工业机器人将这些知识记忆下来后，即可根据“再现”指令，在一定精度范围内，忠实地重复再现各种被示教的动作。1962 年美国万能自动化公司的第一台 Unimate 工业机器人在美国通用汽车公司投入使用，标志着第一代工业机器人的诞生。

第二代工业机器人：通常是指具有某种智能（如触觉、力觉、视觉等）功能的“智能机器人”。即由传感器得到的触觉、力觉和视觉等信息经计算机处理后，控制工业机器人的操作机完成相应的适应性操作。1982 年美国通用汽车公司在装配线上为工业机器人装备了视觉系统，从而宣告了新一代智能工业机器人的问世。

第三代工业机器人：即所谓的“自治式工业机器人”。它不仅具有感知功能，而且还有一定的决策及规划能力。这一代工业机器人目前仍处在研究阶段。

二、工业机器人的组成与分类

（一）工业机器人的组成

一个较完善的工业机器人，一般由操作机、驱动系统、控制系统及人工智能系统等部分组成，如图 7-1 所示。

1. 操作机

操作机为工业机器人完成作业的执行机构，它具有和手臂相似的动作功能，是可在空间抓放物体或进行其他操作的机械装置。它包括机座、立柱、手臂、手腕和手部等部分。有时为了增加工业机器人的工作空间，在机座处还装有行走机构。

2. 驱动系统

驱动系统主要指驱动执行机构的传动装置。它由驱动器、减速器、检测元件等组件组成。根据驱动器的不同，可分为电动、液动和气动驱动系统。驱动系统中的电动机、液压缸、气缸可以与操作机直接相连，也可以通过齿轮传动、链传动、谐波齿轮传动、螺旋传动、带传动装置等与执行机构相连。

3. 控制系统

控制系统是工业机器人的核心部分，其作用是支配操作机按所需的顺序，沿规定的轨迹运动。从控制系统的构成看，有开环控制系统和闭环控制系统之分；从控制方式看，有程序控制系统、适应性控制系统和智能控制系统之分；从控制手段看，目前工业机器人控制系统大多数采用计算机控制系统。

4. 人工智能系统

人工智能系统是计算机控制系统的高层次发展。它主要由两部分组成：其一为感觉系统（硬件），主要靠各类传感器来实现其感觉功能；其二是决策、规划系统（软件），它包括逻辑判断、模式识别、大容量数据库和规划操作程序等功能。

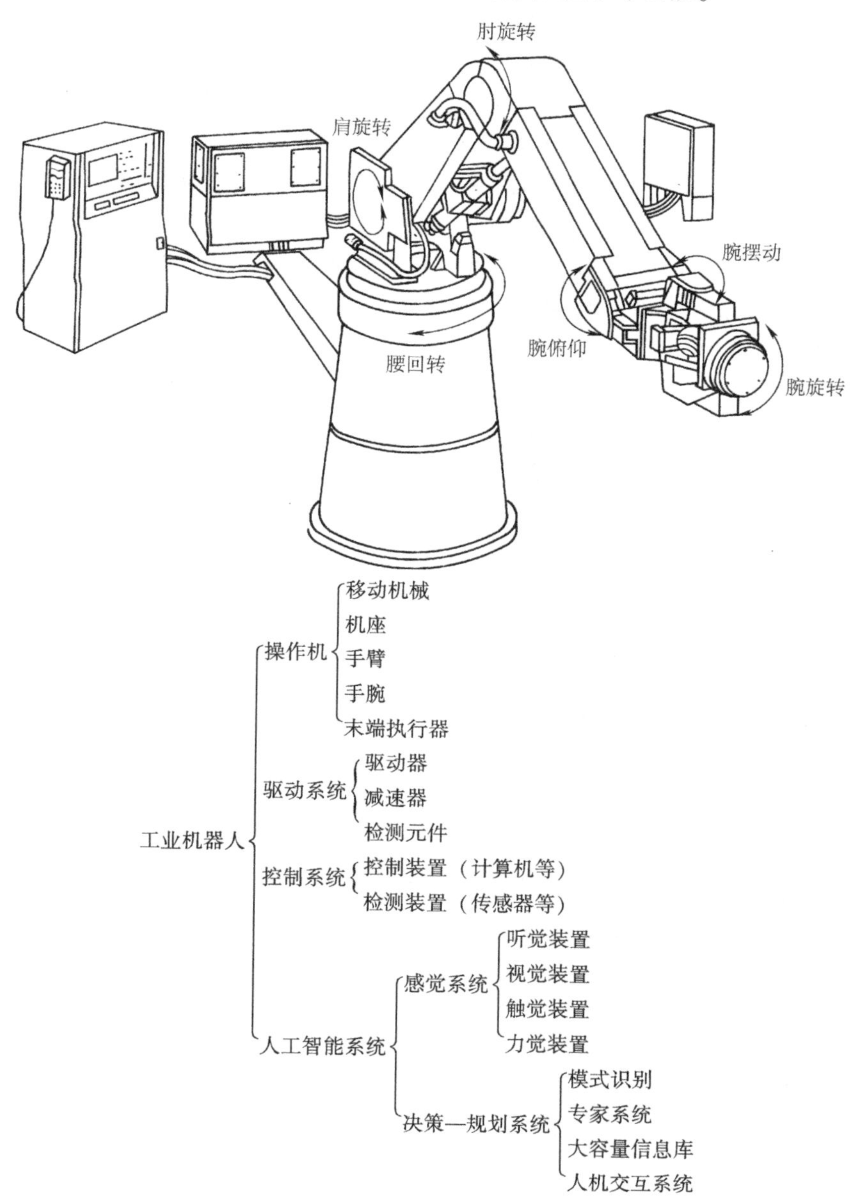

图 7-1　工业机器人的组成

（二）工业机器人的分类

1. 按操作机坐标形式分类

操作机的坐标形式是指操作机的手臂在运动时所取的参考坐标系的形式。

（1）直角坐标型工业机器人　如图7-2a所示，其运动部分由三个相互垂直的直线移动（即PPP）组成，其工作空间形状为长方体。它在各个轴向的移动距离，可在各个坐标轴上直接读出，直观性强；易于位置和姿态（简称位姿）的编程计算，定位精度最高，控制无耦合，结构简单，但机体所占空间体积大，动作范围小，灵活性较差，难与其他工业机器人协调工作。

（2）圆柱坐标型工业机器人　如图7-2b所示，其运动形式是通过一个转动和两个移动（即RPP）组成的运动系统来实现的，其工作空间图形为圆柱形。与直角坐标型工业机器人相比，在相同的工作空间条件下，机体所占体积小，而运动范围大，其位置精度仅次于直角坐标型，难与其他工业机器人协调工作。

（3）球坐标型工业机器人　又称极坐标型工业机器人，如图7-2c所示，其手臂的运动由两个转动和一个直线移动（即RRP，一个回转、一个俯仰和一个伸缩运动）所组成，其工作空间为一球体，它可以做上下俯仰动作并能抓取地面上或较低位置的工件，具有结构紧凑、工作空间范围大的特点，能与其他工业机器人协调工作，其位置精度尚可，位置误差与臂长成正比。

（4）多关节型工业机器人　又称回转坐标型工业机器人，如图7-2d所示，这种工业机器人的手臂与人体上肢类似，其前三个关节都是回转副（即RRR），该工业机器人一般由立柱和大小臂组成，立柱与大臂间形成肩关节，大臂与小臂间形成肘关节，可使大臂做回转运动和俯仰摆动，小臂做俯仰摆动。其结构最紧凑，灵活性大，占地面积最小，工作空间最大，能与其他工业机器人协调工作，但位置精度较低，有平衡问题，控制耦合。这种工业机器人应用越来越广泛。

（5）平面关节型工业机器人　如图7-2e所示，它采用一个移动关节和两个回转关节（PRR），移动关节实现上下运动，而两个回转关节则控制前后、左右运动。这种型式的工业机器人又称SCARA（Selective Compliance Assembly Robot Arm）装配机器人。在水平方向具有柔顺性，而在垂直方向则有较大的刚性。它结构简单，动作灵活，多用于装配作业中，特别适合小规模零件的插接装配，如在电子工业零件的插接、装配中应用广泛。

2. 按控制方式分类

（1）点位控制（PTP）工业机器人　就是采用点到点的控制方式，它只在目标点处准确控制工业机器人手部的位姿，完成预定的操作要求，而不对点与点之间的运动过程进行严格的控制。目前应用的工业机器人中，多数属于点位控制方式，如上下料搬运机器人、点焊机器人等。

（2）连续轨迹控制（CP）工业机器人　工业机器人的各关节同时做受控运动，准确控制工业机器人手部按预定轨迹和速度运动，而手部的姿态也可以通过腕关节的运动得以控制。弧焊、喷漆和检测机器人均属连续轨迹控制方式。

3. 按驱动方式分类

（1）气动式工业机器人　这类工业机器人以压缩空气来驱动操作机，其优点是空气来源方便、动作迅速、结构简单、造价低、无污染；缺点是空气具有可压缩性，导致工作速度的稳定性较差，又因气源压力一般只有6kPa左右，所以这类工业机器人抓举力较小，一般只有几十牛顿，最大百余牛顿。

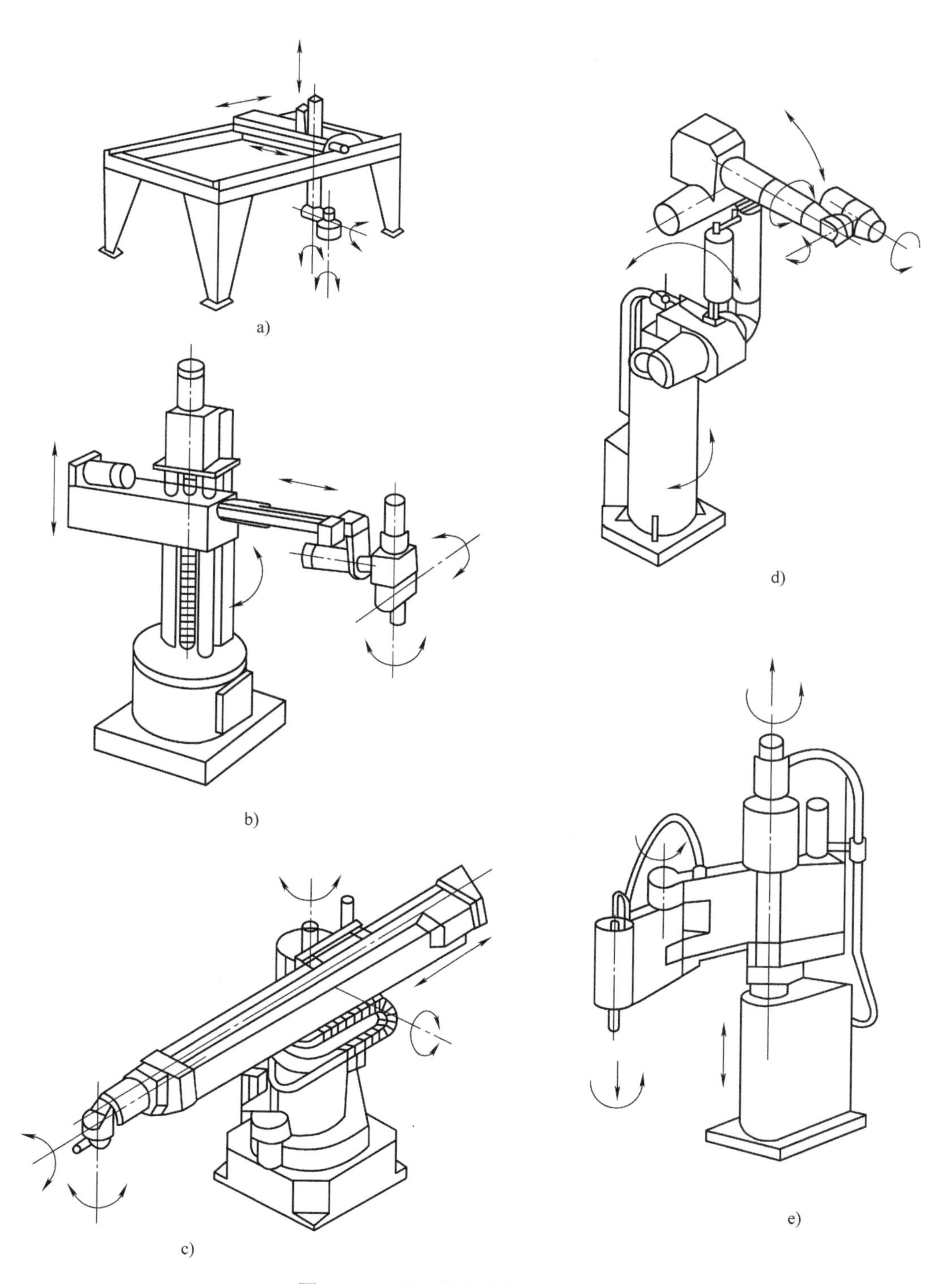

图 7-2 工业机器人的基本结构形式

a）直角坐标型 b）圆柱坐标型 c）球坐标型 d）多关节型 e）平面关节型

（2）液压式工业机器人　因为液压压力比气压压力高得多，一般为70kPa左右，故液压传动工业机器人具有较大的抓举能力，可达上千牛顿。这类工业机器人结构紧凑，传动平稳、动作灵敏，但对密封要求较高，且不宜在高温或低温环境下工作。

（3）电动式工业机器人　这是目前用得最多的一类工业机器人，不仅因为电动机品种众多，为工业机器人设计提供了多种选择，也因为它们可以运用多种灵活的控制方法。早期多采用步进电动机驱动，后来发展了直流伺服驱动单元，目前交流伺服驱动单元也在迅速发展。这些驱动单元或是直接驱动操作机，或是通过诸如谐波减速器的装置来减速后驱动，结构十分紧凑、简单。

第二节　工业机器人操作机的机械结构

工业机器人操作机由机座、立柱、手臂、手腕和手部等部分组成，如图7-3所示。

确定一个工业机器人操作机位置时所需要的独立运动参数的数目称为工业机器人的运动自由度，它是表示工业机器人动作灵活程度的参数。工业机器人的自由度数取决于作业目标所要求的动作。对于只进行二维平面作业的工业机器人只需要三个自由度，若要使操作具有随意的位姿，则工业机器人至少需要六个自由度。而对于回避障碍作业的工业机器人，则需要有比六个自由度更多的冗余自由度。

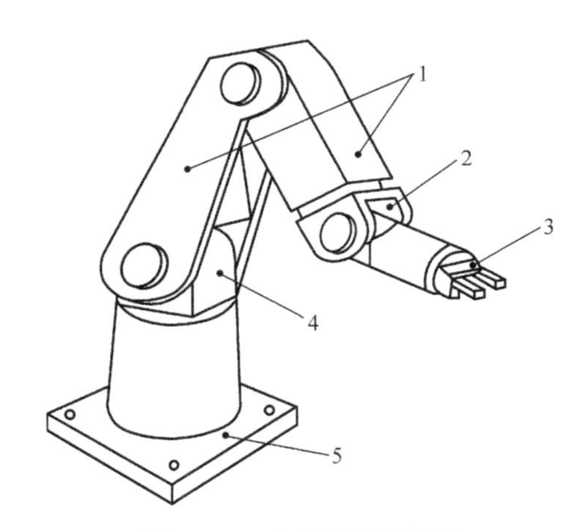

图7-3　工业机器人操作机

1—手臂　2—手腕　3—手部　4—立柱　5—机座

工业机器人操作机常采用低副式（回转副或移动副）主动关节来实现各个自由度。

一、手臂

手臂是操作机中的主要运动部件，它用来支承手腕和手部，并用来调整手部在空间的位置。手臂一般至少应有三个自由度，这些自由度可以是移动副和回转副（回转或摆动）。因此按运动副不同的组合方案，共有27种方案。但从动作形态分析可有如图7-2所示的五种形式。

手臂的直线运动多数通过液压（气）缸驱动来实现，也可通过齿轮齿条、滚珠丝杠、直线电动机等来实现。回转运动的实现手段很多，如蜗轮蜗杆式、液压缸活塞杆上齿条驱动齿轮的方式、液压缸通过链条驱动链轮转动、利用液压缸活塞杆直接驱动手臂回转、由回转液压（气）缸直接驱动手臂回转、由步进电动机通过齿轮传动使手臂回转、由直流电动机通过谐波传动装置驱动手臂回转等。

PUMA 型工业机器人是由直流伺服电动机驱动的六自由度关节型工业机器人，如图7-4所示。其大臂和小臂是用高强度铝合金材料制成的薄臂框形结构，各运动都是采用齿轮传动。驱动大臂的传动机构如图 7-4a 所示，大臂 1 的驱动电动机 7 安置在臂的后端（兼起配重平衡作用），运动经电动机轴上的小锥齿轮 6、大锥齿轮 5 和一对圆柱齿轮 2、3 驱动大臂轴转动 θ_2。驱动小臂 17 的传动机构如图 7-4b 所示，驱动装置安装于大臂 10 的框形臂架，驱动电动机 11 也置于大臂后端，经驱动轴 12，锥齿轮 9、8，圆柱齿轮 14、15，驱动小臂轴转动 θ_3。腰座（回转机座）的回转运动 θ_1，则由伺服电动机 24 经齿轮 23、22、21 和 19 驱动，如图 7-4c 所示。图中偏心套 4、13、16 及 20 用来调整齿轮传动间隙。

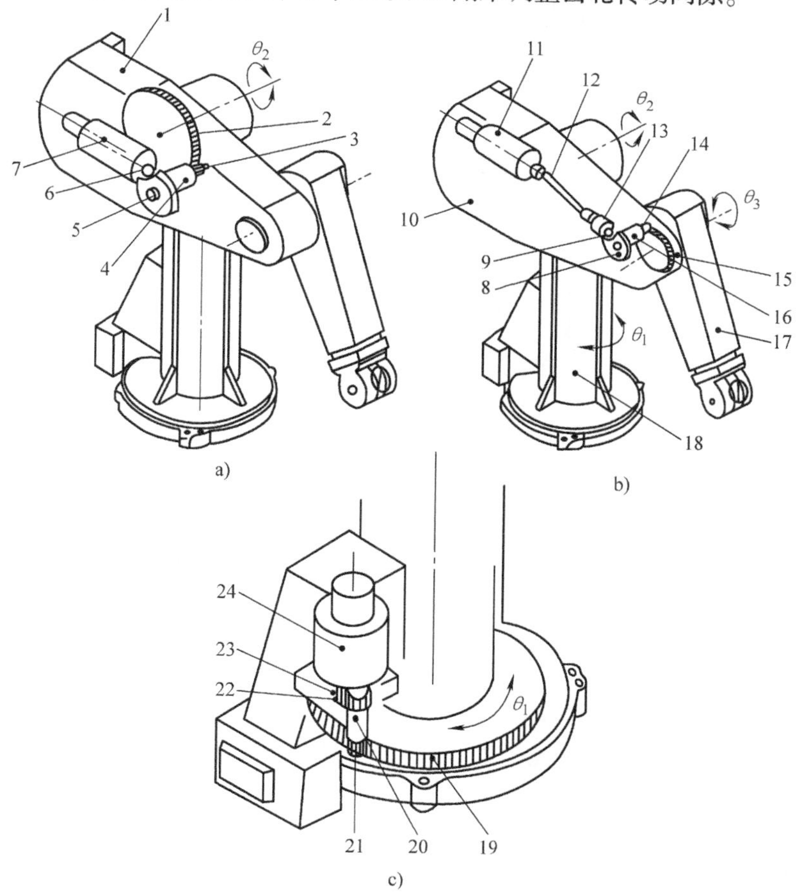

图 7-4 PUMA 型工业机器人手臂传动机构

1、10—大臂 2、3、5、6、8、9、14、15、19、20、21、22、23—齿轮 4、13、16、20—偏心套 7、11、24—驱动电动机 12—驱动轴 17—小臂 18—腰座

BJDP－1 型工业机器人为全电动式、五自由度、具有连续轨迹控制的多关节型机器人，如图 7-5 所示，手臂采用大、小臂平行四连杆机构。大臂由固定在立柱回转体上的电动机 10（M_2）经锥齿轮传动和谐波减速器驱动；小臂电动机 2（M_3）也固定在立柱回转体上，经锥齿轮和谐波减速器减速后带动平行四连杆机构的横杆推动小臂运动；腰座的回转运动则由立柱驱动电动机 1（M_1），经斜齿轮传动、谐波减速器和直齿轮传动驱动。另外，腕部的驱动电动机 3（M_5）、5（M_4）安装在小臂的横杆上，通过链传动机构将运动和动力传送到手腕，分别驱动手腕的转动和俯仰。

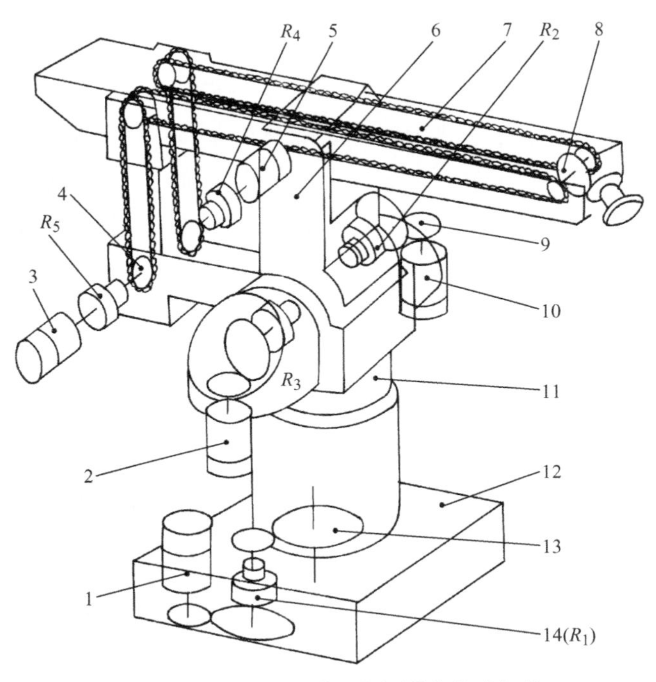

图 7-5 BJDP－1 型工业机器人传动机构

1—立柱驱动电动机 M_1 2—小臂驱动电动机 M_3 3—腕部回转电动机 M_5 4—链轮链条 5—腕部俯仰电动机 M_4 6—大臂 7—小臂 8、9—锥齿轮 10—大臂驱动电动机 M_2 11—立柱 12—基座 13—直齿轮 14—R_1、R_2、R_3、R_4、R_5 均为谐波减速器

液压驱动圆柱坐标型工业机器人手臂如图 7-6 所示。它具有手臂伸缩、回转和升降三个自由度，手臂伸缩运动由液压缸 2 驱动，活塞杆 1 固定不动，采用燕尾形导轨 5 导向，刚度大，工作平稳；手臂回转运动采用回转液压缸 11 驱动，回转液压缸的输出轴上安装有行星齿轮 9，固定齿圈（太阳轮）7 与中间机座 6 固联，回转液压缸体固定在手臂支架 4 上，当回转液压缸动片转动时，行星齿轮 9 绕自身轴线转动（自转）的同时，带动手臂支架一起绕中间机座（即太阳轮）回转（公转）；在中间机座 6 的下面配置有升降液压缸，实现手臂的升降运动。

二、手腕

手腕是连接手臂和手部的部件，其功能是在手臂和腰部实现了手部在空间的三个位

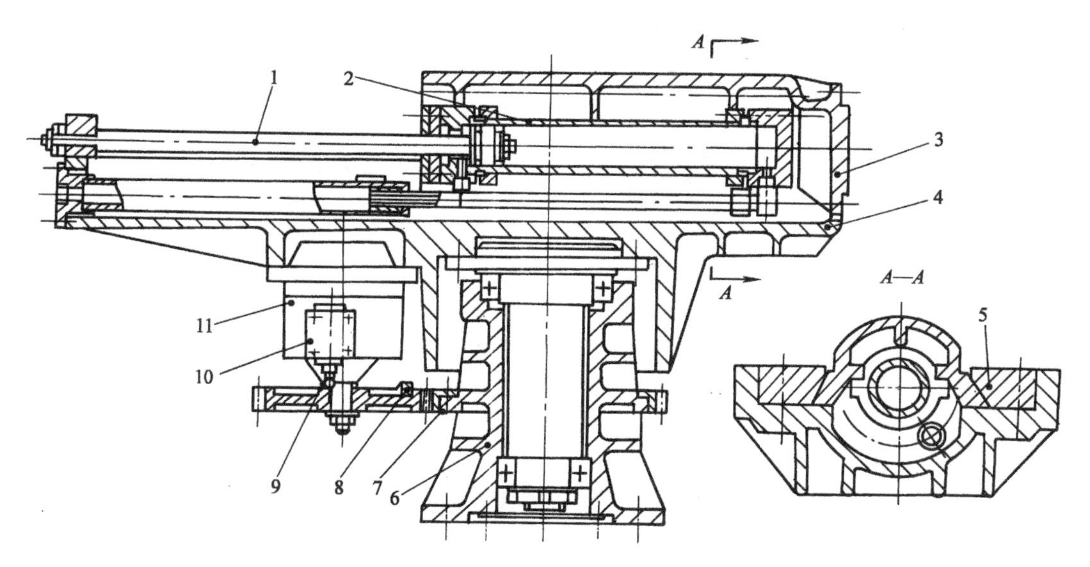

图 7-6 液压驱动圆柱坐标工业机器人手臂

1—活塞杆 2—液压缸 3—手臂端部 4—手臂支架 5—导轨 6—中间机座 7、9—齿轮 8—挡块 10—行程开关 11—回转液压缸

置坐标（自由度）的基础上，再由手腕来实现手部在作业空间的三个姿态（方位）坐标，即实现三个旋转自由度。通过机械接口连接并支承的手部如图 7-7 所示。

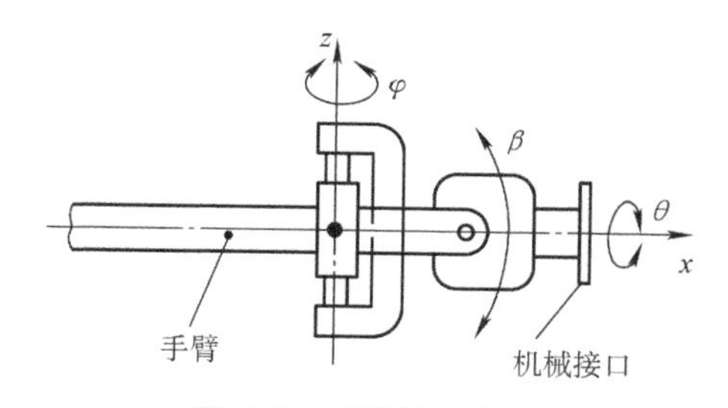

图 7-7 手腕的自由度

手腕一般由弯曲式关节和转动式关节组成。组成弯曲式腕关节的相邻构件的轴线在工作中相互间角度有变化，以 B 表示；组成转动式腕关节的则相反，以 R 表示，如图 7-8 所示。多自由度的手臂机械接口腕关节则由这两种基本结构形式组合而成。对于二自由度腕关节来说有 R—R 和 B—R 两种结构、对于主自由度腕关节来说，有 B—B—R、B—R—R、R—B—R、R—R—R 和 R—B—B 五种结构。上述七种结构形式如图 7-9 所示，图中 P 表示俯仰（Pitch），Y 表示摆动（Yaw），R 表示转动（Roll）。

手腕处于手臂末端，为减轻手臂载荷，使工业机器人具有较好的动力学特性，一般将驱动装置安装在立柱或靠近立柱的其他部件上，而不直接装在腕部，通过链条、齿形带或连杆将运动传到腕关节，如图 7-9 所示。手腕部件的自由度越多，其动作的灵活性越高，工业机器人对作业的适应能力越强，但增加自由度，会使手腕结构复杂，运动控制难度加大，因此通用目的的工业机器人手腕一般配置三个自由度。为提高手腕动作的精确性，应提高传动的刚度，尽量减小机械传动系统中由于间隙产生的反转回差。对手腕回转各关节轴上要设置限位开关和机械挡块，以防关节超载造成事故。

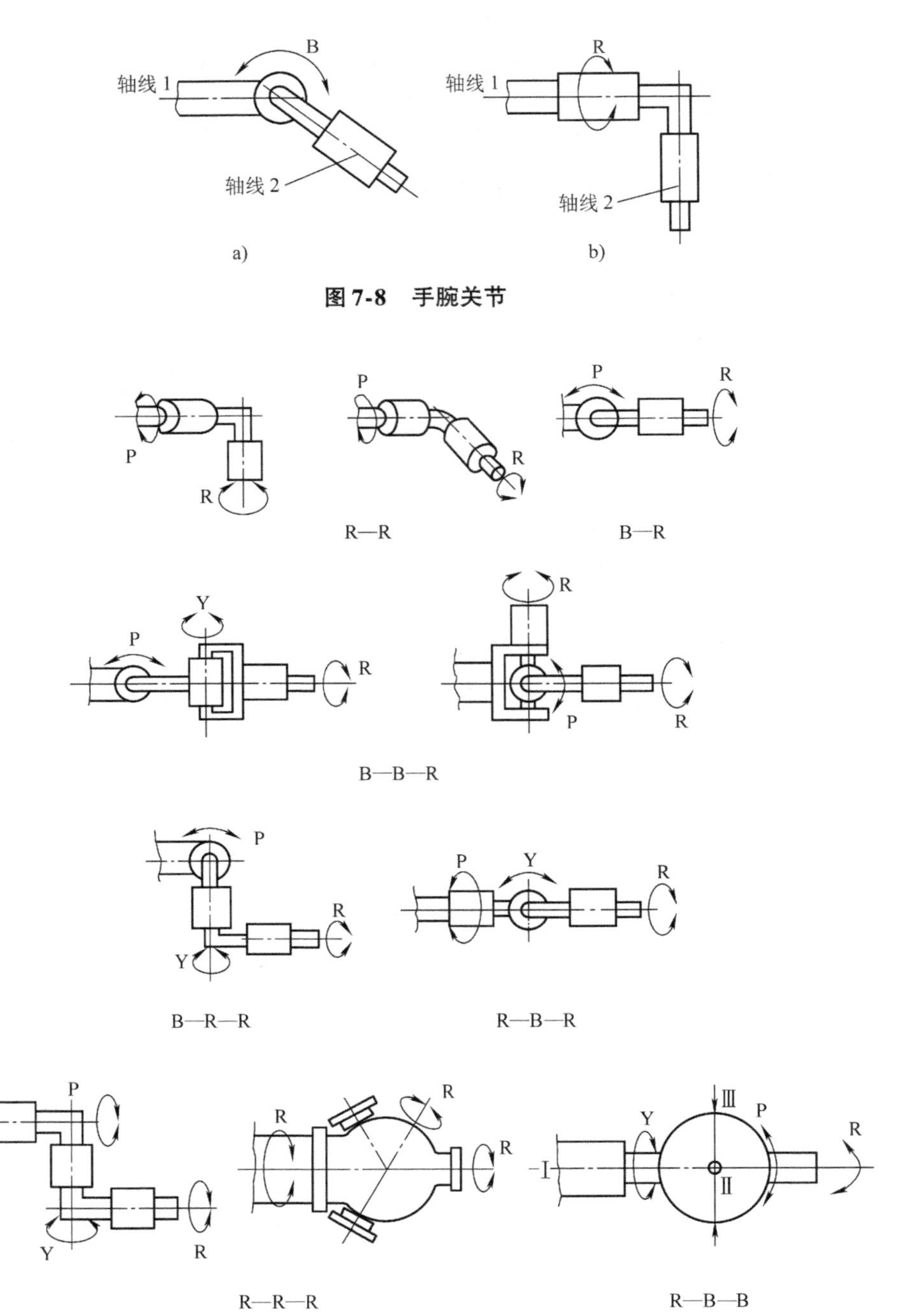

图 7-8　手腕关节

图 7-9　手腕自由度配置形式

下面介绍几种典型手腕结构。

（1）具有三自由度的工业机器人手腕　具有三自由度的 PUMA 型工业机器人手腕结构如图 7-10 所示。驱动手腕运动的三个电动机安装在小臂的后端（见图 7-10a），这种配置方式可以利用电动机作为配重起平衡作用。三个电动机7、8、9经柔性联轴器6和传动轴5将运动传递到手腕各轴齿轮，驱动电动机7经传动轴5和两对圆柱传动齿轮4、3带动手腕1在壳体2上做偏摆运动φ。电动机9经传动轴5驱动圆柱传动齿轮12和圆锥传动齿轮13，从而使轴15回转，实现手腕的上下摆动运动β。电动机8经传动轴5和两对圆锥传动齿轮11、14带动轴16回转，实现手腕机械接口17法兰盘的回转运动θ。图7-10c为柔性联轴器的形状。

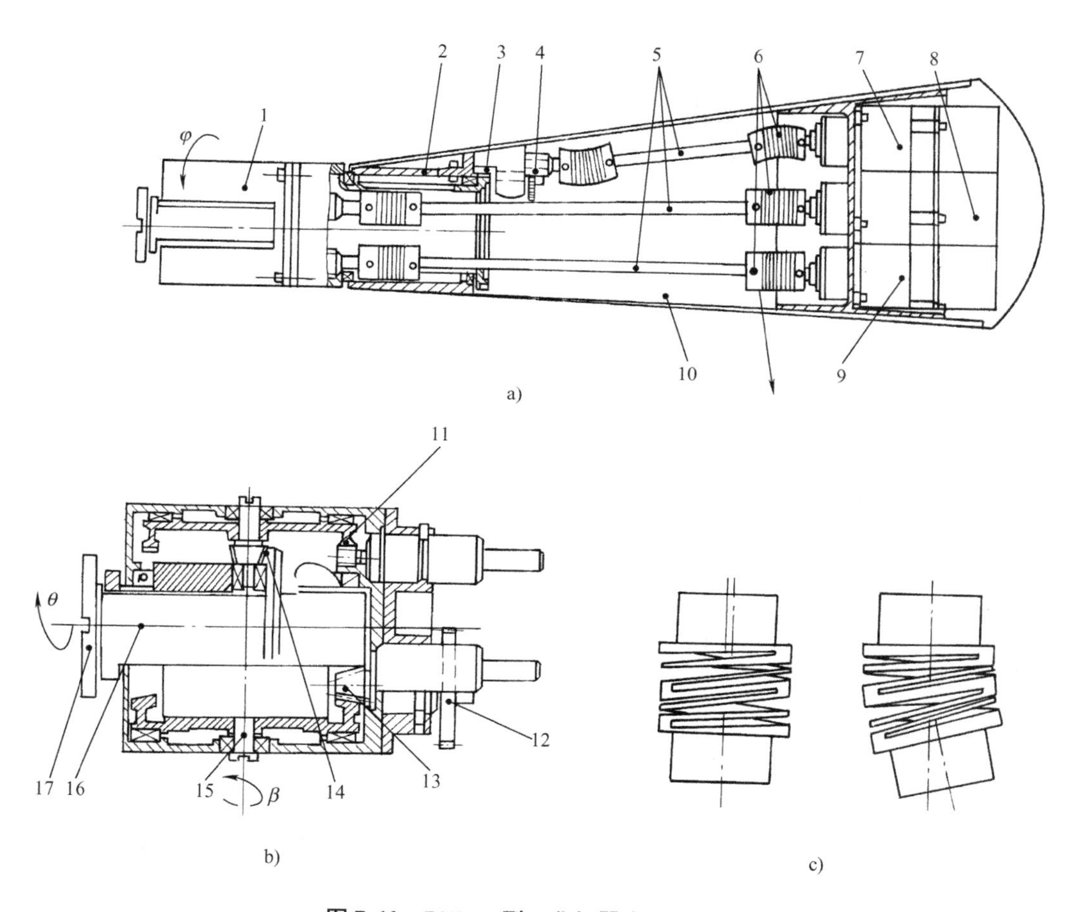

图7-10 PUMA型工业机器人手腕结构

a）手臂 b）手腕 c）柔性联轴器

1—手腕 2—壳体 3、4、11、12、13、14—传动齿轮 5—传动轴 6—柔性联轴器 7、8、9—电动机 10—手臂外壳 15、16—轴 17—手腕机械接口

（2）具有回转和摆动两个自由度的手腕　具有回转和摆动两个自由度的手腕结构如图7-11所示。它采用两个回转液压缸5、8，$V-V$剖面为手腕摆动回转液压缸，工作时动片6带动摆动回转液压缸5，使整个腕部绕固定中心轴3摆动。$L-L$剖面为手腕回转液压缸，工作时动片7带动回转中心轴2，实现腕部的回转运动。

（3）上部为链传动的手腕　图7-5上部为链传动的手腕结构。

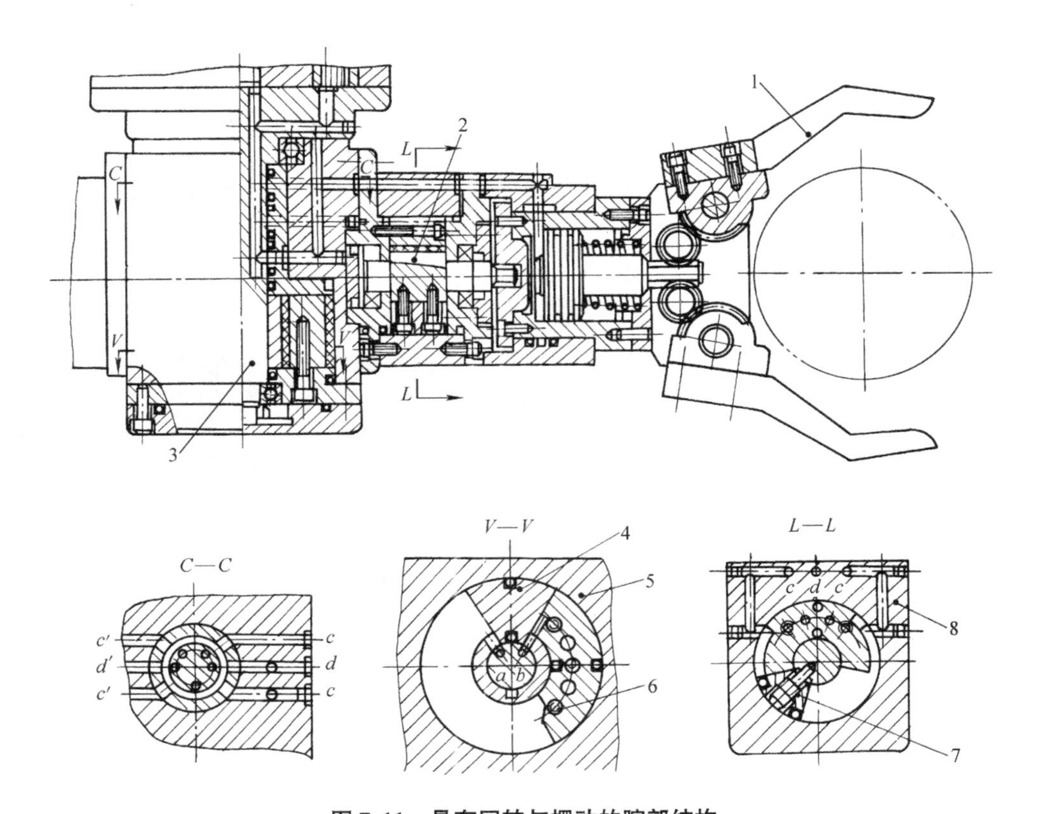

图 7-11 具有回转与摆动的腕部结构

1—手部 2—回转中心轴 3—固定中心轴 4—定片
5—摆动回转液压缸 6、7—动片 8—回转液压缸

三、手部

手部装在操作机手腕的前端，它是操作机直接执行工作的装置。根据其用途和结构的不同可以分为机械夹持器、专用工具和万能手三类。多数情况下手部是为特定的用途而专门设计的，但也可设计成一种适用性较强的多用途手部，为了方便地更换手部，可以设计一种手部的换接器形成操作机上的机械接口。较简单的可用法兰盘作为机械接口处的换接器，为实现快速和自动更换手部，可以采用电磁吸盘或气动锁紧的换接器。

1. 机械夹持器

机械夹持器是工业机器人中最常见的一种手部装置，机械夹持器可分为回转式和移动式两类。回转式又可分为单支点回转式和双支点回转式。按夹持方式可分为外夹式和内撑式。

下面介绍几种典型的机械夹持器结构。

（1）回转式机械夹持器　图 7-12a 所示为楔块杠杆式回转机械夹持器，当夹持器驱动器向前推进时，通过楔块 4 的楔面和杠杆 1，使手爪产生夹紧动作和夹紧力；当楔块后移时，靠弹簧2的拉力使手爪松开。图7-12b所示为滑槽杠杆式回转机械夹持器，当驱动器的驱动杆7向上运动时，圆柱销8在两杠杆9的滑槽中移动，迫使与支架6相铰接的两手爪产生夹紧动作和夹紧力；当杆7向下运动时手爪松开。图7-12c所示为连杆杠杆式回转机械夹持器，当驱动推杆10上下移动时，由杆10、连杆11、摆动钳爪12和夹持器体构成四杆机构，迫使钳爪完成夹紧和松开动作。

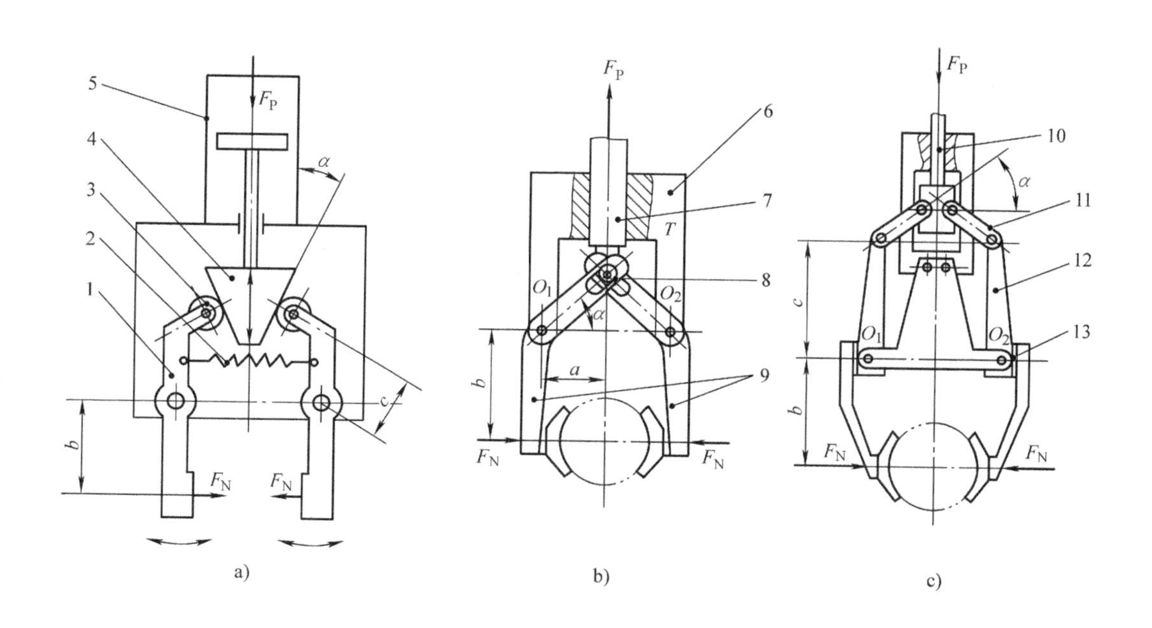

图7-12 回转式机械夹持器

a）楔块杠杆式回转机械夹持器 b）滑槽杠杆式回转机械夹持器 c）连杆杠杆式回转机械夹持器

1、9—杠杆 2—弹簧 3—滚子 4—楔块 5—驱动器 6—支架 7、10—杆

8—圆柱销 11—连杆 12—摆动钳爪 13—调整垫片

（2）移动式机械夹持器 图7-13a所示为齿轮齿条平行连杆式平移型夹持器，电磁式驱动器3驱动齿条杆2和2个扇形齿轮1，扇形齿轮带动连杆5绕O_1、O_2旋转。连杆5、6，钳爪7和夹持器体4构成一平行四杆机构，驱动两钳爪做平移运动以夹紧和松开工件。图7-13b所示为左右旋丝杠式平移型夹持器，由电动机8驱动一对旋向相反的丝杠9提供准确的移动夹紧动作；两丝杠协调一致地安装在同一轴上，由导轨10保证钳爪杆11的平移运动。这种夹持器若配置一单独的伺服电动机或步进电动机驱动，可方便地通过编程控制电动机的旋转来夹紧不同尺寸规格的工件；如果采用滚珠丝杠和滚动导轨，能得到很高的重复定位精度。

（3）内撑式机械夹持器 内撑式机械夹持器采用四连杆机构传递撑紧力，如图7-14所示。其撑紧方向与外夹式（上述1、2两类）相反。钳爪3从工件内孔撑紧工件，为使撑紧后能准确地用内孔定位，多采用三个钳爪（图中只画了两个钳爪）。

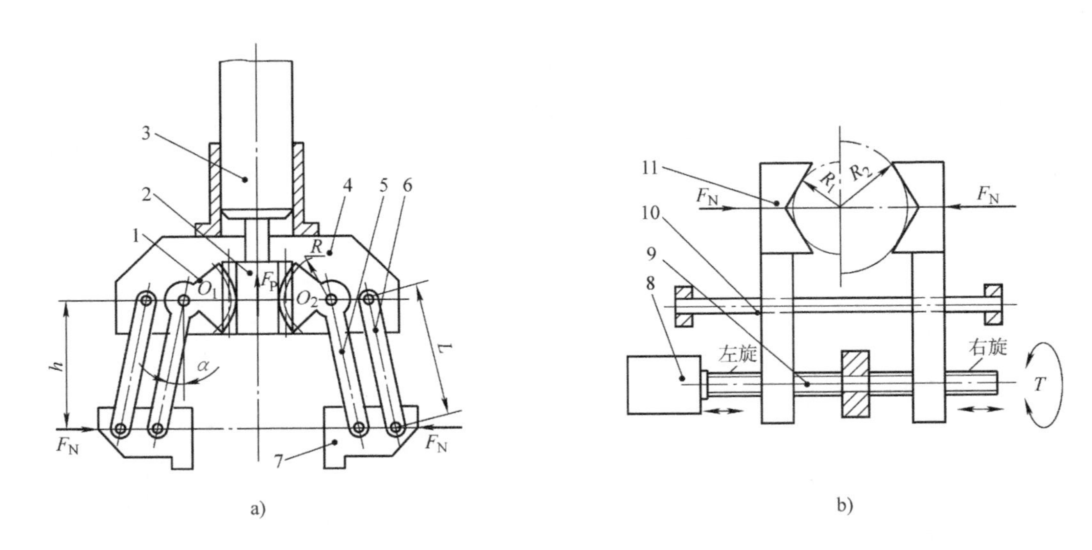

图 7-13　移动式机械夹持器

a）齿轮齿条平行连杆式平移型夹持器　b）左右旋丝杠式平移型夹持器

1—扇形齿轮　2—齿条杆　3—电磁式驱动器　4—夹持器体　5、6—连杆　7—钳爪　8—电动机　9—丝杠　10—导轨　11—钳爪杆

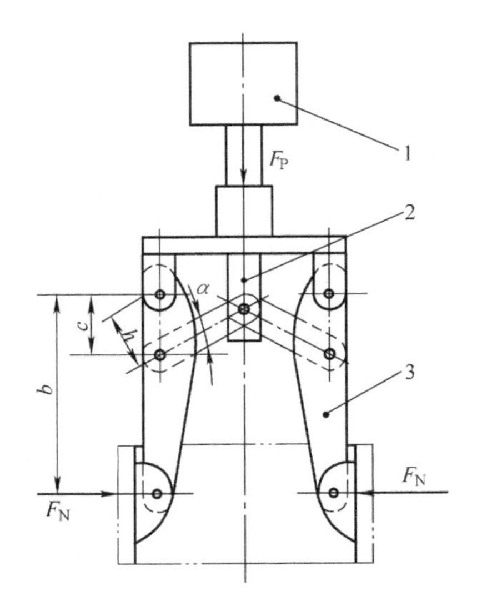

图 7-14　内撑连杆杠杆式夹持器

1—驱动器　2—杆　3—钳爪

2. 专用工具

专用工具是供工业机器人完成某类特定的作业之用。现将常用的一些专用工具应用实例列于图 7-15 中。

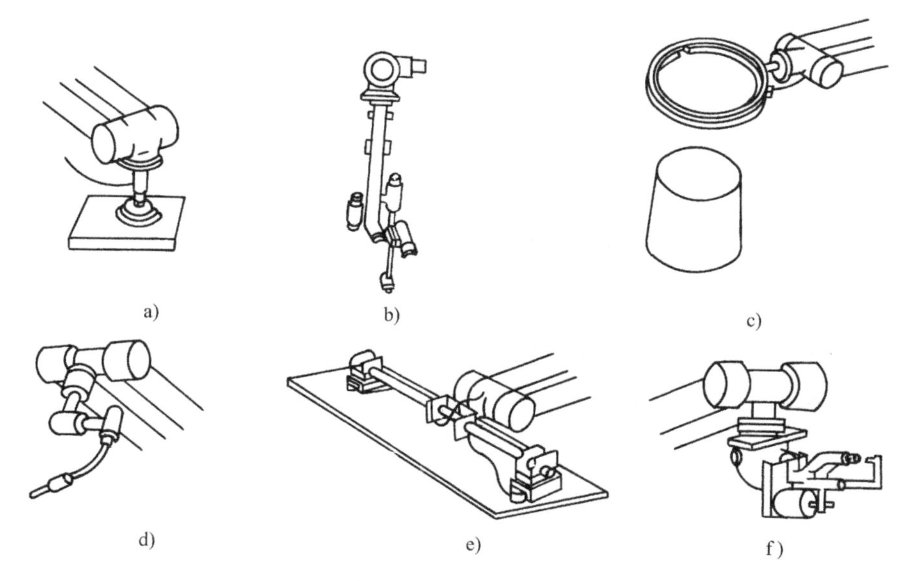

图 7-15 专用工具

a）真空吸附手 b）喷枪 c）空气袋膨胀手 d）弧焊焊枪 e）电磁吸附手 f）点焊枪

第三节 工业机器人运动学与力学分析

一、工业机器人运动学

研究工业机器人机构运动学的目的是建立工业机器人各运动构件与手部在空间的位置之间的关系，建立工业机器人手臂运动的数学模型，为控制工业机器人的运动提供分析的方法和手段，为仿真研究手臂的运动特性和设计控制器实现预定的功能提供依据。

（一）坐标变换原理与变换矩阵

工业机器人的执行机构属于空间机构，因而可以采用空间坐标变换基本原理及坐标变换矩阵解析方法来建立描述各构件（坐标系）之间的相对位置和姿态的矩阵方程。

空间机构的位置分析，就是研究刚体（构件）在三维空间进行的旋转和移动。可以在机构的每一构件上建立一右手直角坐标系，把构件运动后的新位置看成是这一坐标系的变换。如图 7-16 所示，固定在构件 2 上的坐标系 $x_2-y_2-z_2$，可以看成是固定在构件 1 上的坐标系 $x_1-y_1-z_1$的原点 O_1沿 z_1轴移动距离 d_1到达 O_1' 点，然后绕 z_1轴旋转 θ_{12}角，再沿 x_2轴移动距离 h_2到达 O_2，然后再绕 x_2轴旋转 α_{12}角，得到新坐标系 $x_2-y_2-z_2$，即构件 2 的位置和姿态。

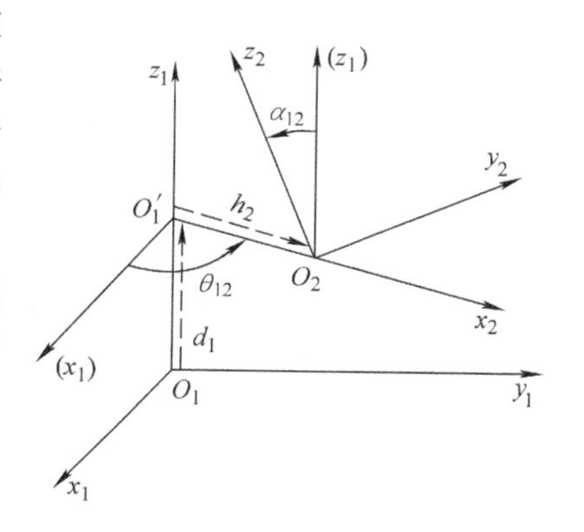

图 7-16 空间坐标变换图

应用于仅由转动副、移动副和螺旋副组成的空间工业机器人机构研究中的齐次坐标变换矩阵是 $D-H$

(Denavit-Harterberg) 矩阵。$D-H$ 矩阵是一个 4×4 矩阵

$$\begin{pmatrix} A_{11} & A_{12} & A_{13} & P_x \\ A_{21} & A_{22} & A_{23} & P_y \\ A_{31} & A_{32} & A_{33} & P_z \\ 0 & 0 & 0 & 1 \end{pmatrix} \tag{7-1}$$

它表示如图 7-17 所示的一空间矢量从一个坐标系向另一坐标系转换的关系。

两坐标系间的旋转用 $D-H$ 矩阵左上角的一个 3×3 旋转矩阵（$\boldsymbol{R}$）来描述；右上角是一个 3×1 的列矩阵，称为位置向量，表示两个坐标系间的平移，P_x、P_y、P_z 为两坐标系间平移矢量的三个分量。$D-H$ 矩阵左下角中的 1×3 行矩阵表示沿三根坐标轴的透视变换；右下角的 1×1 单一元素矩阵为使物体产生总体变换的比例因子。在 CAD 绘图中透视变换和比例因子是重要参数，但在工业机器人控制中，透视变换值总是取零，而比例因子则总是取 1。

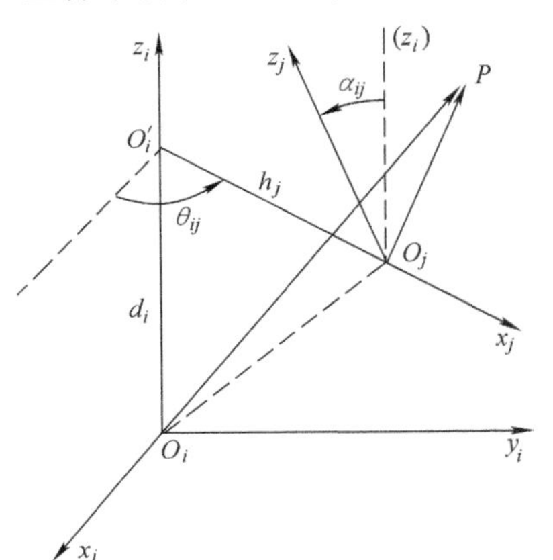

图 7-17 两任意坐标系的变换

1. 旋转矩阵

如图 7-18 所示，两个共原点的右手直角坐标系 $x_i-y_i-z_i$ 和 $x_j-y_j-z_j$，可以看作是 j 坐标系的坐标轴方向相对 i 坐标系绕 z_i 轴旋转了一个 θ 角得到的，因此可以写出下列关系式

$$\left.\begin{aligned} x_i &= x_j\cos\theta - y_j\sin\theta + 0\times z_j \\ y_i &= x_j\sin\theta + y_j\cos\theta + 0\times z_j \\ z_i &= 0\times x_j + 0\times y_j + 0\times z_j \end{aligned}\right\} \tag{7-2}$$

写成矩阵形式

$$\begin{pmatrix} x_i \\ y_i \\ z_i \end{pmatrix} = \begin{pmatrix} \cos\theta & -\sin\theta & 0 \\ \sin\theta & \cos\theta & 0 \\ 0 & 0 & 1 \end{pmatrix}\begin{pmatrix} x_j \\ y_j \\ z_j \end{pmatrix} \tag{7-3}$$

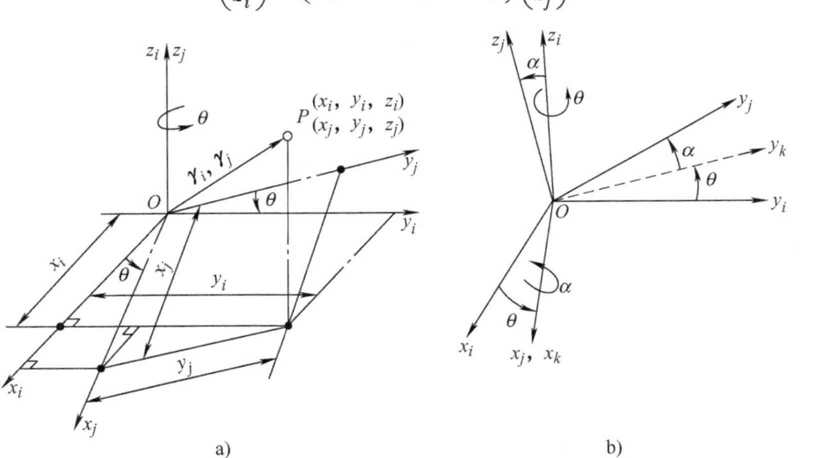

图 7-18 旋转矩阵求取

写成矢量形式

$$\boldsymbol{\gamma}_i = (R_{ij}^{\theta})\boldsymbol{\gamma}_j \tag{7-4}$$

式中，$\boldsymbol{\gamma}_i$ 为矢量 **OP** 在坐标系中的坐标列阵；$\boldsymbol{\gamma}_j$ 为矢量 **OP** 在 $x_j-y_j-z_j$ 坐标系中的坐标列阵；(R_{ij}^{θ}) 为坐标系 j 变换到坐标系 i 的旋转矩阵。

方阵 (R_{ij}^{θ}) 就是 i 和 j 坐标系各相应坐标轴夹角的余弦，见表7-1。

表7-1 坐标变换关系表

	x_j	y_j	z_j
x_i	$\cos(x_i, x_j)$	$\cos(x_i, y_j)$	$\cos(x_i, z_j)$
y_i	$\cos(y_i, x_j)$	$\cos(y_i, y_j)$	$\cos(y_i, z_j)$
z_i	$\cos(z_i, x_j)$	$\cos(z_i, y_j)$	$\cos(z_i, z_j)$

利用表7-1可容易地写出 j 坐标系绕 i 坐标系的 x_i 轴（y_i 轴）转过 α 角（β 角）后的旋转矩阵。

$$(R_{ij}^{\alpha}) = \begin{pmatrix} 1 & 0 & 0 \\ 0 & \cos\alpha & -\sin\alpha \\ 0 & \sin\alpha & \cos\alpha \end{pmatrix} \tag{7-5}$$

$$(R_{ij}^{\beta}) = \begin{pmatrix} \cos\beta & 0 & -\sin\beta \\ 0 & 1 & 0 \\ \sin\beta & 0 & \cos\beta \end{pmatrix} \tag{7-6}$$

绕两根坐标轴旋转时，新坐标系 j 的位置可以看成旧坐标系 i 先绕 z_i 轴转过 θ 角，达到 $x_k-y_k-z_i$，再绕 x_k 轴转 α 角得到，如图7-18b所示。这种坐标系的连续旋转，可以用旋转矩阵的连乘表示，即

$$(R_{ij}^{\theta,\alpha}) = \begin{pmatrix} \cos\theta & -\sin\theta & 0 \\ \sin\theta & \cos\theta & 0 \\ 0 & 0 & 1 \end{pmatrix}\begin{pmatrix} 1 & 0 & 0 \\ 0 & \cos\alpha & -\sin\alpha \\ 0 & \sin\alpha & \cos\alpha \end{pmatrix} = \begin{pmatrix} \cos\theta & -\sin\theta\cos\alpha & \sin\theta\sin\alpha \\ \sin\theta & \cos\theta\cos\alpha & -\cos\theta\sin\alpha \\ 0 & \sin\alpha & \cos\alpha \end{pmatrix} \tag{7-7}$$

由此可见，方向余弦矩阵的依次连乘可完成坐标系的连续变换。用同样的方法，可以得出绕其他坐标轴两次旋转的旋转矩阵。

2. 位置向量

位置向量中 P_x 表示沿 x_i 轴从 z_{i-1} 轴量至 z_i 轴的距离，记为 h_i，并规定与 x_i 轴正向一致的距离为正。P_y 表示沿 y_i 轴从 z_{i-1} 轴量至 z_i 轴的距离，记为 l_i，并规定与 y_i 轴正向一致的距离为正。P_z 表示沿 z_i 轴从 x_{i-1} 轴量至 x_i 轴的距离，记为 d_t，并规定与 z_i 轴正向一致的距离为正。

由上述讨论可知，相邻两坐标系 $x_i-y_i-z_i$ 和 $x_{i-1}-y_{i-1}-z_{i-1}$ 之间的不共原点的坐标变换矩阵方程为

$$\begin{pmatrix} x_{i-1} \\ y_{i-1} \\ z_{i-1} \\ 1 \end{pmatrix} = (M_{i-1,i})\begin{pmatrix} x_i \\ y_i \\ z_i \\ 1 \end{pmatrix} \tag{7-8}$$

其中，$(M_{i-1,i})$ 是由 h_i、d_t、α_t 和 θ_t 四个参数所确定的相邻坐标系的齐次坐标变换矩阵

$$(M_{i-1,i})=\begin{pmatrix} c\theta_i & -s\theta_i c\alpha_i & s\theta_i s\alpha_i & h_i c\theta_i \\ s\theta_i & c\theta_i c\alpha_i & -c\theta_i s\alpha_i & h_i s\theta_i \\ 0 & s\alpha_i & c\alpha_i & d_i \\ 0 & 0 & 0 & 1 \end{pmatrix} \tag{7-9}$$

其中，$s\theta_i=\sin\theta_i$；$s\alpha_i=\sin\alpha_i$；$c\theta_i=\cos\theta_i$；$c\alpha_i=\cos\alpha_i$。

（二）运动学方程的建立与求解

1. 运动学方程的建立

工业机器人操作机的运动学方程，是描述工业机器人操作机上每一活动构件在空间相对绝对坐标系或相对机座坐标系的位姿方程。

工作过程中，工业机器人的位姿是变化的。其位置可用从机座坐标系 $x_0-y_0-z_0$ 的坐标原点出发、指向机械接口坐标系 $x_m-y_m-z_m$ 的坐标原点 O_m 的矢量 $\boldsymbol{P}$ 来表示，如图 7-19 所示。而手部相对于机座坐标系的姿态可用机械接口坐标系的三个坐标轴 x_m、y_m、z_m 来描述。若以 $\boldsymbol{n}$、$\boldsymbol{o}$、$\boldsymbol{a}$ 分别表示 x_m、y_m、z_m 三个坐标轴的三个单位矢量，且在机座坐标系中的方向余弦分别为 $\boldsymbol{n}=(n_x、n_y、n_z)^{\mathrm{T}}$，$\boldsymbol{o}=(o_x、o_y、o_z)^{\mathrm{T}}$，$\boldsymbol{a}=(a_x、a_y、a_z)^{\mathrm{T}}$，则机械接口坐标系相对于机座坐标系的位姿可用矩阵 $[M_m]$ 描述。

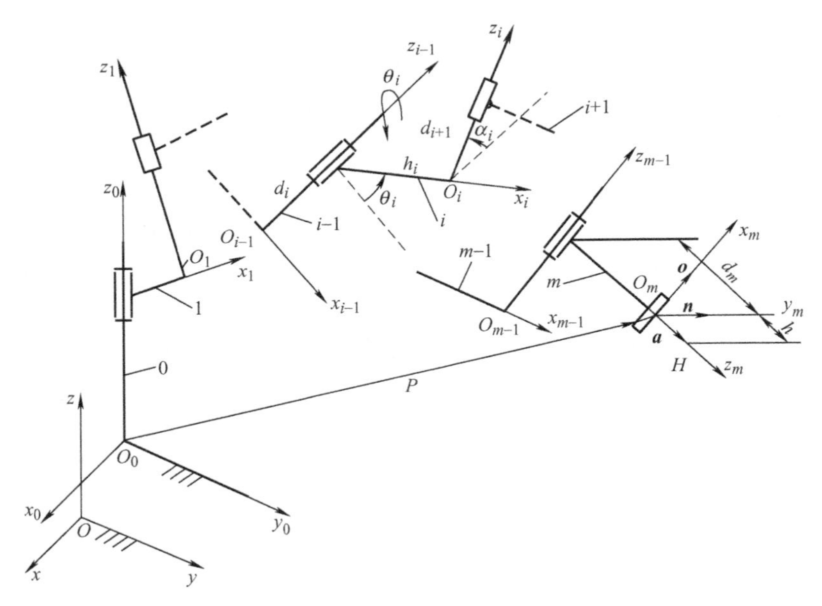

图 7-19 手部的位置与姿态

$$(M_m)=\begin{pmatrix} n_x & o_x & a_x & p_x \\ n_y & o_y & a_y & p_y \\ n_z & o_z & a_z & p_z \\ 0 & 0 & 0 & 1 \end{pmatrix} \tag{7-10}$$

由式(7-9) 可以写出任意相邻两坐标系的齐次坐标变换矩阵，由于通过齐次坐标变

换矩阵的连乘可进行坐标系的连续变换，因而任一坐标系 $x_i-y_i-z_i$ 相对于机座坐标系的位姿可表示为

$$(M_{0i})=(M_{01})(M_{12})\cdots(M_{i-1,i}) \tag{7-11}$$

式中 (M_{0i})——坐标系 $x_i-y_i-z_i$ 与机座坐标系 $x_0-y_0-z_0$ 之间的齐次坐标变换矩阵。

对于具有 m 个自由度的工业机器人，其手部相对于机座坐标系的位姿矩阵为

$$(M_m)=\begin{pmatrix} n_x & o_x & a_x & p_x \\ n_y & o_y & a_y & p_y \\ n_z & o_z & a_z & p_z \\ 0 & 0 & 0 & 1 \end{pmatrix}=(M_{01})(M_{12})\cdots(M_{m-1,m}) \tag{7-12}$$

例 7-1 列出 PUMA－560 型工业机器人的运动学方程。操作机的轴测图和机构运动简图如图 7-20 所示。

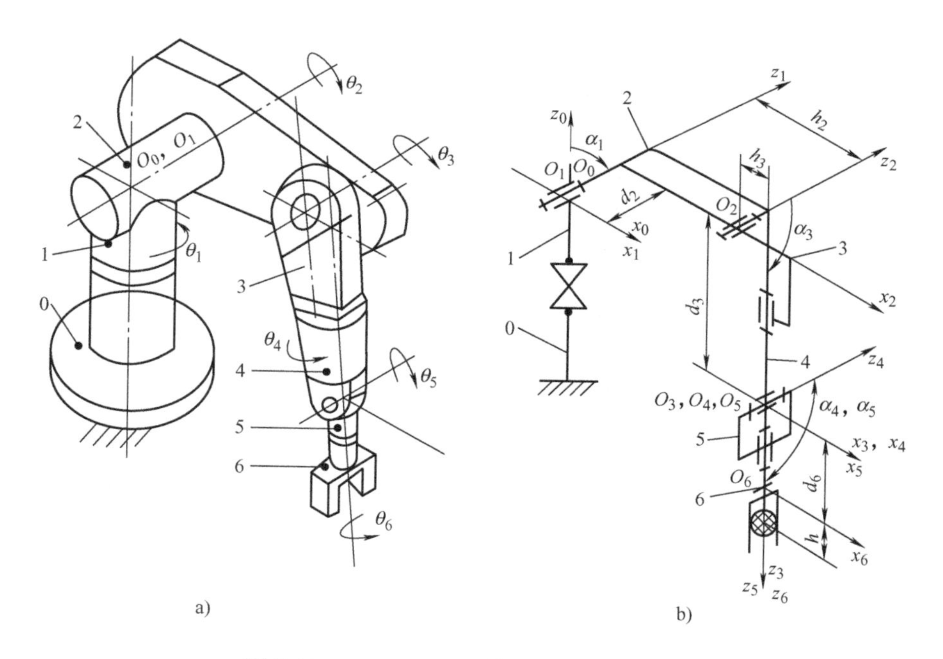

图 7-20 PUMA－560 型工业机器人操作机

a）轴测图 b）机械运动简图

解：（1）建立各构件的 $D-H$ 坐标系 设工业机器人的操作机由机座 O 及六个活动构件组成，具有六个旋转关节。机座坐标系 $x_0-y_0-z_0$ 因连在机座 O 上，为简化计算，将其原点 O_0 平移，使 O_1、O_2 重合。按右手坐标系规则建立的各活动构件坐标系全部绘于图 7-20b 所示的机构运动简图上。

（2）确定各杆件的结构参数和运动变量 各关节的运动变量都是绕 z_i 轴的转角，分别用 θ_1、θ_2、θ_3、θ_4、θ_5、θ_6 表示。将机构的各结构参数和运动变量列于表 7-2 中。

表 7-2　各结构参数和运动变量

构件编号	θ_i	α_i	h_i	d_i
0-1	θ_1	-90°	0	0
1-2	θ_2	0°	h_2	d_2
2-3	θ_3	-90°	h_3	d_3
3-4	θ_4	90°	0	
4-5	θ_5	-90°	0	0
5-6	θ_6	0	0	d_6

注：表中，θ_1、θ_2、θ_3、θ_4、θ_5、θ_6 是运动变量，余者为结构参数。

（3）写出各相邻两杆件坐标系间的位姿矩阵（$M_{i-1,i}$）　根据式(7-9)和表7-2可得

$$(M_{01})=\begin{pmatrix} c\theta_1 & 0 & -s\theta_1 & 0 \\ s\theta_1 & 0 & c\theta_1 & 0 \\ 0 & -1 & 0 & 0 \\ 0 & 0 & 0 & 1 \end{pmatrix} \qquad (M_{12})=\begin{pmatrix} c\theta_2 & -s\theta_2 & 0 & h_2c\theta_2 \\ s\theta_2 & c\theta_2 & 0 & h_2s\theta_2 \\ 0 & 0 & 1 & d_2 \\ 0 & 0 & 0 & 1 \end{pmatrix}$$

$$(M_{23})=\begin{pmatrix} c\theta_3 & 0 & -s\theta_3 & h_3c\theta_3 \\ s\theta_3 & 0 & c\theta_3 & h_3s\theta_3 \\ 0 & -1 & 0 & d_3 \\ 0 & 0 & 0 & 1 \end{pmatrix} \qquad (M_{34})=\begin{pmatrix} c\theta_4 & 0 & -s\theta_4 & 0 \\ s\theta_4 & 0 & c\theta_4 & 0 \\ 0 & -1 & 0 & 0 \\ 0 & 0 & 0 & -1 \end{pmatrix}$$

$$(M_{45})=\begin{pmatrix} c\theta_5 & 0 & -s\theta_5 & 0 \\ s\theta_5 & 0 & c\theta_5 & 0 \\ 0 & -1 & 0 & 0 \\ 0 & 0 & 0 & 1 \end{pmatrix} \qquad (M_{56})=\begin{pmatrix} c\theta_6 & 0 & -s\theta_6 & 0 \\ s\theta_6 & 0 & c\theta_6 & 0 \\ 0 & -1 & 0 & d_6 \\ 0 & 0 & 0 & 1 \end{pmatrix}$$

（4）建立机械接口坐标系的位姿矩阵（M_{06}）　由式(7-12)得

$$(M_{06})=(M_{01})(M_{12})(M_{23})(M_{34})(M_{45})(M_{56})=\begin{pmatrix} n_x & o_x & a_x & p_x \\ n_y & o_y & a_y & p_y \\ n_z & o_z & a_z & p_z \\ 0 & 0 & 0 & 1 \end{pmatrix} \tag{7-13}$$

这就是PUMA-560型工业机器人操作机的位姿运动学矩阵方程。

2. 运动学方程的求解

工业机器人操作机手部的位姿问题，通常可分为两类基本问题：一类是运动学正问题，另一类是运动学逆问题。

（1）运动学方程的正解　已知工业机器人操作机中各运动副的运动参数和杆件的结构参数，求手部相对于机座坐标系的位置和姿态，即确定（M_{0i}）中各元素的值，就是求解工业机器人运动学的正问题。

例7-1中操作机运动学正问题的求解就是利用式(7-13)进行坐标的连续变换，计算出（M_{06}）中每一个元素的值，即

$$\left.\begin{aligned}n_x &= c_1[c_{23}(c_4c_5c_6 - s_4s_6) - s_{23}s_5s_6] - s_1(s_4c_5c_6 + c_4s_6)\\n_y &= s_1[c_{23}(c_4c_5c_6 - s_4s_6) - s_{23}s_5s_6] + c_1(s_4s_5s_6 + c_4s_6)\\n_z &= -s_{23}(c_4c_5c_6 - s_4s_6) - c_{23}s_5s_6\end{aligned}\right\}$$

$$\left.\begin{aligned}o_x &= c_1[-c_{23}(c_4c_5c_6 + s_4c_6) + s_{23}s_5s_6] - s_1(-s_4c_5s_6 + c_4c_6)\\o_y &= s_2[-c_{23}(c_4c_5c_6 + s_4c_6) + s_{23}s_5s_6] + c_1(-s_4c_5s_6 + c_4c_6)\\o_z &= s_{23}(c_4c_5c_6 + s_4c_6) + c_{23}s_5s_6\end{aligned}\right\}$$

$$\left.\begin{aligned}a_x &= c_1(c_{23}c_4c_5 + s_{23}c_5) - s_1s_4s_5\\a_y &= s_1(c_{23}c_4c_5 + s_{23}c_5) - c_1s_4s_5\\a_z &= -s_{23}c_4c_5 + c_{23}c_5\end{aligned}\right\}$$

$$\left.\begin{aligned}p_x &= c_1[d_6(c_{23}c_4c_5 + s_{23}c_5) + s_{23}d_4 + h_3c_{23} + h_2c_2] - s_1(d_6s_4s_6 + d_2)\\p_y &= s_1[d_6(c_{23}c_4c_5 + s_{23}c_5) + s_{23}d_4 + h_3c_{23} + h_2c_2] + c_1(d_4s_4s_6 + d_2)\\p_z &= d_6[(c_{23}c_5 - s_{23}c_4c_5) + (c_{23}d_4 - h_3s_{23} - h_2s_2)]\end{aligned}\right\}$$

式中，$s_i = \sin\theta_i$，$c_i = \cos\theta_i$；$s_{ij} = \sin(\theta_i + \theta_j)$；$c_{ij} = \cos(\theta_i + \theta_j)$。

运动学正问题解法较为简单。当给定了一组结构参数和运动参数后，机器人运动学方程的正解是唯一的。

（2）运动学方程的逆解　根据已给定的满足工作要求时手部相对于机座坐标系的位姿以及杆件的结构参数，求各运动副的运动参数，即所谓求解工业机器人运动学的逆问题。这是工业机器人设计中对其进行控制的关键。与运动学正问题不同，运动学逆问题一般求解难度较大。由式(7-11）可知，当等式左端的矩阵（M_{0i}）为已知时，等式右端则包含有很多待求的运动参数，根据等式两端矩阵的对应元素相等，可得一组多变量的三角函数方程，求解这些运动参数，需解一组非线性超越函数方程。求解的方法有三种，即代数法、几何法和数值法。前两种解法的具体步骤和公式随工业机器人执行机构类型的不同而有差异。后一种解法是人们寻求的一种通用的逆问题求解方法，由于计算工作量大，时间长，而不能满足实时控制的要求。因而数值解法目前尚难以得到实际应用。

下面简要介绍代数法求解步骤和方法。

设有一个四自由度的工业机器人，则其手部相对于机座坐标系的位姿矩阵为

$$(M_{04}) = (M_{01})(M_{12})(M_{23})(M_{34}) \tag{7-14}$$

用$(M_{01})^{-1}$乘上式两端得

$$(M_{01})^{-1}(M_{04}) = (M_{12})(M_{23})(M_{34}) \tag{7-15}$$

同样可得

$$(M_{12})^{-1}(M_{01})^{-1}(M_{04}) = (M_{23})(M_{34}) \tag{7-16}$$

$$(M_{23})^{-1}(M_{12})^{-1}(M_{01})^{-1}(M_{04}) = (M_{34}) \tag{7-17}$$

由式(7-15)、式(7-16）和式(7-17）的每一个矩阵方程可得 12 个方程，在这些关系式中可选择只包含一个或不多于两个待求运动参数的关系式，使在求解运动参数时，不用或少用数学上的消元法。一般说来，式(7-15）~式(7-17）的逆推过程不一定全部做

完，就可以利用等式两端矩阵中所包含对应元素相等的关系式，求得所需的全部待求运动参数。

工业机器人操作机运动学逆问题的解一般不是唯一的，其存在多解的可能。

二、工业机器人力学分析

工业机器人力学分析主要包括静力学分析和动力学分析。静力学分析是研究操作机在静态工作条件下手臂的受力情况；动力学分析是研究操作机各主动关节驱动力与手臂运动的关系，从而得出工业机器人动力学方程。静力学分析和动力学分析是工业机器人操作机设计、控制器设计和动态仿真的基础。

1. 静力学分析

工业机器人与环境的接触将在工业机器人与环境之间引起相互作用力和力矩。而工业机器人的关节扭矩由各关节的驱动装置提供，通过手臂传至手部，使力和力矩作用于与环境的接触面上，这种力和力矩的输入输出关系在工业机器人的控制中是十分重要的。

（1）静力平衡方程　开式链手臂中单个杆件的受力情况如图 7-21 所示，杆件 i 通过关节 i 和 $i+1$ 分别与杆件 $i-1$ 和 $i+1$ 相联接，以 i 关节的回转轴线和 $i+1$ 关节的回转轴线 z_{i-1} 和 z_i 坐标分别建立两个坐标系 $i-1$ 和 i。令 $F_{i-1,i}$ 表示 $i-1$ 杆作用在 i 杆上的力，$F_{i,i+1}$ 表示 i 杆作用在 $i+1$ 杆上的力，则 $-F_{i,i+1}$ 表示 $i+1$ 杆作用在 i 杆上的力，c_i 为 i 杆的重心，重力 m_ig 作用在 c_i 上，于是杆件 i 的力平衡方程为

$$F_{i-1,i}+F_{i+1,i}+m_ig=0$$

$$i=1,2,\cdots,n$$

若以 $-F_{i,i+1}$ 代替 $F_{i+1,i}$，则有

$$F_{i-1,i}-F_{i,i+1}+m_ig=0 \tag{7-18}$$

以上矢量相对于固定坐标系而言。

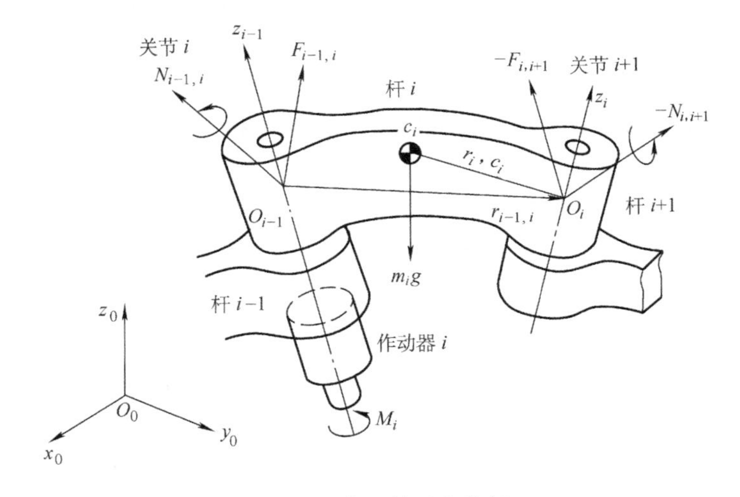

图 7-21　杆 i 的受力分析

又令 $N_{i-1,i}$ 为 $i-1$ 杆作用于 i 杆上的力矩，$-N_{i,j+1}$ 为 $i+1$ 杆作用于 i 杆的力矩，则力矩平衡方程为

$$N_{i-1,i}-N_{i,i+1}-(r_{i,i+1}+r_{i,c_i})\times F_{i-1,i}+(-r_i,c_i)\times(-F_{i,i+1})=0$$
$$i=1,2,\cdots,n \tag{7-19}$$

式中，第三项为 $F_{i-1,i}$ 对重心取矩；第四项为 $-F_{i,i+1}$ 对重心取矩；$r_{i-1,i}$ 为从 $i-1$ 坐标系原点 O_{i-1} 到 i 坐标系原点 O_i 的位置矢量；r_i，c_i 为 O_i 到重心 c_i 的位置矢量。

当 $i=1$ 时，力和力矩分别为 $F_{0,1}$ 和 $N_{0,1}$，表示操作机机座对杆件 1 的作用力和力矩；当 $i=n$ 时，$F_{n,n+1}$ 和 $N_{n,n+1}$ 分别表示工业机器人对环境的作用力和力矩，而 $-F_{n,n+1}$ 和 $-N_{n,n+1}$ 则分别表示环境对工业机器人杆件 n 的作用力和力矩。

若工业机器人操作机由 n 个杆件构成，则由式(7-18) 和式(7-19) 可列出 $2n$ 个方程，两式共涉及力和力矩 $2n+2$ 个，因此一般需给出两个初始条件方程才能有解。在工业机器人作业过程中，最直接受影响的是操作机手部与环境之间的作用力和力矩，故通常假设这两个量为已知，以使方程有解。

从施加在操作机手部的力和力矩开始，依次从末杆件到机座求出所施加的力和力矩，将式(7-18) 和式(7-19) 合并并变成从前杆到后杆的递推公式，即

$$\left.\begin{aligned}&F_{i-1,i}=F_{i,i+1}-m_i g\\&N_{i-1,i}=N_{i,i+1}+(r_{i-1,i}+r_{i,ci})\times F_{i-1,i}-(r_{i,c_i}\times F_{i,i+1})\\&i=1,2,\cdots,n\end{aligned}\right\} \tag{7-20}$$

（2）关节力和关节力矩　为了使操作机保持静力平衡，需要确定驱动器对相应杆件的输入力和力矩与其所引起的操作机手部力和力矩之间的关系。

令 τ_i 为驱动杆件 i 的第 i 个驱动器的驱动力或驱动力矩，并假设关节处无摩擦，则有：

当关节是移动副时，如图 7-22 所示，τ_i 应与该关节的作用力 $F_{i-1,i}$ 在 z_{i-1} 上的分量平衡，即

$$\tau_i=b_{i-1}^{\mathrm{T}}F_{i-1,i} \tag{7-21}$$

式中　b_{i-1}——$i-1$ 关节轴的单位向量。

式(7-21) 说明驱动器的输入力只与 $F_{i-1,i}$ 在 z_{i-1} 轴上的分量平衡，其他方向的分量由约束力平衡，约束力不做功。

当关节是转动副时，τ_i 表示驱动力矩，它与作用力矩 $N_{i-1,i}$ 在 z_{i-1} 轴上的分量相平衡，即

$$\tau_i=B_{i-1}^{\mathrm{T}}N_{i-1,i} \tag{7-22}$$

作用力矩在其他方向上的分量由约束平衡。

驱动器的驱动力和驱动力矩的 n 维向量形式为

$$\tau=\begin{pmatrix}\tau_1\\\tau_2\\\vdots\\\tau_n\end{pmatrix}$$

式中 n——驱动器的个数；

τ——关节力和力矩矢量，简称关节力矩。

关节力矩 τ 与工业机器人手部端点力 F 的关系可用下式描述

$$\tau = J^{\mathrm{T}}F \tag{7-23}$$

式中 J——$n \times n$ 阶雅可比矩阵；

τ——亦称为与 F 平衡的等效关节力矩。并假定关节无摩擦，且不计各杆件的重力。

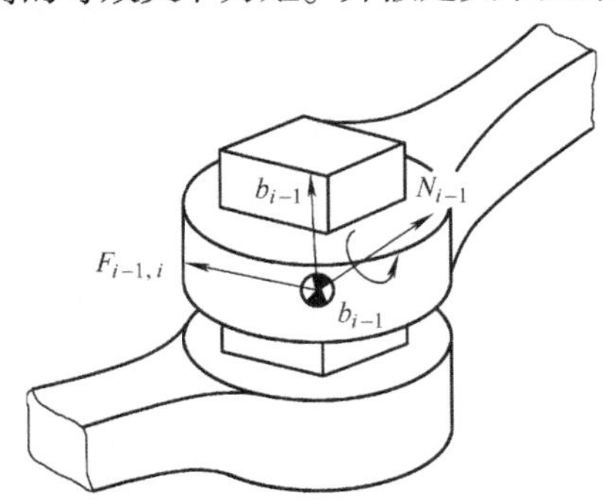

图 7-22 移动关节上的关节力

例 7-2 一个二自由度的平面工业机器人操作机如图 7-23 所示，手部端点与外界接触，手部作用于环境的力为 $F=(F_xF_y)^{\mathrm{T}}$，若关节无摩擦力存在，求平衡端点力 F 的等效关节力矩 $\tau=(\tau_1\tau_2)^{\mathrm{T}}$。

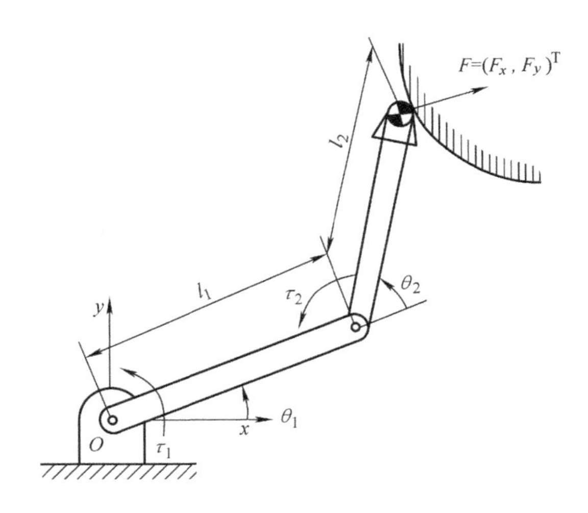

图 7-23 二自由度工业机器人等效关节力矩

解：由图可知，端点位置 x、y 与关节位移 θ_1、θ_2 的关系为

$$\begin{cases} x = l_1\cos\theta_1 + l_2\cos(\theta_1+\theta_2) \\ y = l_1\sin\theta_1 + l_2\sin(\theta_1+\theta_2) \end{cases}$$

将其微分得

$$\begin{cases} \mathrm{d}x = \dfrac{\partial x}{\partial \theta_1}\mathrm{d}\theta_1 + \dfrac{\partial x}{\partial \theta_2}\mathrm{d}\theta_2 \\ \mathrm{d}y = \dfrac{\partial y}{\partial \theta_1}\mathrm{d}\theta_1 + \dfrac{\partial y}{\partial \theta_2}\mathrm{d}\theta_2 \end{cases}$$

即

$$\begin{pmatrix} \mathrm{d}x \\ \mathrm{d}y \end{pmatrix} = \begin{pmatrix} \dfrac{\partial x}{\partial \theta_2} & \dfrac{\partial x}{\partial \theta_2} \\ \dfrac{\partial y}{\partial \theta_1} & \dfrac{\partial y}{\partial \theta_2} \end{pmatrix} \begin{pmatrix} \mathrm{d}\theta_1 \\ \mathrm{d}\theta_2 \end{pmatrix}$$

记 $s_i = \sin\theta_i$； $c_i = \cos\theta_i$； $s_{ij} = \sin(\theta_i + \theta_j)$； $c_{ij} = \cos(\theta_i + \theta_j)$。则得该工业机器人的雅可比矩阵为

$$J = \begin{pmatrix} \dfrac{\partial x}{\partial \theta_1} & \dfrac{\partial x}{\partial \theta_2} \\ \dfrac{\partial y}{\partial \theta_1} & \dfrac{\partial y}{\partial \theta_2} \end{pmatrix} = \begin{pmatrix} -l_1 s_1 - l_2 s_{12} & -l_2 s_{12} \\ l_1 c_1 + l_2 c_{12} & l_2 c_{12} \end{pmatrix}$$

由式(7-23) 得出等效关节力矩

$$\tau = \begin{pmatrix} \tau_1 \\ \tau_2 \end{pmatrix} = \begin{pmatrix} -l_1 s_1 - l_2 s_{12} & l_1 c_1 + l_2 c_{12} \\ -l_2 s_{12} & l_2 c_{12} \end{pmatrix} \begin{pmatrix} F_x \\ F_y \end{pmatrix}$$

2. 动力学分析

工业机器人操作臂是一个非常复杂的动力学系统，目前已提出了多种动力学分析方法，它们分别基于不同的力学方程和原理，如牛顿—欧拉方程、拉格朗日方程、凯恩方程、阿贝尔方程、广义达朗贝尔原理等。这里仅就用牛顿—欧拉方程建立工业机器人动力学方程做简要介绍。

由理论力学知识可知，一个刚体的运动可分解为固定在刚体上的任意点的移动以及该刚体绕这一定点的转动两部分。同样，动力学方程也可以用两个方程表达：一个用以描述质心的移动，另一个描述绕质心的转动。前者称为牛顿运动方程，后者称为欧拉运动方程。

取工业机器人手臂的单个杆件作为自由体，其受力分析如图 7-24 所示。图中 v_{ci} 为杆件 i 相对于固定坐标系的质心速度，ω_i 为杆件 i 的转动角速度，其余同图 7-21。

因为固定坐标系是惯性参考系，所以杆件 i 的惯性力为 $-m_i v_{ci}$，将惯性力加入到静力学平衡方程式(7-18) 中，于是有牛顿运动方程

$$F_{i-1,i} - F_{i,i+1} + m_i g - m_i \dot{v}_{ci} = 0 \quad i = 1,2,\cdots,n \tag{7-24}$$

旋转运动用欧拉方程描述，与推导式(7-24) 的方法相同，可以通过在静力学力矩平衡方程中加入惯性矩而导出。

设一刚体绕通过其质心的任一方向的轴线旋转，则在固定坐标系内刚体的惯性可用一个 3×3 的对称矩阵表示，称为惯性矩阵。

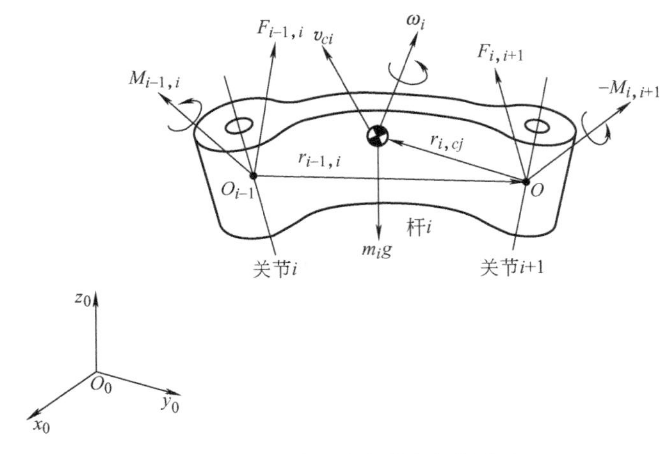

图 7-24 杆件 i 动力学方程的建立

$$I_i = \begin{pmatrix} I_x & -I_{xy} & -I_{zx} \\ -I_{xy} & I_y & -I_{yz} \\ -I_{zx} & -I_{yz} & I_z \end{pmatrix}$$

$$= \begin{pmatrix} \int[(y-y_c)^2+(z-z_c)^2]\rho\mathrm{d}V & -\int(x-x_c)(y-y_c)\rho\mathrm{d}V & -\int(z-z_c)(x-x_c)\rho\mathrm{d}V \\ -\int(x-x_c)(y-y_c)\rho\mathrm{d}V & \int[(z-z_c)^2+(x-x_c)^2]\rho\mathrm{d}V & -\int(y-y_c)(z-z_c)\rho\mathrm{d}V \\ -\int[(z-z_c)(x-x_c)]\rho\mathrm{d}V & -\int(y-y_c)(z-z_c)\rho\mathrm{d}V & \int[(x-x_c)^2+(y-y_c)^2]\rho\mathrm{d}V \end{pmatrix} \tag{7-25}$$

式中 ρ——刚体密度；

x_c、y_c、z_c——刚体质心坐标。

每个积分都是对刚体的全容积 V 求积。

由式(7-25) 可以看出，惯量随刚体位姿变化而变化。

作用在杆件 i 上的惯性矩是该杆件的瞬时角动量对时间的变化率。令 ω_i 为角速度向量，I_i 为对杆件 i 质心处的惯量，则角动量为 $I_i\omega_i$。因为惯量随杆件方位的变化而变化，所以角动量对时间的导数不仅包含 $I_i\dot{\omega}_i$，而且包含因 I_i 的变化而引起的变化 $\omega_i\times(I_i\omega_i)$，即陀螺力矩，将上述两项加到静力学力矩平衡式(7-19) 中，得

$$N_{i-1,i}-N_{i,i+1}+r_{i,c_i}\times f_{i,i+1}-r_{i-1,c_i}\times f_{i-1,i}-I_i\dot{\omega}_i-\omega_i\times(I_i\omega_i)=0$$
$$i=1,2,\cdots,n \tag{7-26}$$

式(7-24) 和式(7-26) 即是单个杆件的动力学特性关系式，若将工业机器人的 n 个杆件均列出相应的上述两个方程，即得到工业机器人完整的动力学方程组的基本形式——牛顿—欧拉方程。

上述的牛顿—欧拉方程没有给出输入输出的显式关系，因而不便于进行实际的动力学分析。为此需将方程做适当的变化。欧拉方程中含有力 $F_{i-1,i}$和力矩 $N_{i-1,i}$，式(7-21) 和式(7-22) 说明关节力矩 τ_i 是其中的一部分，其余的部分为不做功的约束反力，为求出

描述输入输出动力学关系的显式牛顿—欧拉方程，应将输入关节力矩与约束力、约束力矩分开。

牛顿—欧拉方程是用各杆件的质心速度、质心加速度来描写的，但单个杆件的运动关系是不独立的，它们一定要满足某种运动学关系，以符合几何约束的要求，因此单个杆件的质心位置变量是不独立的，不适合作为输出变量。

动力学方程的理想形式应该建立全部独立的位置变量和输入力（即关节力矩）之间的关系。因关节力矩 τ 是一组独立的输入变量，设 q 是一组描述工业机器人手臂的独立坐标的关节位移，则将牛顿—欧拉方程改写成 τ 与 q 之间的关系就成为紧凑形式的动力学方程。

例 7-3 平面二自由度工业机器人如图 7-25 所示，试建立该机器人手臂的两个杆件的牛顿—欧拉方程，并推出用关节位移 θ_1、θ_2 及关节力矩 τ_1、τ_2 表示的紧凑形式的动力学方程。

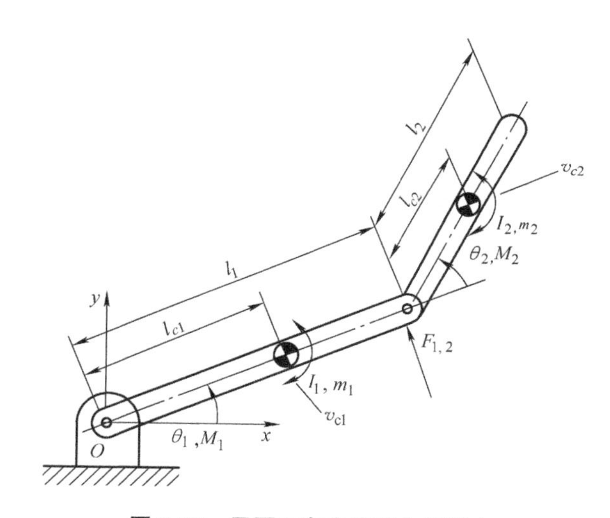

图 7-25 平面二自由度工业机器人

解：设用二维矢量 v_{ci} 表示每一杆件的质心速度，用二维矢量 ω_i 表示杆件的角速度，并设杆件 i 的质心通过相邻的两个关节的中心，且与关节 i 相距 l_{ci}，因平面机构的转轴方向不变，故惯量 I_i 为一常数，由式(7-24) 和式(7-26) 得，杆件 1 的牛顿—欧拉方程为

$$F_{0,1} - F_{1,2} + m_1 g - m_1 \dot{v}_{c1} = 0 \tag{a}$$

$$N_{0,1} - N_{1,2} + r_{1,c_1} \times F_{1,2} - r_{0_1 c_1} \times F_{0,1} - I_1 \dot{\omega}_1 = 0 \tag{b}$$

同理，杆件 2 的牛顿—欧拉方程为

$$F_{1,2} + m_2 g - m_2 \dot{v}_{c2} = 0 \tag{c}$$

$$N_{1,2} - r_{1,c_2} \times F_{1,2} - I_2 \dot{\omega}_2 = 0 \tag{d}$$

为了得到紧凑形式的动力学方程，首先消除约束力。本例中，τ_1、τ_2 与反力矩在不计摩擦力时应相等，即

$$N_{i-1,i} = \tau_i \tag{e}$$

将式(e) 代入式(d)，得

$$\tau_2 = r_{1,c2} \times m_2 \dot{v}_{c2} + r_1 c_2 \times m_2 g - I_2 \dot{\omega}_2 = 0 \tag{f}$$

同理消去 $F_{0,1}$，得

$$\tau_1 - \tau_2 - r_{0,c1} \times m_1 \dot{v}_{c1} - r_{0,1} \times m_2 \dot{v}_{c2} - r_{0,c1} \times m_1 g + r_{0,1} \times m_2 g - I_1 \dot{\omega}_1 = 0 \tag{g}$$

因 ω_2 是相对固定坐标系的，而 $\dot{\theta}_2$是相对杆件 1 的，因此有

$$\omega_1 = \dot{\theta}_1$$

$$\omega_2 = \dot{\theta}_1 + \dot{\theta}_2$$

线速度 v_{ci}为

$$v_{c1} = \begin{pmatrix} -l_{c1}\dot{\theta}_1 s_1 \\ l_{c2}\dot{\theta}_1 c_1 \end{pmatrix} \tag{h}$$

$$v_{c2} = \begin{pmatrix} -(l_1 s_1 + l_{c2} s_{12})\dot{\theta}_1 - l_{c2} s_{12}\dot{\theta}_2 \\ (l_1 c_1 + l_{c2} c_{12})\dot{\theta}_1 + l_{c2} c_{12}\dot{\theta}_2 \end{pmatrix} \tag{i}$$

将式(h) 和式(i) 对时间求导后代入式(f) 和式(g)，即得紧凑形式的动力学方程。

$$\tau_1 = H_{11}\ddot{\theta}_1 + H_{12}\ddot{\theta}_2 - h\theta_2 - 2h\dot{\theta}_1\dot{\theta}_2 + G_1$$

$$\tau_2 = H_{22}\ddot{\theta}_2 + H_{12}\ddot{\theta}_1 + h\dot{\theta}_1^2 + G_2$$

式中 $H_{11} = m_1 l_{c1}^2 + I_1 + m_2(l_1^2 + {l_{c2}}^2 + 2l_{c2}c_2) + I_2$

$H_{22} = m_2 l_{c2}^2 + I_2$

$H_{12} = m_2 l_1 l_{c2} c_2 + m_2 l_{c2}^2 + I_2$

$h = m_2 l_1 l_{c2} s_2$

$G_1 = m_1 l_{c1} g c_1 + m_2 g(l_{c2} c_{12} + l_1 c_1)$

$G_2 = m_2 l_{c2} g c_{12}$

一般地，n 个自由度工业机器人的紧凑形式动力学方程可以写成

$$\tau_i = \sum_{j=1}^{n} H_{ij}\ddot{q}_j + \sum_{j=1}^{n}\sum_{k=1}^{n} h_{ijk}\dot{q}_j\dot{q}_k + G_i \quad i = 1,2,\cdots,n \tag{7-27}$$

式中，系数 H_{ij}、h_{ijk}和 G_i 均为关节位移 q_1，q_2，…，q_n 的函数。若有外力加在手臂上，则式(7-27) 左边应改变。

第四节 工业机器人的控制系统

一、工业机器人控制系统的特点和基本要求

工业机器人的控制技术是在传统机械系统的控制技术的基础上发展起来的，因此两者之间并无根本的不同，但工业机器人控制系统也有许多特殊之处。其特点如下：

1）工业机器人有若干个关节，典型工业机器人有五至六个关节，每个关节由一个伺服系统控制，多个关节的运动要求各个伺服系统协同工作。

2）工业机器人的工作任务是要求操作机的手部进行空间点位运动或连续轨迹运动，对工业机器人的运动控制，需要进行复杂的坐标变换运算，以及矩阵函数的逆运算。

3）工业机器人的数学模型是一个多变量、非线性和变参数的复杂模型，各变量之间还存在着耦合，因此工业机器人的控制中经常使用前馈、补偿、解耦和自适应等复杂控制技术。

4）较高级的工业机器人要求对环境条件、控制指令进行测定和分析，采用计算机建立庞大的信息库，用人工智能的方法进行控制、决策、管理和操作，按照给定的要求，自动选择最佳控制规律。

对工业机器人控制系统的基本要求有：

1）实现对工业机器人的位姿、速度、加速度等的控制功能，对于连续轨迹运动的工业机器人还必须具有轨迹的规划与控制功能。

2）方便的人机交互功能，操作人员采用直接指令代码对工业机器人进行作业指示，使工业机器人具有作业知识的记忆、修正和工作程序的跳转功能。

3）具有对外部环境（包括作业条件）的检测和感觉功能。为使工业机器人具有对外部状态变化的适应能力，工业机器人应能对诸如视觉、力觉、触觉等有关信息进行检测、识别、判断、理解等功能。在自动生产线中，工业机器人应有与其他设备交换信息、协调工作的能力。

4）具有诊断、故障监视等功能。

二、工业机器人控制系统的分类

工业机器人控制系统可以从不同角度进行分类，如按控制运动的方式不同，可分为关节运动控制、笛卡儿空间运动控制和自适应控制；按轨迹控制方式的不同，可分为点位控制和连续轨迹控制；按速度控制方式的不同，可分为速度控制、加速度控制、力控制。

这里主要介绍按发展阶段的分类方法。

1. 程序控制系统

目前工业用的绝大多数第一代机器人属于程序控制机器人，其程序控制系统的结构简图如图 7-26 所示，包括程序装置、信息处理器和放大执行装置。信息处理器对来自程序装置的信息进行交换，放大执行装置则对工业机器人的传动装置进行作用。

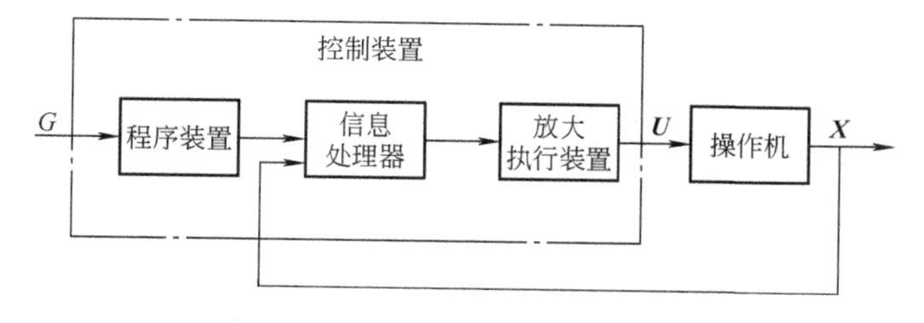

图 7-26 程序控制系统

输出量 **X** 为一矢量，表示操作机运动的状态，一般为操作机各关节的转角或位移。控制作用 **U** 由控制装置加于操作机的输入端，也是一个矢量。给定作用 G 是输出量 **X** 的目标值，即 **X** 要求变化的规律，通常是以程序形式给出的时间函数，G 的给定可以通过计算工业机器人的运动轨迹来编制程序，也可以通过示教法来编制程序。这就是程序控制系统的主要特点，即系统的控制程序是在工业机器人进行作业之前确定的，或者说工业机器人是按预定的程序工作的。

2. 适应性控制系统

适应性控制系统多用于第二代工业机器人，即具有知觉的工业机器人，它具有力觉、触觉或视觉等功能。在这类控制系统中，一般不事先给定运动轨迹，由系统根据外界环境的瞬时状态实现控制，而外界环境状态用相应的传感器来检测。系统框图如图 7-27 所示。

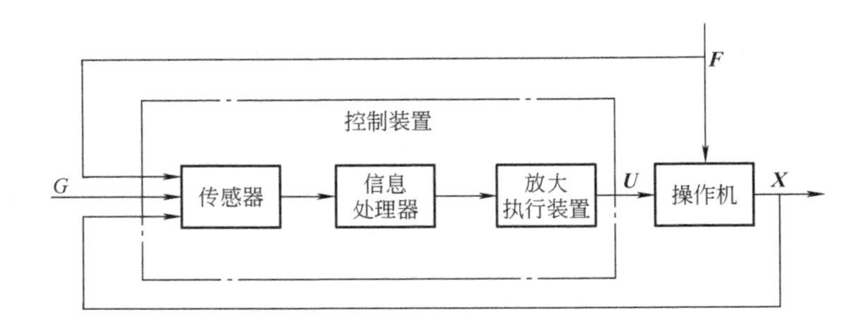

图 7-27 适应控制系统

图中 **F** 是外部作用矢量，代表外部环境的变化；给定作用 G 是工业机器人的目标值，它并不只是简单地由程序给出，而是存在于环境之中，控制系统根据操作机与目标之间的坐标差值进行控制。显然这类系统要比程序控制系统复杂得多。

3. 智能控制系统

智能控制系统是目前最高级、最完善的控制系统，在外界环境变化不定的条件下，为了保证所要求的品质，控制系统的结构和参数能自动改变，其框图如图 7-28 所示。

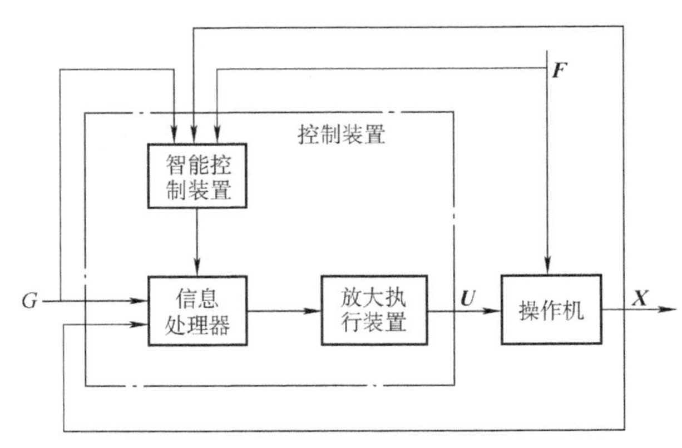

图 7-28 智能控制系统

智能控制系统具有检测所需新信息的能力，并能通过学习和积累经验不断完善计划，该系统在某种程度上模拟了人的智力活动过程，具有智能控制系统的工业机器人为第三代工业机器人，即自治式工业机器人。

三、工业机器人的控制系统

目前大部分工业机器人都采用二级计算机控制，第一级为主控制级，第二级为伺服控制级，系统框图如图 7-29 所示。

主控制级由主控制计算机及示教盒等外围设备组成，主要用以接收作业指令、协调关节运动、控制运动轨迹、完成作业操作。伺服控制级为一组伺服控制系统，其主体亦为计算机，每一伺服控制系统对应一个关节，用于接收主控制计算机向各关节发出的位置、速度等运动指令信号，以实时控制操作机各关节的运行。

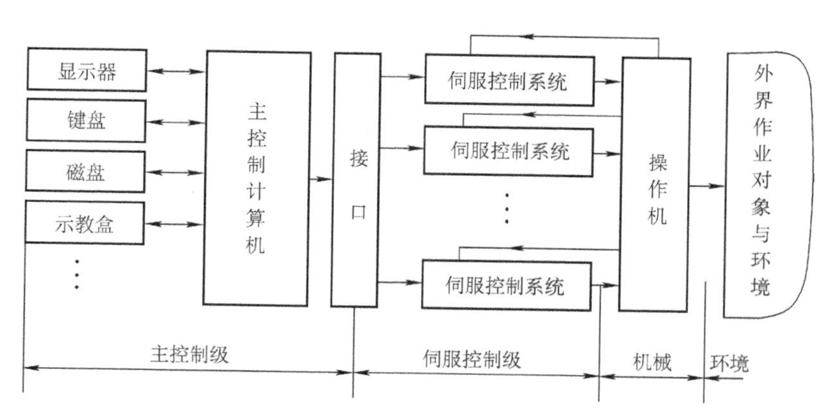

图 7-29　二级计算机控制系统

系统的工作过程是：操作人员利用控制键盘或示教盒输入作业要求，如要求工业机器人手部在两点之间做连续轨迹运动。主控制计算机完成以下工作：分析解释指令、坐标变换、插补计算、矫正计算，最后求取相应的各关节协调运动参数。坐标变换即用坐标变换原理，根据运动学方程和动力学方程计算工业机器人与工件关系、相对位置和绝对位置关系，是实现控制所不可缺少的；插补计算是用直线的方式解决示教点之间的过渡问题；矫正计算是为保证在手腕各轴运动过程中保持与工件的距离和姿态不变对手腕各轴的运动误差补偿量的计算。运动参数输出到伺服控制级作为各关节伺服控制系统的给定信号，实现各关节的确定运动。控制操作机完成两点间的连续轨迹运动，操作人员可直接监视操作机的运动，也可以从显示器控制屏上得到有关的信息。这一过程反映了操作人员、主控制级、伺服控制级和操作机之间的关系。

下面进一步讨论控制系统中主控制级和伺服控制级的结构组成和功能。

1. 主控制级

主控制级的主要功能是建立操作和工业机器人之间的信息通道，传递作业指令和参数，反馈工作状态，完成作业所需的各种计算，建立与伺服控制级之间的接口。总之，主控制级是工业机器人的“大脑”。它包括以下几个主要部分组成。

(1) 主控制计算机　主要完成从作业任务、运动指令到关节运动要求之间的全部运算，完成机器人所有设备之间的运动协调。对主控制计算机硬件方面的主要要求是运算速度和精度、存储容量及中断处理能力。大多数工业机器人采用16位以上的CPU，并配以相应的协调处理器，以提高运算速度和精度。内存则根据需要配置16KB～1MB。为提高中断处理能力，一般采用可编程中断控制器，使用中断方式实时进行工业机器人运行控制的监控。

(2) 主控制软件　工业机器人控制编程软件是工业机器人控制系统的重要组成部分，其功能主要包括：指令的分析解释；运动的规划（根据运动轨迹规划出沿轨迹的运动参数）；插值计算（按直线、圆弧或多项插值，求得适当密度的中间点）；坐标变换。

(3) 外围设备　主控制级除具有显示器、控制键盘、软/硬盘驱动器、打印机等一般外围设备外，还具有示教控制盒。示教盒是第一代工业机器人——示教再现工业机器人的重要外围设备。

要使工业机器人具有完成预定作业任务的功能，须预先将要完成的作业教给工业机器人，这一操作过程称为示教；将示教内容记忆下来，称为存储；使工业机器人按照存储的示教内容进行运作，称为再现。工业机器人的动作就是通过“示教—存储—再现”的过程来实现的。示教主要有两种方式，即间接示教方式和直接示教方式。

间接示教方式是一种人工数据输入编程方法。将数值、图形等与作业有关的指令信息采用离线编程方法，利用工业机器人编程语言离线编制控制程序，经键盘、图像读取装置等输入设备，输入计算机。离线编程方法具有不占用工业机器人工作时间、可利用标准的子程序和CAD数据库的资料加快编程速度、能预先进行程序优化和仿真检验等优点。

直接示教方式是一种在线示教编程方式。它又可分为两种形式，一种是手把手示教编程方法，另一种是示教盒示教编程方法。

手把手示教就是由操作人员直接手把着工业机器人的示教手柄，使工业机器人的手部完成预定作业要求的全部运动（路径和姿态），如图7-30a所示，与此同时计算机按一定的采样间隔测出运动过程的全部数据，记入存储器。采样率一般为3000～5000点/min，其间隔的大小主要取决于所要求的运动轨迹的准确度、平滑性和计算机的存储容量。采集的数据经过必要的修正便完成了连续轨迹运动的控制程序。再现过程中，控制系统以相同的时间间隔顺序地取出程序中各点的数据，使操作机重复示教时所完成的作业。点位运动方式的示教编程方法与上述方法基本相同，操作人员用示教手把引导工业机器人手部按顺序到达各预定点，在各项预定点按下编程按钮，测出该点的全部有关数据并记入存储器，再进行必要的编辑，即完成点位运动的控制程序。这种编程方法操作简便，能在较短时间内完成复杂的轨迹编程，但编程点的位置准确度较差。对于环境恶劣的操作现场可采用机械模拟装置进行示教。

示教盒示教编程方法是利用示教盒进行编程的，如图7-30b所示。示教盒是一种以微处理器为基础的编程装置。它包括一组实现编程和修改的按钮，以及运行、测试按键等，示教盒的结构形式很多，典型的手提式示教盒如图7-31所示。操作人员操纵示教盒上的不同按钮，即可控制工业机器人各关节的单轴运动或多关节协调运动，以形成空间直线

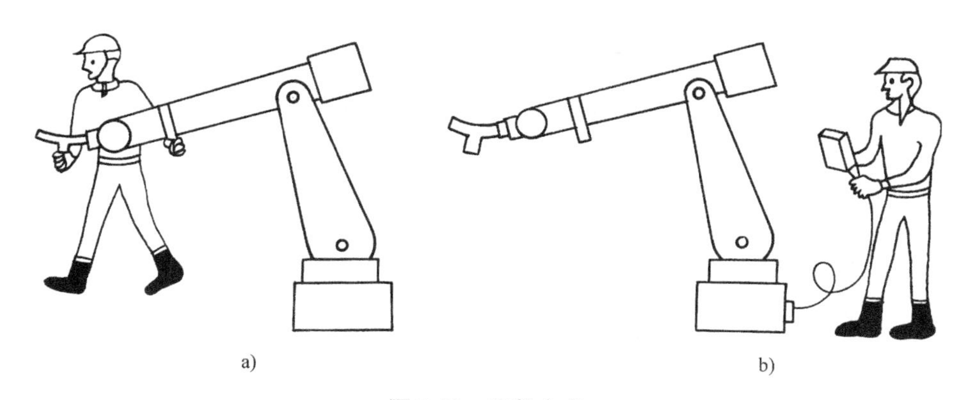

a) b)

图 7-30 示教方式

a）手把手示教 b）示教盒示教

或曲线运动，到达规定位置，完成示教编程操作。与手把手示教方法相比，此方法示教过程安全，但编程精度不高。

2. 伺服控制级

如前所述，伺服控制级由一组伺服控制系统组成，每一个伺服控制系统分别驱动操作机的一个关节。关节运动参数来自主控制级的输出。具有位置和速度反馈的典型工业机器人伺服控制系统如图 7-32 所示。主要组成部分如下：

（1）伺服驱动器 伺服驱动器通常由伺服电动机、位置传感器、速度传感器和制动器组成。伺服电动机的输出轴直接与操作机关节轴相连接，以完成关节运动的控制和关节位置、速度的检测。失电时制动器能自动制动，保持关节原位静止不动。制动器由电磁铁、摩擦盘等组成。工作时，电磁铁线圈通电、摩擦盘脱开，关节轴可以自由转动；失电时，摩擦盘在弹簧力的作用下压紧而制动。为使总体结构简化，通常将制动器与伺服机构做成一体。

（2）伺服控制器 伺服控制器的基本部件是比较器、误差放大器和运算器。输入信号除参考信号外，还有各种反馈信号。控制器可以采用模拟器件组成，主要用集成运算放大器和阻容网络实现信号的比较、运算和放大等功能，构成模拟伺服系统。控制器也可以采用数字器件组成，如采用微处理器组成数字伺服系统，其比较、运算和放大等功能由软件完成。这种伺服系统灵活性强，便于实现各种复杂的控制，能获得较高的性能指标。

3. 工业机器人计算机控制系统实例

目前广为应用的工业机器人中计算机控制系统最充实的是 PUMA 系列工业机器人。PUMA－560 型工业机器人的计算机控制系统如图 7-33 所示。它由主控制计算机、伺服控制系统和外围设备三部分组成。第一级主控制计算机包括 CPU（LSI－11，16 位芯片）、EPROM、RAM 存储器、串/并行接口。第二级伺服控制系统包括微处理器（6503，8 位芯片）、D/A 转换器、速度单元和位置编码器。外围设备包括计算机终端、软盘和示教盒等。

LSI－11 CPU 完成全部管理任务，主要是工业机器人作业轨迹的运算、操作程序的编

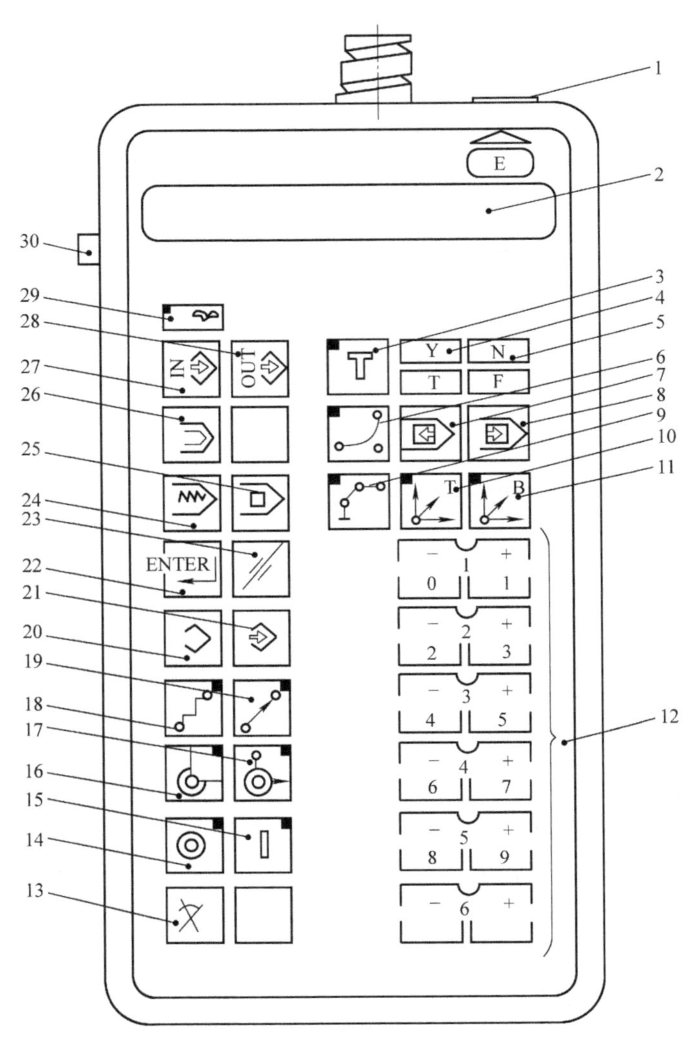

图 7-31 工业机器人示教盒

1—紧急停止 2—字符数字显示 3—工具键 4—是/真键 5—否/假键 6—连续键 7—向后键 8—向前键 9—关节运动键 10—机械接口坐标运动键 11—机座坐标运动键 12—向前/向后渐进键和数字键 13—报警清除键 14—循环停止键 15—循环再启动键 16—精确位置键 17—路径点键 18—关节坐标键 19—笛卡儿坐标键 20—修改键 21—记录键 22—数字输入键 23—删除键 24—速度键 25—步号键 26—子程序键 27、28—I/O 输出键 29—电源开关键 30—安全开关

辑和外围设备的通信和管理。它装备有 VAL 高级工业机器人语言，借此语言可以通过示教盒等来使用示教过的位置数据，如 MOVE PART3，即把手部移动到部件 3 的位置。EPROM 的功能是进行坐标变换、轨迹规划。从 6503 微处理器证实工业机器人操作机中每一运动关节轴完成了其运动要求，在连续轨迹控制方式时，为轨迹曲线插值完成两个预置指令做准备。伺服控制级中有六套伺服控制系统，对六个关节进行分散独立的控制，其核心 6503 微处理器与本身的 EPROM 和 DAC 一起装在数字伺服板上。它向上与 LSI - 11

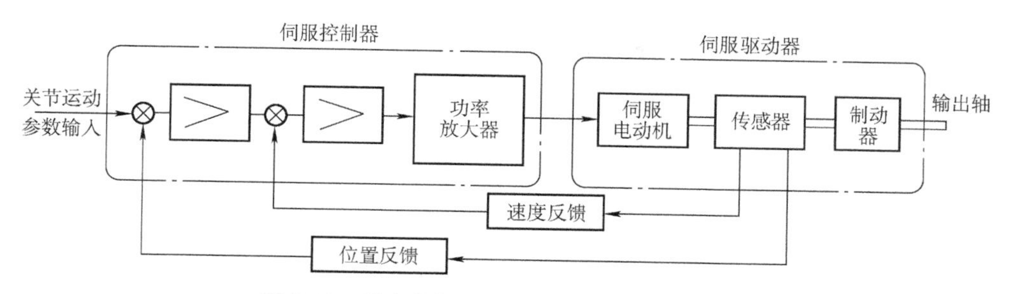

图 7-32 具有位置和速度反馈的伺服控制系统

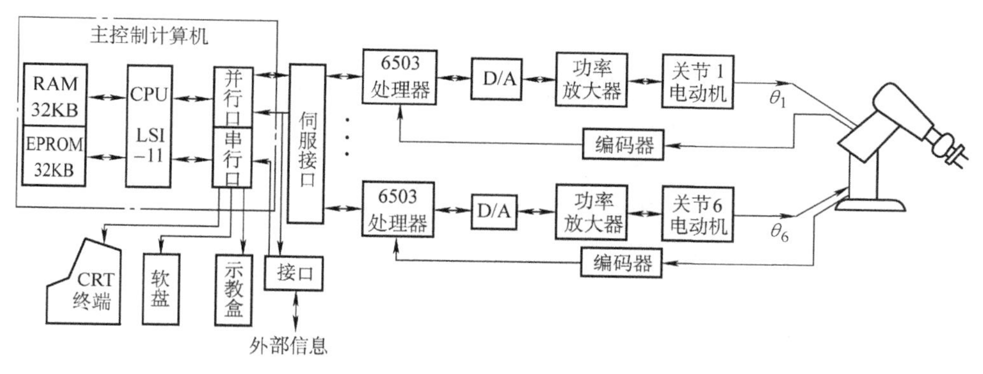

图 7-33 PUMA－560 型工业机器人控制系统

型计算机通过接口板进行通信，接口板起信号分配作用，将一个轨迹给定点参量作为给定信息分别传送给六个关节伺服控制器。伺服控制系统结构如图 7-34 所示，选用直流伺服电动机和光电增量式编码盘作为驱动和检测元件。由速度放大器、晶体管脉冲调宽功率放大器和脉冲/电压变换器构成速度反馈回路，由微处理器 6503 构成位置反馈。

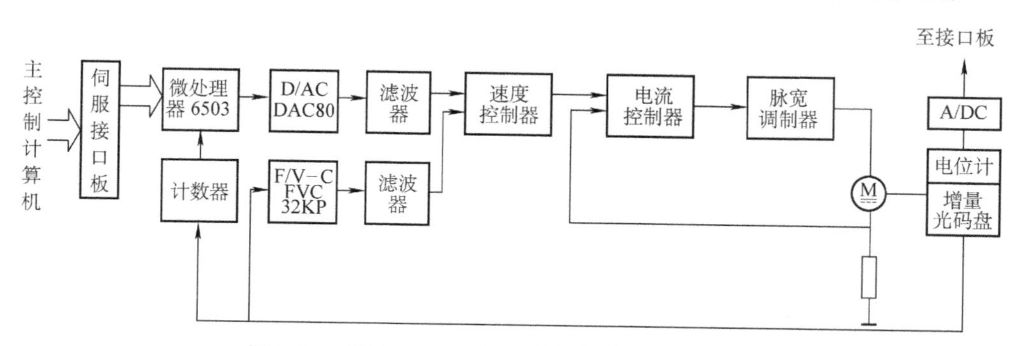

图 7-34 PUMA－560 型工业机器人伺服控制系统

第五节 工业机器人的应用

目前工业机器人主要用于制造业中，特别是电器制造、汽车制造、塑料加工、金属加工及金属制品业等。在日本、美国和西欧等工业发达国家，工业机器人的应用越来越广泛。

随着生产的发展，工业机器人功能和性能的不断改善和提高，工业机器人的应用领域在日益扩大，其应用范围已不限于制造业，还用于农业、林业、交通运输业、原子能工业、医疗福利事业、海洋和太空开发等事业中。

一、工业机器人从事单调重复的劳动

工业机器人能高强度地、持久地在各种工作环境中从事单调重复的劳动，使人类从繁重的体力劳动中解放出来。人在连续工作几小时以后，特别是重复性单调劳动，会产生疲劳和厌倦之感，工作效率下降，出错率上升。而工业机器人在正常的额定工作条件下是不受时间限制的。例如，汽车制造生产线中的点焊和螺纹件装配等工作量极大（每辆汽车有上千个焊点），且由于采用传送带流水作业，速度快，上下工序衔接严格，所以采用工业机器人作业可保质保量地完成生产任务。一个应用于汽车制造业的点焊系统的实例如图 7-35 所示。它采用一个往复传送系统，把汽车车身移出主装配线进行点焊操作。传送带有 7 个工位，共有 12 台工业机器人。传送带为步进式，可对固定的工件进行焊接作业。每一台工业机器人都在它的工位上进行一系列焊接。整个焊接作业完成后，工件被送回主装配线。在这个应用中，工业机器人焊接的一个主要优点是焊接的持续稳定性。与人工焊接相比，由于焊接稳定，可以减少焊点的数量。

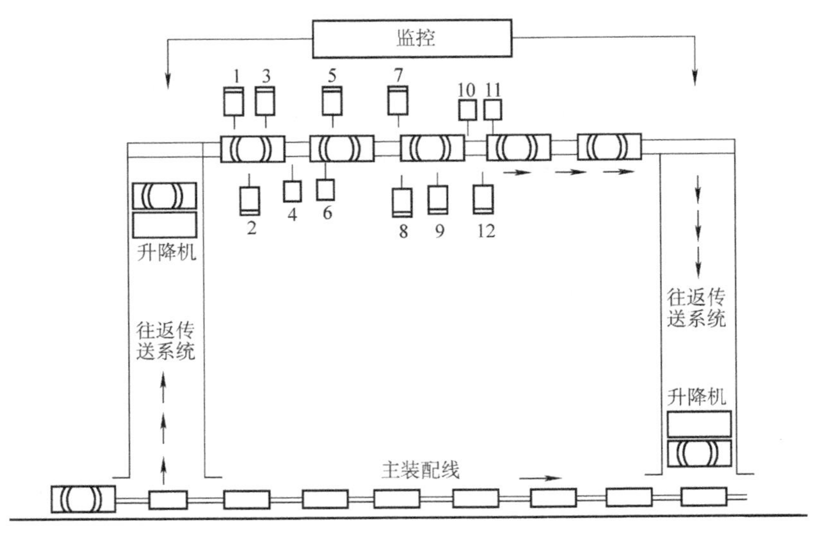

图 7-35　汽车制造业点焊系统

1～12—工业机器人

二、工业机器人从事危险作业

工业机器人对工作环境有很强的适应能力，能代替人在有害场所从事危险工作。只要根据工作环境的情况，对工业机器人的用材和结构进行适当的选择，并进行合理的设计，就可以在异常高温或低温、异常压力场合，在有害气体、粉尘、烟雾、放射性辐射等环境中从事操作作业，也可以由工业机器人代替人从事灭火、消爆、排雷、高空作业等危险作业。目前世界各国首先在冲压、压铸、热处理、锻压、喷漆、焊接、军工、水下作业等工种推广使用。

典型的喷漆工业机器人系统示意图如图 7-36 所示。工业机器人采用可编程的示教再现型，它具有五个自由度，采用电液伺服控制。该系统还包括喷漆辅助设备和应用工程外围设备等，可适用于从大型汽车到小型家用电器的自动喷涂作业。

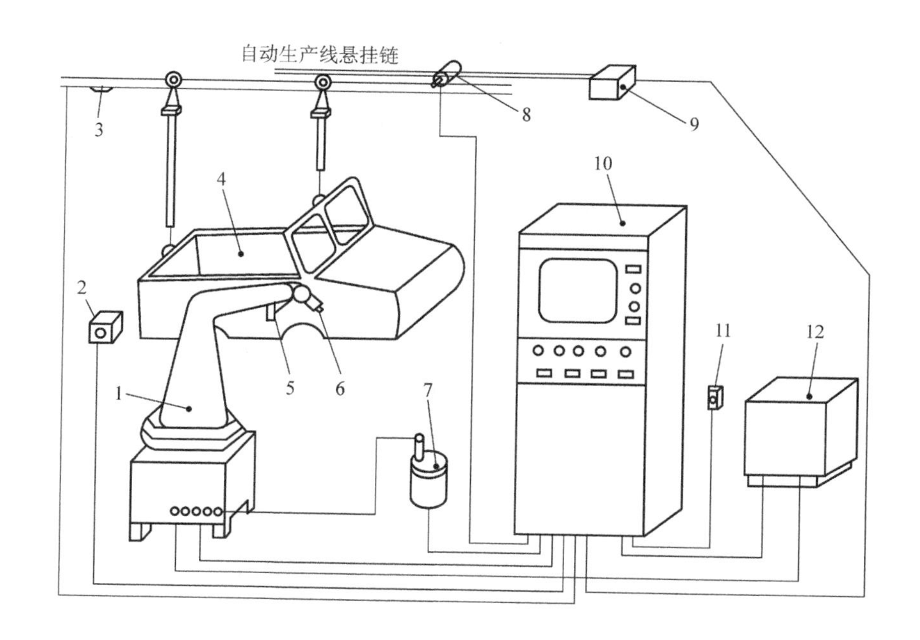

图 7-36 喷漆工业机器人系统示意图

1—操作机 2—识别装置 3—外启动 4—喷涂工件 5—示教手把 6—喷枪 7—漆罐 8—外同步控制 9—生产线停线控制 10—控制系统 11—遥控急停开关 12—油源

图 7-37 所示为一种使用平面关节型工业机器人的电弧焊接和切割的工业机器人系统。该系统由焊接工业机器人操作机及其控制装置、焊接电源、焊接工具及焊接材料供应装置、焊接夹具及其控制装置组成。弧焊工业机器人操作机外观图及其传动系统图如图7-38 所示。该工业机器人由机身的回转 θ_1、大臂 10 绕 O_2 点的前后摆动回转 θ_2 和小臂 12 绕 O_3 点的上下俯仰回转 θ_3 构成位置坐标的三个自由度。小臂端部配置有手腕，可实现旋转运动 θ_4 和上下摆动 θ_5，形成手腕姿态的两个自由度。焊接工业机器人的主要规格、性能参数列于表 7-3。

操作机的五个关节分别采用五个直流电动机伺服系统驱动，其型号、规格和技术性能参数列于表 7-3 和表 7-4。传动机构为谐波齿轮减速器、链传动、锥齿轮传动等。其中驱动电动机 4 和 20 直接带有谐波齿轮减速器。

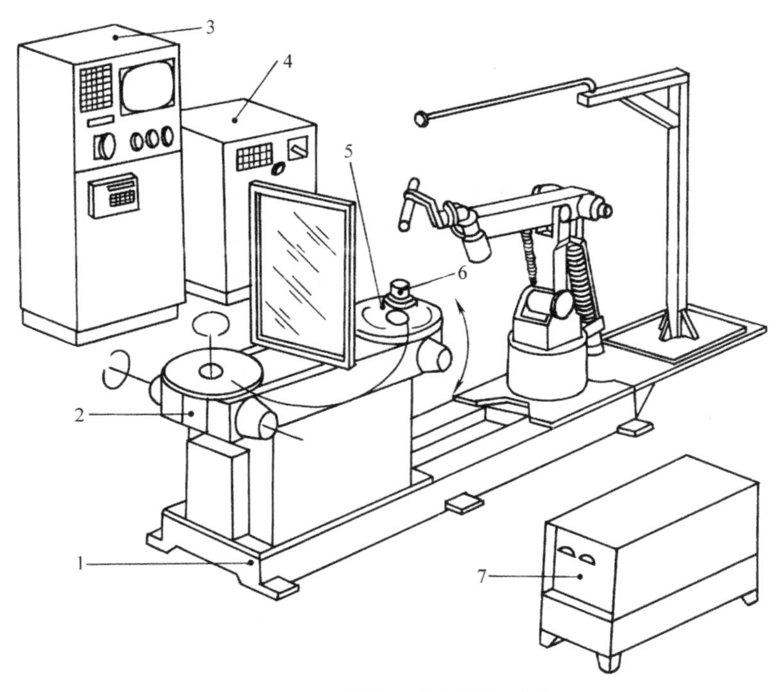

图 7-37 弧焊工业机器人系统

1—总机座 2—六轴旋转换位器（胎具） 3—机器人本体控制装置 4—旋转胎控制装置 5—工件夹具 6—工件 7—焊接电源

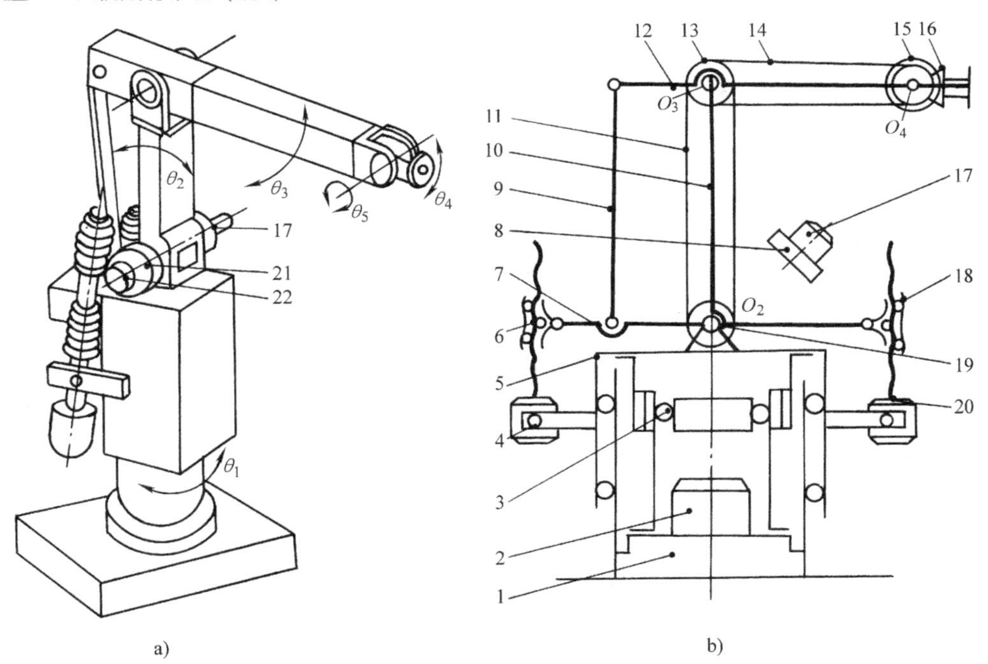

图 7-38 五自由度关节型机器人

a）外观图 b）传动系统图

1—机座 2、4、17、20、22—驱动电动机 3、8、21—谐波减速器 5—机身 6、18—滚珠丝杠副 7—连杆 9、10、12—手臂连杆 11、14—链条（共 4 条） 13、15、19—链轮（共 8 个） 16—锥齿轮传动

表 7-3 焊接机器人主要规格性能参数

项目		规格参数
操作机结构形式		关节型
动作自由度数		5
动作范围	θ_1	最大：240°
	θ_2	最大：前 40°，后 40°
	θ_3	最大：向上 20°，向下 40°
	θ_4	最大：360°
	θ_5	最大：180°
瞬时最大速度	ω_1	90°/s
	v_2	800mm/s
	v_3	1100mm/s
	ω_4	150°/s
	ω_5	100°/s

项目		规格参数
额定载荷		100N
动作方式		PTP、CP
示教方式		手把手示教或示教盒示教
伺服控制系统	θ_1	MR08C 直流伺服电动机控制器 UGCMEM－08AA 直流伺服电动机
	θ_2	
	θ_3	
	θ_4	FR02RB 直流伺服电动机控制器 PMES－12 直流伺服电动机
	θ_5	
重复精度		±0.2mm
控制方式		计算机控制

表 7-4 伺服控制系统的主要特性参数

项目＼型号	UGCMEM－08AA	PMES－12
额定功率/kW	0.71	0.19
额定转矩/N·cm	396	61.5
额定电流/A	6.7	6.4
额定转速/(r/min)	1750	3000
电枢飞轮力矩 GD^2/N·m^2	5.3×10^{-3}	1.8×10^{-4}

项目＼型号	MR08C	FR02RB
额定功率/kW	0.77	0.2
控制方式	晶体管脉宽调制（PWM）控制	
调速范围	1:1000	1:1000
额定输入参考电压/V	±6	±6
输入阻抗/kΩ	20	10.5
速度检测	测速机和光电编码器	

三、工业机器人具有很强的通用性

现代社会对产品的需求除数量外，更重要的是规格、品种的多样化，品种型号的不断更新。工业机器人由于运作程序和工作点定位（或运动轨迹）可以灵活改变和调整，并且具有较多运动自由度，所以能迅速适应产品改型和品种变化的需要，满足中、小批量生产的需要。例如当今的汽车制造业，由于新产品层出不穷，要求车型改变快、投资周期短，使用工业机器人的汽车生产线就能通过程序流程、工位参数的修改等，方便地满足焊点位置、焊点数目和焊点顺序的迅速更改。图 7-20 所示的 PUMA 型工业机器人是一种典型的通用多关节工业机器人，适用于机床上下料、零件搬运、小件装配、电子元器件装配、焊接、检验等多种作业。

四、工业机器人具有独特的柔软性

产品中、小批量生产的又一特点是要求生产线具有柔软性，成为能适应加工多种零件的柔性生产线，因此日本把1980年称为“工业机器人元年”，以推动产品的快速更新换代及其多品种小批量生产，并提出了工厂自动化（FA）、办公自动化（OA）和家庭自动化（HA）的“3A”革命口号。在工厂自动化中重要的是发展无人的柔性制造系统（FMS），例如图7-39所示的FMS由计算机（多级）、数控加工中心（多台）、工业机器人（多种类型）、搬运小车以及自动化仓库等组成。它可以通过软件调整等手段加工多种零件，可以灵活、迅速实现多品种，中、小批量生产，因此工业机器人在柔性制造系统中

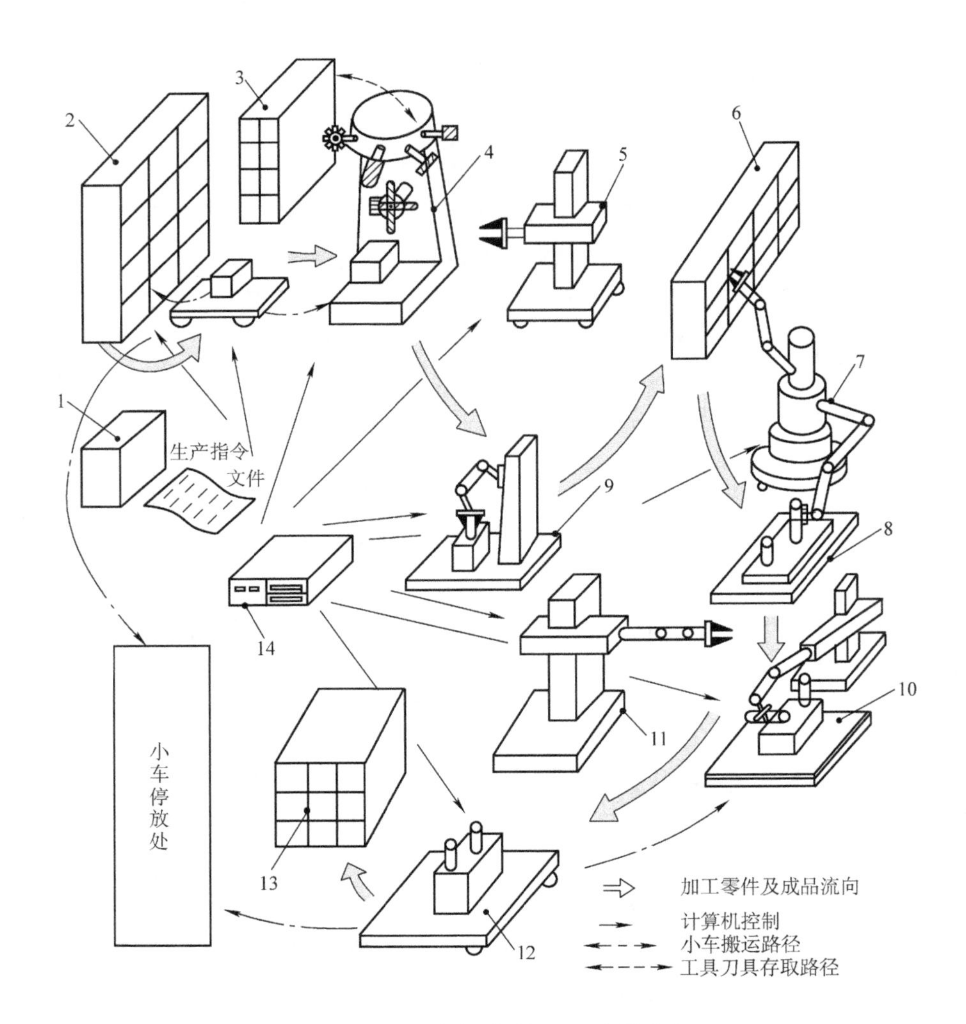

图7-39 工业机器人在FMS中的应用

1—主计算机 2—材料自动仓库 3—工具、刀具仓库 4—加工中心 5—搬运工业机器人 6—零件仓库 7—装配工业机器人 8—装配工作台 9—零件检查机器人 10—成品检验机器人 11—搬运机器人 12—搬运小车 13—成品仓库 14—小型计算机

是极其重要和必不可少的。

五、工业机器人具有高度的动作准确性

工业机器人运作准确性高，可保证产品质量的稳定性。工业机器人的操作精度是由其本身组成的软、硬件所决定的，不会受精神和生理等因素的影响，更不会因紧张和疲劳而降低动作的准确性。一些高、精、尖产品，如大规模集成电路的装配等，是非工业机器人所莫及的。目前，精密装配机器人定位精度可达 0.02 ~ 0.05mm，装配深度为 30mm，配合间隙在 10μm 以下，若采用触觉反馈和柔性手腕，在轴心位置有较大偏离（5mm）时，也能自动补偿，准确装入零件。SCARA 是一种典型的装配机器人，共有 4 个自由度，其基本结构和运动情况如图 7-40 所示。两个水平回转臂（第一臂和第二臂）类似人的手臂，若在手部加一水平方向的力，θ_2 轴就会做微小转动，顺从地移位，这种位移对弹性变形力有吸收作用，利用这一特性，可以较方便地进行轴与孔的装配作业。

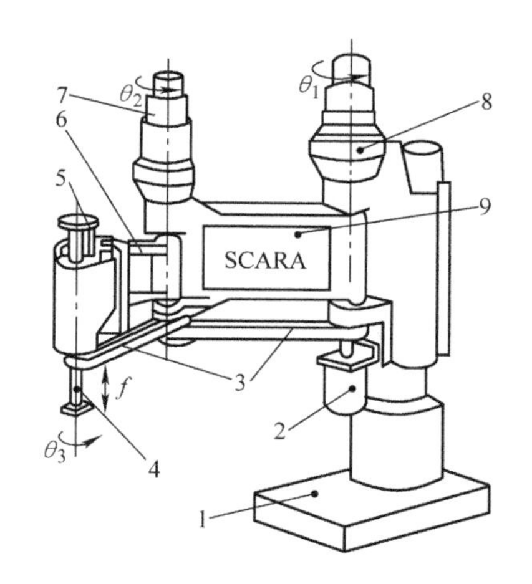

图 7-40 SCARA 装配机器人

1—机座 2—步进电动机 3—两级齿形带传动 4—手腕 5—气缸 6—第二臂 7—第二臂驱动电动机 8—第一臂 9—第一臂驱动电动机

SCARA 装配机器人手腕上装有著名的动柔性腕——RCC（Remote Center Compliance），即顺应中心式手腕，如图 7-41 所示。采用这种手腕的手部机构，能根据装配时的位置和倾角偏差产生的附加力，使腕部产生一个微小弹性变形，从而实现自动纠正并减小位置与倾斜偏差，使工件能顺利地被插到相应的孔中去，装配间隙为 10μm。

六、采用工业机器人可以明显提高生产效率和大幅度降低产品成本

例如，某机械公司采用由 18 个工业机器人和数控加工单元组成的生产精密机床的自动化系统，30 天完成原人工操作需三个月的生产任务，两年收回全部投资。

任何事物都是从低级向高级逐渐发展与完善的。目前所广泛应用的示教再现工业机器人还有不少技术问题需要解决，进一步提高工业机器人的运动速度、可靠性和稳定性

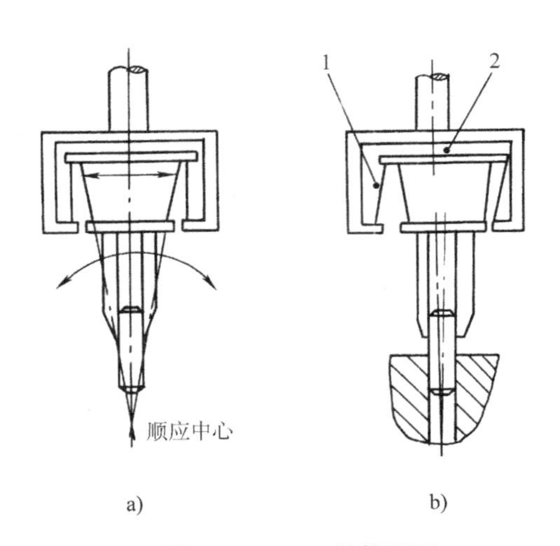

图 7-41 RCC 结构原理

a）无偏差 b）有偏差

1—杆簧 2—板簧

还是今后的一个重要课题。智能工业机器人的开发研制是机器人技术的发展方向，而模块化组合式结构是一般工业机器人通用化、系列化、标准化的典型结构。图 7-42 所示为一种模块化组合式工业机器人。

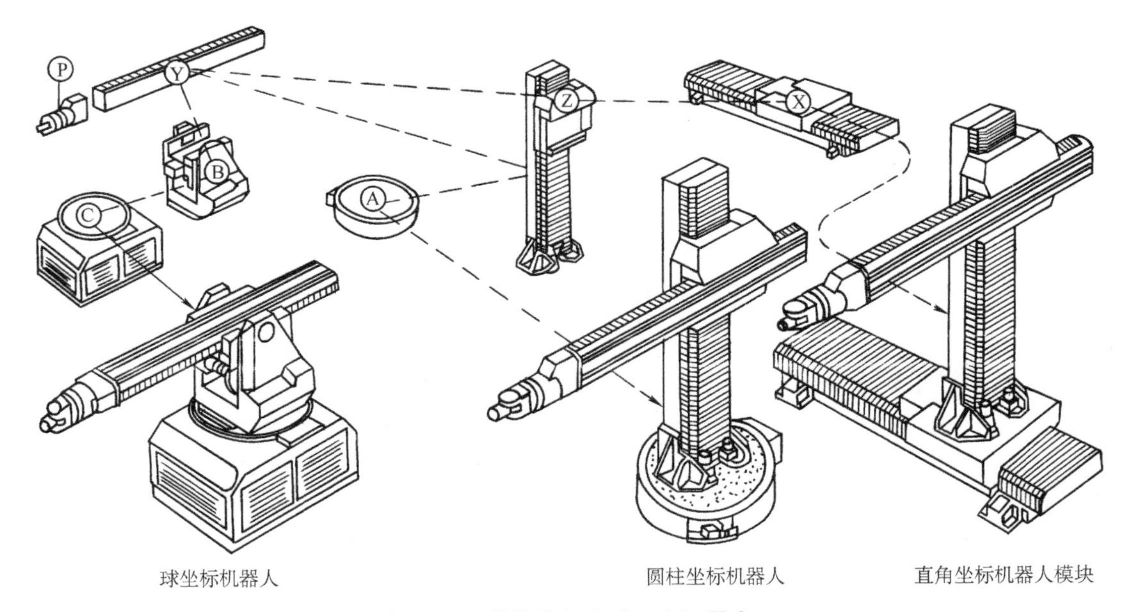

图 7-42 模块化组合式工业机器人

P—三自由度手腕 Y—手臂 A—回转台 B—俯仰架 C—液压回转机座 Z—垂直运动 X—水平直线运动

第八章
智能制造系统

第一节 智能制造系统的基本概念

一、智能制造的发展历程

智能制造（Smart Manufacturing）的发展伴随着信息化的进步。全球信息化发展可分为三个阶段：从20世纪中叶到90年代中期，信息化表现为以计算、通信和控制应用为主要特征的数字化阶段；从20世纪90年代中期开始，互联网大规模普及应用，信息化进入了以万物互联为主要特征的网络化阶段；当前，在大数据、云计算、移动互联网、工业互联网集群突破、融合应用的基础上，人工智能实现了战略性突破，信息化进入了以新一代人工智能技术为主要特征的智能化阶段。

1. 20世纪80年代：智能制造概念的提出

1998年，美国的赖特（Paul Kenneth Wright）、伯恩（David Alan Bourne）出版智能制造研究领域的首本专著《制造智能》（Smart Manufacturing），就智能制造的内涵与前景进行了系统描述，将智能制造定义为“通过集成知识工程、制造软件系统、机器人视觉和机器人控制来对制造技工们的技能与专家知识进行建模，以使智能机器能够在没有人工干预的情况下进行小批量生产”。在此基础上，英国技术大学Williams教授对上述定义做了更为广泛的补充，认为“集成范围还应包括贯穿制造组织内部的智能决策支持系统”。麦格劳-希尔科技词典将智能制造界定为：“采用自适应环境和工艺要求的生产技术，最大限度地减少监督和操作，制造物品的活动。”

2. 20世纪90年代：智能制造概念的发展

20世纪90年代，在智能制造概念提出不久后，智能制造的研究获得欧、美、日等工业化发达国家和地区的普遍重视，围绕智能制造技术（Intelligent Manufacturing Technology，IMT）与智能制造系统（Intelligent Manufacturing System，IMS）开展国际合作研究。

1991 年，日、美、欧共同发起实施的“智能制造国际合作研究计划”中提出：“智能制造系统是一种在整个制造过程中贯穿智能活动，并将这种智能活动与智能机器有机融合，将整个制造过程从订货、产品设计、生产到市场销售等各个环节以柔性方式集成起来的能发挥最大生产力的先进生产系统。”

3. 21 世纪以来：智能制造概念的深化

21 世纪以来，随着物联网、大数据、云计算等新一代信息技术的快速发展及应用，智能制造被赋予了新的内涵，即新一代信息技术条件下的智能制造（Smart Manufacturing）。2010 年 9 月，美国在华盛顿举办的“21 世纪智能制造的研讨会”指出，智能制造是对先进智能系统的强化应用，它使得新产品的迅速制造、产品需求的动态响应以及对工业生产和供应链网络的实时优化成为可能。德国正式推出工业 4.0 战略，提出智能制造的内涵，即将企业的机器、存储系统和生产设施融入到信息物理系统（Cyber-Physical Systems，CPS）。在智能制造系统中，这些信息物理系统包括智能机器、存储系统和生产设施，能够相互独立地自动交换信息、触发动作和控制。图 8-1 所示为世界各国提出的智能制造发展战略规划。

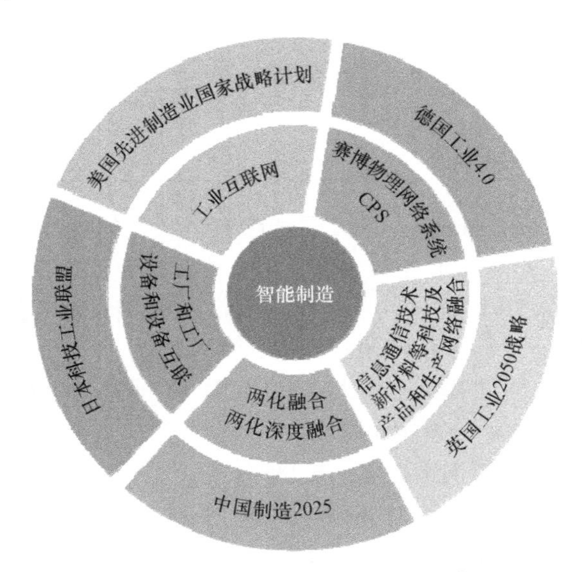

图 8-1　世界各国提出的智能制造发展战略规划

世界各国纷纷以智能制造作为转型升级的战略核心。2012 年，美国率先提出“先进制造业国家战略计划”，随后德国、日本、英国分别提出“工业 4.0”“科技工业联盟”“工业 2050 战略”。德国“工业 4.0”强调利用信息技术和制造技术的融合，来改变当前的工业生产与服务模式，既能使生产和交付更加灵活，同时又致力于解决能源利用效率、人才结构等挑战。2015 年，我国发布制造强国中长期发展战略规划《中国制造 2025》，全面部署推进制造强国战略实施，加快从制造大国向制造强国转变。对比各国关于制造业转型升级的战略规划，尽管各个国家侧重有所不同，如德国侧重物理网络系统 CPS 的应用和生产新业态，美国侧重通过工业互联网实现数据与信息的获取、建模、应用、分析，中国强调工业化和信息化深度融合，但均是以智能制造作为其战略核心，不断推动制造业向数字化、网络化、智能化发展。

《智能制造发展规划（2016—2020年）》对智能制造给出了较为明确的定义。智能制造是基于新一代信息通信技术与先进制造技术深度融合，贯穿于设计、生产、管理、服务等制造活动的各个环节，具有自感知、自学习、自决策、自执行、自适应等功能的新型生产方式。推动智能制造，能够有效缩短产品研制周期、提高生产效率和产品质量、降低运营成本和资源能源消耗，并促进基于互联网的众创、众包、众筹等新业态、新模式的孕育发展。智能制造具有以智能工厂为载体、以关键制造环节智能化为核心、以端到端数据流为基础、以网络互联为支撑等特征，明确智能制造的核心技术、管理要求、主要功能和经济目标，体现了智能制造对于我国工业转型升级和国民经济持续发展的重要作用。

二、智能制造系统的基本概念

随着智能制造的不断发展和应用，智能制造的概念和内涵也在不断演化。从广义讲，智能制造是先进信息技术与先进制造技术的深度融合，贯穿于产品设计、制造、服务等全生命周期的各个环节及相应系统的优化集成，旨在不断提升企业的产品质量、效益、服务水平，减少资源消耗，推动制造业创新、绿色、协调、开放、共享发展。

1. 智能制造基本范式

数十年来，智能制造在实践演化中形成了许多不同的相关范式，包括精益生产、柔性制造、并行工程、敏捷制造、数字化制造、计算机集成制造、网络化制造、云制造、智能化制造等，在指导制造业技术升级中发挥积极作用。

综合智能制造相关范式，结合信息化与制造业在不同阶段的融合特征，中国工程院总结、归纳和提升出三个智能制造的基本范式，即数字化制造、数字化网络化制造、数字化网络化智能化制造——新一代智能制造，如图8-2所示。

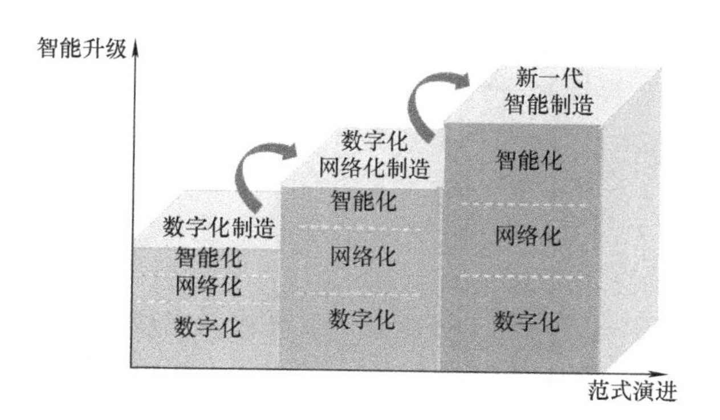

图8-2 智能制造三个基本范式演进发展

（1）数字化制造　数字化制造是智能制造的第一个基本范式，也可称为第一代智能制造。

智能制造的概念最早出现于20世纪80年代，但是由于当时应用的第一代人工智能技术还难以解决工程实践问题，因而那一代智能制造主体上是数字化制造。

20世纪下半叶以来，随着制造业对于技术进步的强烈需求，以数字化为主要形式的信息技术广泛应用于制造业，推动制造业发生革命性变化。数字化制造是在数字化技术和制造技术融合的背景下，通过对产品信息、工艺信息和资源信息进行数字化描述、分析、决策和控制，快速生产出满足用户要求的产品。

定位相对狭义的数字化制造主要特征表现为：第一，数字技术在产品中得到普遍应用，形成“数字一代”创新产品；第二，广泛应用数字化设计、建模仿真、数字化装备、信息化管理；第三，实现生产过程的集成优化。

数字化制造是智能制造的基础，其内涵不断发展，贯穿于智能制造的三个基本范式和全部发展历程。

（2）数字化网络化制造　数字化网络化制造是智能制造的第二种基本范式，也可称为“互联网+制造”，或第二代智能制造。

20世纪末互联网技术开始广泛应用，“互联网+”不断推进互联网和制造业融合发展，网络将人、流程、数据和事物连接起来，通过企业内、企业间的协同和各种社会资源的共享与集成，重塑制造业的价值链，推动制造业从数字化制造向数字化网络化制造转变。

数字化网络化制造的主要特征表现为：第一，在产品方面，数字技术、网络技术得到普遍应用，产品实现网络连接，设计、研发实现协同与共享；第二，在制造方面，实现横向集成、纵向集成和端到端集成，打通整个制造系统的数据流、信息流；第三，在服务方面，企业与用户通过网络平台实现连接和交互，企业生产开始从以产品为中心向以用户为中心转型。

（3）新一代智能制造——数字化网络化智能化制造　数字化网络化智能化制造是智能制造的第三种基本范式，也可称为新一代智能制造。

在经济社会发展强烈需求以及互联网的普及、云计算和大数据的涌现、物联网的发展等信息环境急速变化的共同驱动下，大数据智能、人机混合增强智能、群体智能、跨媒体智能等新一代人工智能技术加速发展，实现了战略性突破。新一代人工智能技术与先进制造技术深度融合，形成新一代智能制造——数字化网络化智能化制造。新一代智能制造将重塑设计、制造、服务等产品全生命周期的各环节及其集成，催生新技术、新产品、新业态、新模式，深刻影响和改变人类的生产结构、生产方式乃至生活方式和思维模式，实现社会生产力的整体跃升。新一代智能制造将给制造业带来革命性的变化，将成为制造业未来发展的核心驱动力。

智能制造的三个基本范式体现了智能制造发展的内在规律：一方面，三个基本范式次第展开，各有自身阶段的特点和要重点解决的问题，体现着先进信息技术与先进制造技术融合发展的阶段性特征；另一方面，三个基本范式在技术上并不是完全分离的，而是相互交织、迭代升级，体现着智能制造发展的融合性特征。

2. 信息物理系统（Cyber-Physical Systems，CPS）

（1）信息物理系统的概念　《中国制造2025》提出，“基于信息物理系统的智能装备、智能工厂等智能制造正在引领制造方式变革”，要围绕控制系统、工业软件、工业网络、工业云服务和工业大数据平台等，加强信息物理系统的研发与应用。

中国电子技术标准化研究院发布的《信息物理系统白皮书（2017）》中对信息物理系统（CPS）的定义如下：通过集成先进的感知、计算、通信、控制等信息技术和自动控制技术，构建了物理空间与信息空间中人、机、物、环境、信息等要素相互映射、适时交互、高效协同的复杂系统，实现系统内资源配置和运行的按需响应、快速迭代、动态优化。我们把信息物理系统定位为支撑两化深度融合的一套综合技术体系，这套综合技术体系包含硬件、软件、网络、工业云等一系列信息通信和自动控制技术，这些技术的有机组合与应用，构建起一个能够将物理实体和环境精准映射到信息空间并进行实时反馈的智能系统，作用于生产制造全过程、全产业链、产品全生命周期，重构制造业范式。信息物理系统（CPS）如图8-3所示。

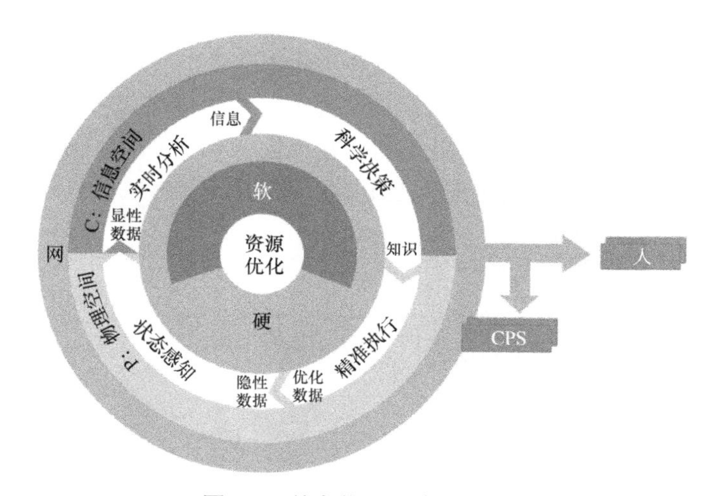

图8-3 信息物理系统（CPS）

信息物理系统的本质就是构建一套信息空间与物理空间之间基于数据自动流动的状态感知、实时分析、科学决策、精准执行的闭环赋能体系，解决生产制造、应用服务过程中的复杂性和不确定性问题，提高资源配置效率，实现资源优化。

（2）信息物理系统分级　CPS具有层次性，一个智能部件、一台智能设备、一条智能产线、一个智能工厂都可能成为一个CPS。同时CPS还具有系统性，一个工厂可能涵盖多条产线，一条产线也会由多台设备组成。

如图8-4所示，将CPS划分为单元级、系统级、系统之系统级（System of Systems，SoS）三个层次。单元级CPS可以通过组合与集成（如CPS总线）构成更高层次的CPS，即系统级CPS；系统级CPS可以通过工业云、工业大数据等平台构成SoS级的CPS，实现企业级层面的数字化运营。

（1）智能单元　智能单元是实现智能制造功能的最小单元，可以是一个部件或产品。智能单元可通过硬件和软件实现感知—分析—决策—执行的数据闭环。

（2）智能系统　智能系统是指多个智能单元的集成，实现更大范围、更广领域的数据自动流动，提高制造资源配置的广度、精度和深度，包括制造装备、生产单元、生产线、车间、企业等多种形式。

（3）系统之系统　系统之系统是多个智能系统的有机整合，通过工业互联网和智能

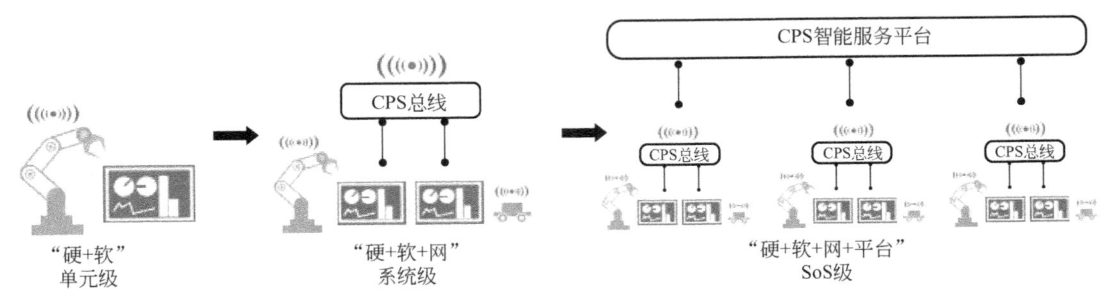

图 8-4 信息物理系统层次演进

云平台，实现跨系统、跨平台的横向、纵向和端到端集成，构建开放、协同与共享的产业生态。一方面是制造系统内部的“大集成”，企业设备层、现场层、控制层、管理层、企业层之间的设备和系统集成，即纵向集成；另一方面是企业与企业之间基于工业智联网与智能云平台，实现集成、共享、协作和优化，即横向集成，是制造系统外部的“大集成”。另外，还包括制造业与金融业、上下游产业的深度融合，形成服务型制造业和生产型服务业共同发展的新业态。

第二节 智能制造系统基本原理

一、基本原理

制造系统将具备越来越强大的智能，特别是越来越强大的认知和学习能力，人的智慧与机器智能相互启发性地增长，使制造业的知识型工作向自主智能化的方向发生转变，进而突破当今制造业发展所面临的瓶颈和困难。

新一代智能制造中，产品呈现高度智能化、宜人化，生产制造过程呈现高质、柔性、高效、绿色等特征，产业模式发生革命性的变化，服务型制造业与生产型服务业大发展，进而共同优化集成新型制造大系统，全面重塑制造业价值链，极大提高制造业的创新力和竞争力。

新一代智能制造将给人类社会带来革命性变化。人与机器的分工将产生革命性变化，智能机器将替代人类大量体力劳动和相当部分的脑力劳动，人类可更多地从事创造性工作；人类的工作生活环境和方式将朝着以人为本的方向迈进。同时，新一代智能制造将有效减少资源与能源的消耗和浪费，持续引领制造业绿色发展、和谐发展。

智能制造涉及智能产品、智能生产以及智能服务等多个方面及其优化集成。从技术机理角度看，这些不同方面尽管存在差异，但本质上是一致的，下面以生产过程为例进行分析。

1. 传统制造与“人-物理系统”

传统制造系统包含人和物理系统两大部分，是完全通过人对机器的操作控制去完成各种工作任务，如图 8-5a 所示。动力革命极大地提高了物理系统（机器）的生产效率和

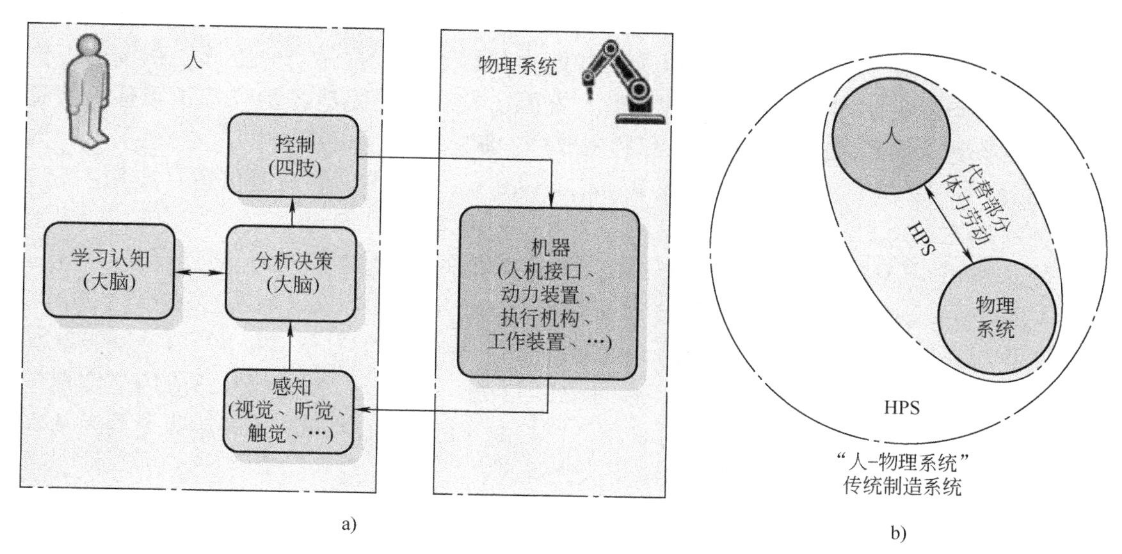

图 8-5　传统制造系统与"人–物理系统"

质量，物理系统（机器）代替了人类大量体力劳动。传统制造系统中，要求人完成信息感知、分析决策、操作控制以及认知学习等多方面任务，不仅对人的要求高，劳动强度仍然大，而且系统工作效率、质量和完成复杂工作任务的能力还很有限。传统制造系统可抽象描述为图 8-5b 所示的"人–物理系统"（Human-Physical Systems，HPS）。

2. 数字化制造、数字化网络化制造与"人–信息–物理系统"

与传统制造系统相比，第一代和第二代智能制造系统发生的本质变化是，在人和物理系统之间增加了信息系统，信息系统可以代替人类完成部分脑力劳动，人的相当部分的感知、分析、决策功能向信息系统复制迁移，进而可以通过信息系统来控制物理系统，以代替人类完成更多的体力劳动，如图 8-6 所示。

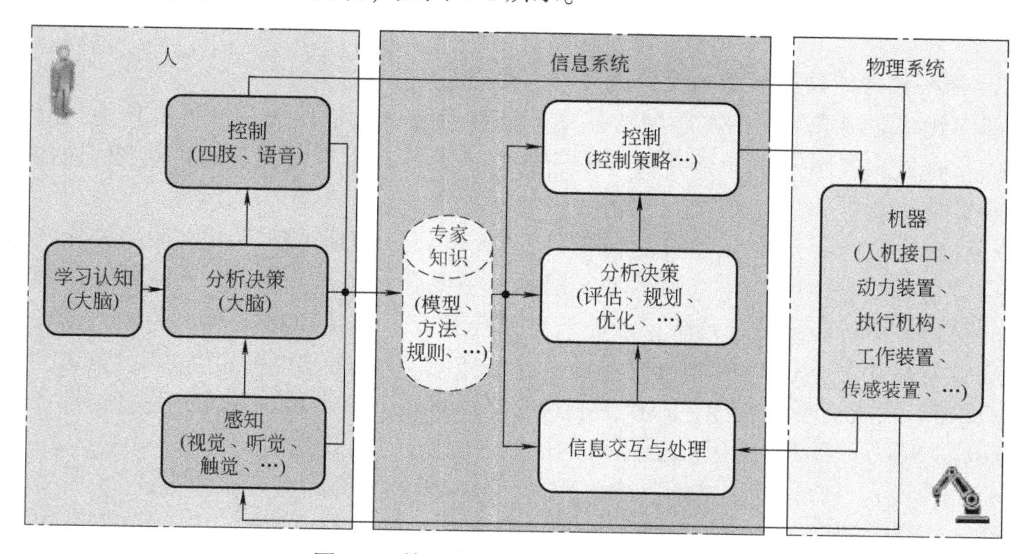

图 8-6　第一代和第二代智能制造系统

第一代和第二代智能制造系统通过集成人、信息系统和物理系统的各自优势，系统的能力尤其是计算分析、精确控制以及感知能力都得到很大提高。一方面，系统的工作效率、质量与稳定性均得以显著提升；另一方面，人的相关制造经验和知识转移到信息系统，能够有效提高人的知识的传承和利用效率。制造系统从传统的“人-物理系统”向“人-信息-物理系统”（Human-Cyber-Physical Systems，HCPS）的演变可进一步用图8-7进行抽象描述。

信息系统（Cyber System）的引入使得制造系统同时增加了“人-信息系统”（Human-Cyber Systems，HCS）和“信息-物理系统”（Cyber-Physical Systems，CPS）。其中，“信息-物理系统”（CPS）是非常重要的组成部分。美国在21世纪初提出了CPS的理论，德国将其作为工业4.0的核心技术。“信息-物理系统”（CPS）在工程上的应用是实现信息系统和物理系统的完美映射和深度融合，“数字孪生体”（Digital Twin）即是最为基本而关键的技术，制造系统的性能与效率可大大提高。

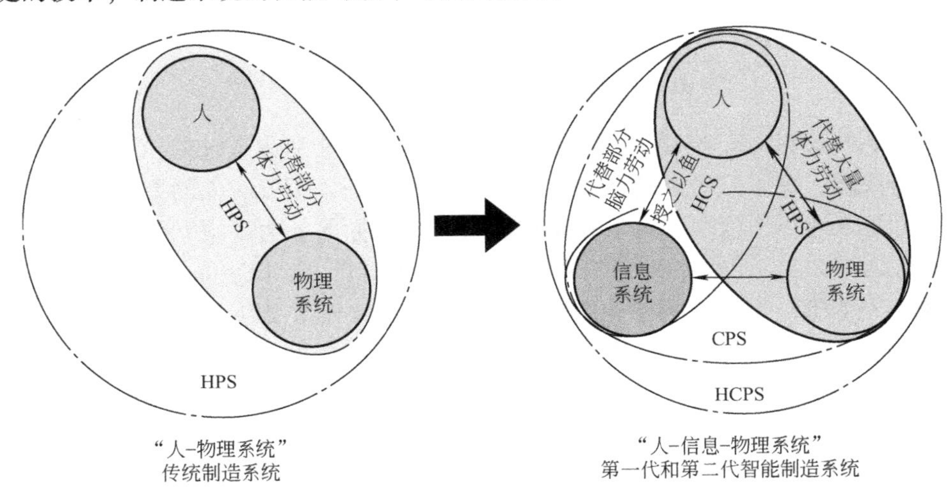

图8-7 从“人-物理系统”到“人-信息-物理系统”

3. 新一代智能制造与新一代“人-信息-物理系统”

新一代智能制造系统最本质的特征是其信息系统增加了认知和学习的功能，信息系统不仅具有强大的感知、计算分析与控制能力，更具有了学习提升、产生知识的能力，如图8-8所示。

在这一阶段，新一代人工智能技术将使“人-信息-物理系统”发生质的变化，形成新一代“人-信息-物理系统”，如图8-9所示。主要变化在于：第一，人将部分认知与学习型的脑力劳动转移给信息系统，因而信息系统具有了“认知和学习”的能力，人和信息系统的关系发生了根本性的变化，即从“授之以鱼”发展到“授之以渔”；第二，通过“人在回路”的混合增强智能，人机深度融合将从本质上提高制造系统处理复杂性、不确定性问题的能力，极大地优化制造系统的性能。

新一代“人-信息-物理系统”中，HCS、HPS和CPS都将实现质的飞跃。

新一代智能制造，进一步突出了人的中心地位，是统筹协调“人”“信息系统”和“物理系统”的综合集成大系统；将使制造业的质量和效率跃升到新的水平；将使人类从

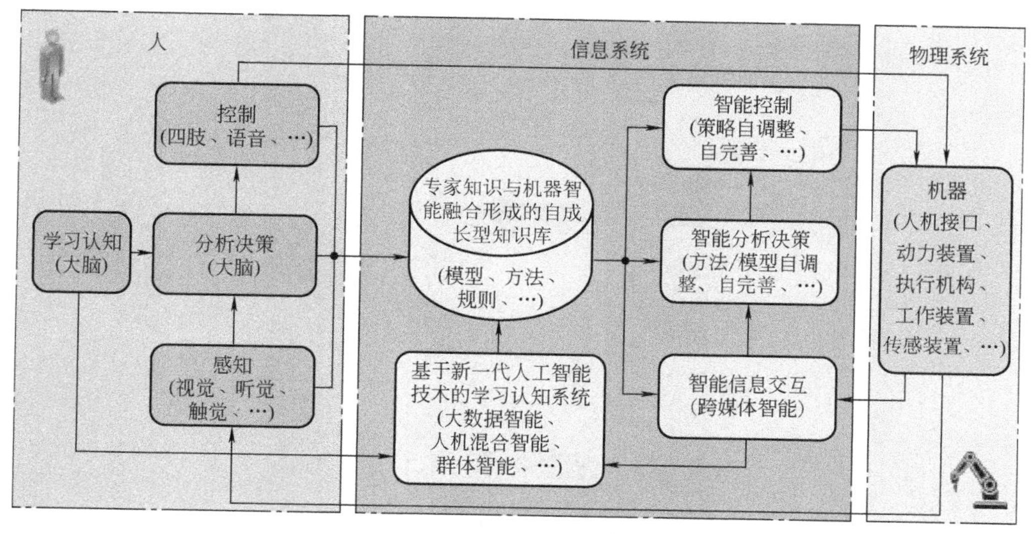

图 8-8 新一代智能制造系统的基本机理

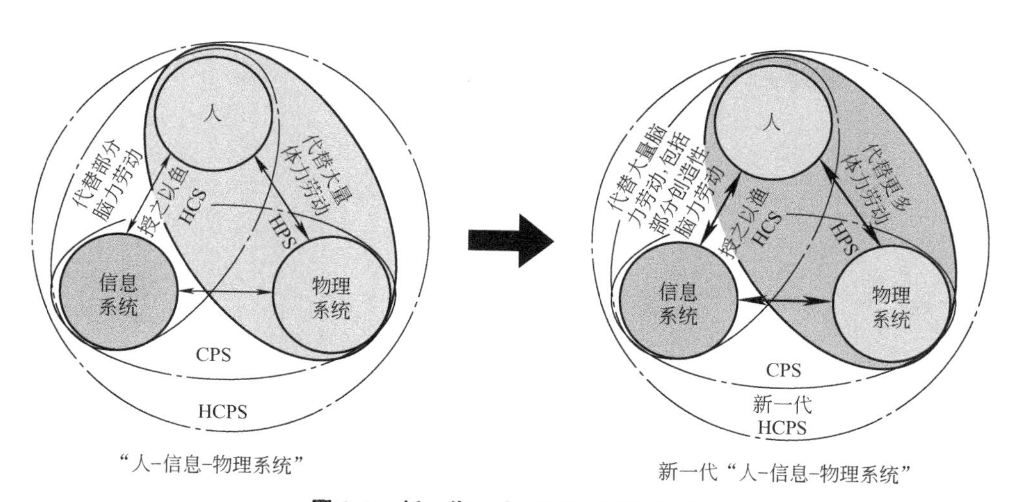

图 8-9 新一代“人–信息–物理系统”

更多体力劳动和大量脑力劳动中解放出来，使得人类可以从事更有意义的创造性工作，人类社会开始真正进入“智能时代”。

制造业从传统制造向新一代智能制造发展的过程是从原来的“人–物理”二元系统向新一代“人–信息–物理”三元系统进化的过程，如图 8-10 所示。新一代“人–信息–物理系统”揭示了新一代智能制造的技术机理，能够有效指导新一代智能制造的理论研究和工程实践。

二、系统集成

新一代智能制造系统，主要由智能产品、智能生产及智能服务三大功能系统以及工业智联网和智能制造云两大支撑系统集合而成，如图 8-11 所示。

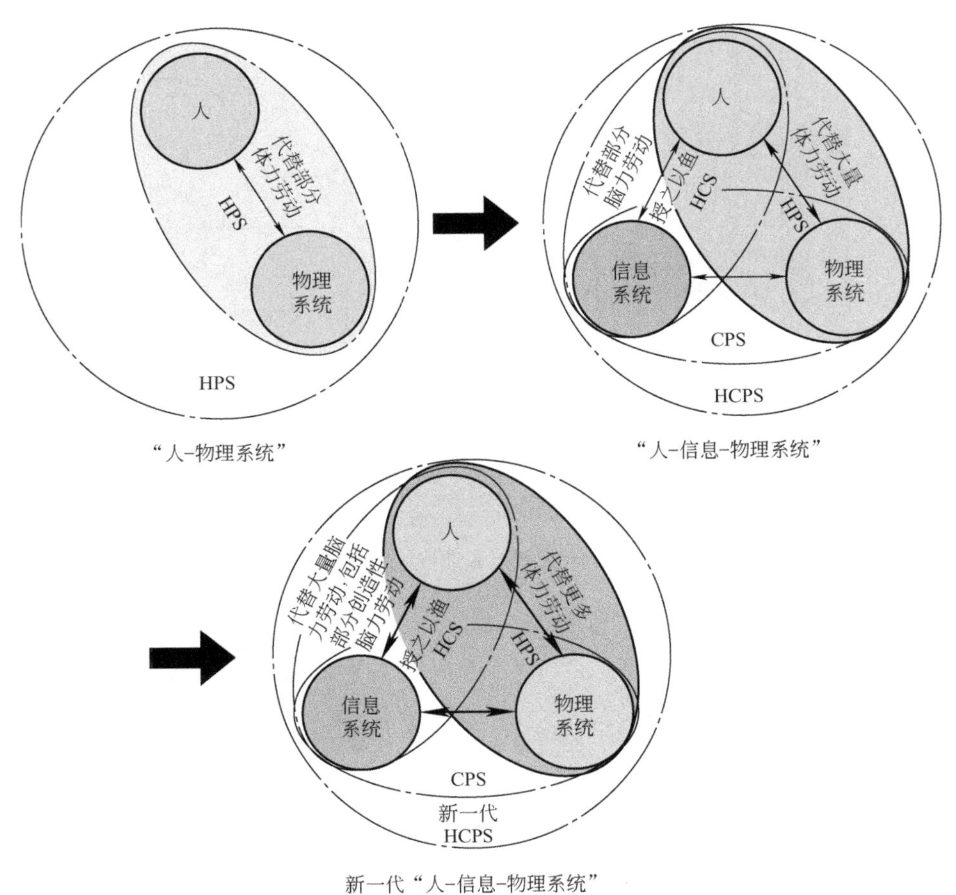

图 8-10 从"人-物理系统"到新一代"人-信息-物理系统"

新一代智能制造技术是一种核心使能技术，可广泛应用于离散型制造和流程型制造的产品创新、生产创新、服务创新等制造价值链全过程创新与优化。

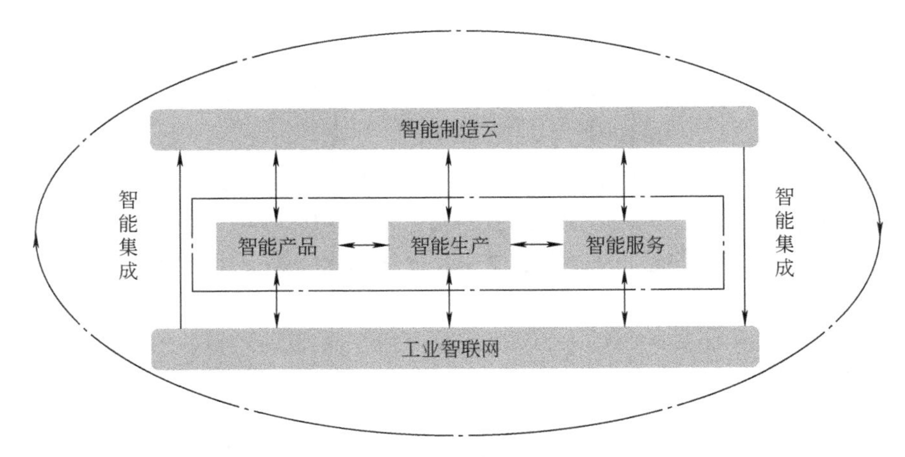

图 8-11 新一代智能制造的系统集成

1. 智能产品与制造装备

产品和制造装备是智能制造的主体，其中，产品是智能制造的价值载体，制造装备是实施智能制造的前提和基础。

新一代人工智能和新一代智能制造将给产品与制造装备创新带来无限空间，使产品与制造装备产生革命性变化，从“数字一代”整体跃升至“智能一代”。从技术机理看，“智能一代”产品和制造装备也就是具有新一代 HCPS 特征的、高度智能化、宜人化、高质量、高性价比的产品与制造装备。

设计是产品创新的最重要环节，智能优化设计、智能协同设计、与用户交互的智能定制、基于群体智能的“众创”等都是智能设计的重要内容。研发具有新一代 HCPS 特征的智能设计系统也是发展新一代智能制造的核心内容之一。

2. 智能生产

智能生产是新一代智能制造的主线。

智能产线、智能车间、智能工厂是智能生产的主要载体。新一代智能制造将解决复杂系统的精确建模、实时优化决策等关键问题，形成自学习、自感知、自适应、自控制的智能产线、智能车间和智能工厂，实现产品制造的高质、柔性、高效、安全与绿色。

3. 智能服务

以智能服务为核心的产业模式变革是新一代智能制造的主题。

在智能时代，市场、销售、供应、运营维护等产品全生命周期服务，均因物联网、大数据、人工智能等新技术而赋予其全新的内容。

新一代人工智能技术的应用将催生制造业新模式、新业态：一是，从大规模流水线生产转向规模化定制生产；二是，从生产型制造向服务型制造转变，推动服务型制造业与生产型服务业大发展，共同形成大制造新业态。制造业产业模式将实现从以产品为中心向以用户为中心的根本性转变，完成深刻的供给侧结构性改革。

4. 智能制造云与工业智联网

智能制造云和工业智联网是支撑新一代智能制造的基础。

随着新一代通信技术、网络技术、云技术和人工智能技术的发展和应用，智能制造云和工业智联网将实现质的飞跃。智能制造云和工业智联网将由智能网络体系、智能平台体系和智能安全体系组成，为新一代智能制造生产力和生产方式变革提供发展的空间和可靠的保障。

5. 智能集成

新一代智能制造内部和外部均呈现出前所未有的系统“大集成”特征：

一方面是制造系统内部的“大集成”。企业内部设计、生产、销售、服务、管理过程等实现动态智能集成，即纵向集成；企业与企业之间基于工业智联网与智能云平台，实现集成、共享、协作和优化，即横向集成。

另一方面是制造系统外部的“大集成”。制造业与金融业、上下游产业的深度融合形成服务型制造业和生产型服务业共同发展的新业态。智能制造与智能城市、智能农业、智能医疗乃至智能社会交融集成，共同形成智能制造“生态大系统”。

新一代智能制造系统大集成具有大开放的显著特征，具有集中与分布、统筹与精准、包容与共享的特性，具有广阔的发展前景。

第三节 智能制造系统举例

一、智能制造系统通用体系架构

智能制造系统是一种由智能机器和人类专家共同组成的人机一体化智能系统，智能工厂在制造过程中能以一种高度柔性与集成不高的方式，借助计算机模拟人类专家的智能活动进行分析、推理、判断、构思和决策等，从而取代或者延伸制造环境中人的部分脑力劳动。同时，收集、存储、完善、共享、集成和发展人类专家的智能。

智能制造系统架构作为一个通用的制造体系模型，其作用是为智能制造的技术系统提供构建、开发、集成和运行的框架；其目标是指导以产品全生命周期管理形成价值链主线的企业，实现研发、生产、服务的智能化，通过企业间的互联和集成建立智能化的制造业价值网络，形成具有高度灵活性和持续演进优化特征的智能制造体系。

智能制造系统划分为四层：生产线层、车间/工厂层、企业层和企业协同层，如图 8-12 所示。

（1）生产线层　生产线层是指生产现场设备及其控制系统，主要由 OT（Operational Technology）网络、传感器、执行器、工业机器人、数控机床、工控系统、制造装备、人员/工具等组成。

（2）车间/工厂层　主要是指制造执行系统及车间物流仓储系统，主要包括 OT/IT（Information Technology）网络、生产过程数据采集和分析系统、制造执行系统（Manufacturing Execution System，MES）、资产管理系统（Asset Management System，AMS）、车间物流管理系统（Logistics Management System，LMS）、仓库管理系统（Warehouse Management System，WMS）、物流与仓储装备等。

（3）企业层　企业层是指产品全生命周期管理及企业管控系统，主要包括产品全生命周期管理（Product Lifecycle Management，PLM）系统、IT 网络、数据中心、客户关系管理（Customer Relationship Management，CRM）系统、计算机辅助技术 CAX、企业资源计划管理（Enterprise Resource Planning，ERP）系统、供应链管理（Supply Chain Management，SCM）系统、商务智能（Business Intelligence，BI）系统等。

（4）企业协同层　企业协同层是指由网络和云应用为基础构成的覆盖价值链的制造网络，主要包括制造资源协同平台、协同设计、协同制造、供应链协同、资源共享、信息共享、应用服务等。

依据制造业生产模式不同，智能制造新模式不断成熟。离散型智能制造、流程型智能制造、网络协同制造、大规模个性化定制、远程运维服务等智能制造新模式不断丰富完善，下面介绍其中的几类智能制造新模式。

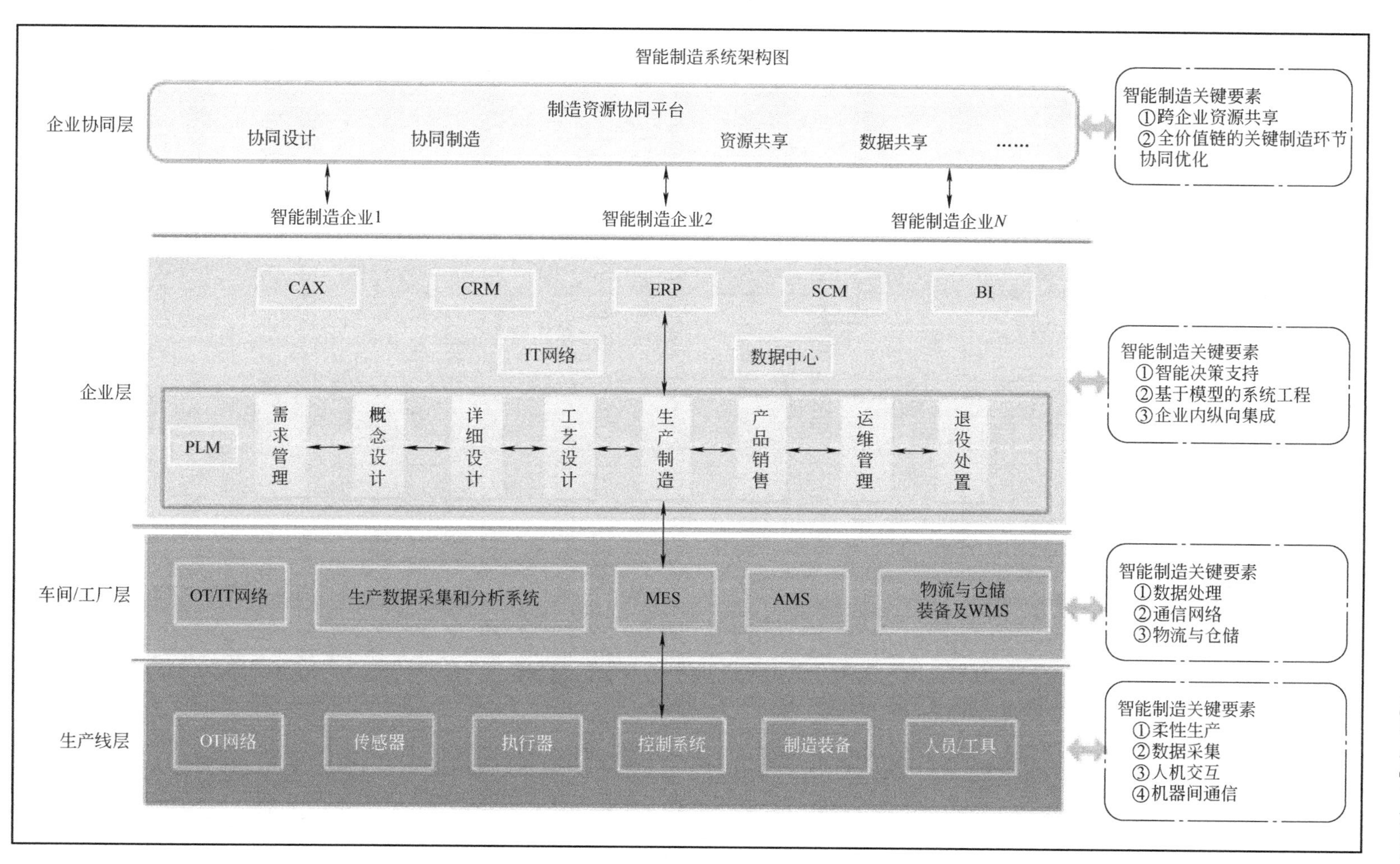

图 8-12 智能制造系统架构图

二、离散型智能制造

1. 离散型制造特征

离散型制造（Discrete Manufacturing）是将不同的现有元部件及子系统装配加工成较大型系统，例如计算机、汽车及工业用品制造等。企业主要面临应对多品种、高效率、高质量、低成本方面的压力与挑战。

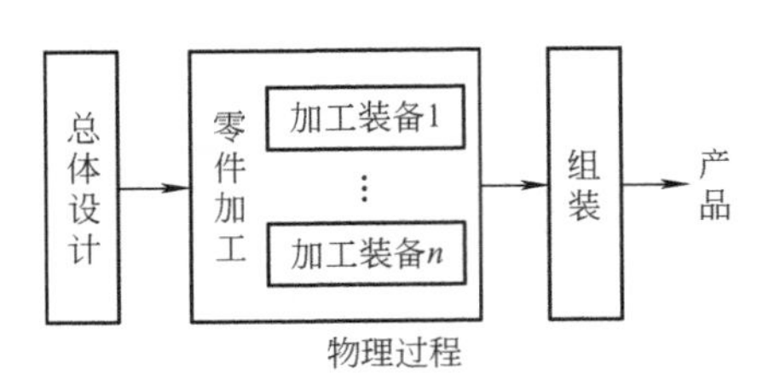

图 8-13 离散工业特点

如图 8-13 所示，离散型制造的主要特征为：生产过程中基本上没有发生物质改变，只是物料的形状和组合发生改变，即最终产品是由各种物料装配而成，并且产品与所需物料之间有确定的数量比例，如一个产品有多少个部件，一个部件有多少个零件，这些物料不能多也不能少。按通常行业划分属于离散行业的典型行业有机械制造业、汽车制造业、家电制造业等。

离散工业的主要制造过程可以概括为制造装备的总体设计、加工装备的零件、组装制造装备。其零件加工与组装是可拆分的物理过程，产品和加工过程可以数字化，因此，可以通过计算机集成制造技术实现数字化设计与生产，关键是制造装备总体设计的优化。对于离散工业来说，智能制造的发展目标是实现个性定制的高效化。

2. 离散型智能制造应用案例

工程机械制造行业的智能工厂覆盖从产品设计→工艺→工厂规划→生产→交付全过程，打通产品到交付的核心流程，总体架构如图 8-14 所示。

1）基于三维仿真的数字化规划：全三维环境下的数字化工厂建模平台、工业设计软件，以及产品全生命周期管理系统的应用，实现数字化研发与协同。

通过对整个生产工艺流程建模，在虚拟场景中试生产，优化规划方案。在规划层面的仿真模型实验过程中实现产能分析与评估，通过预测未来可能的市场需求，动态模拟厂房生产系统的响应能力；在装配计划层面的仿真模型中，通过仿真实验进行节拍平衡分析与优化，规划最优的装配任务和资源配置。

2）工业物联网与智能产线：自动化立体库/AGV、自动上下料等智能装备的应用，以及设备的 M2M（Machine to Machine）智能化改造，实现物与物、人与物之间的互联互通与信息握手；基于物联网技术的多源异构数据采集和支持数字化车间全面集成的工业互联网络，驱动部门业务协同与各应用深度集成。

利用智能装备实现生产过程自动化、机器换人，提升生产效率；同时搭建工业生产物联网，通过网络连入机台，实现机台的生产信息采集、机台互联，以及自动控制与数

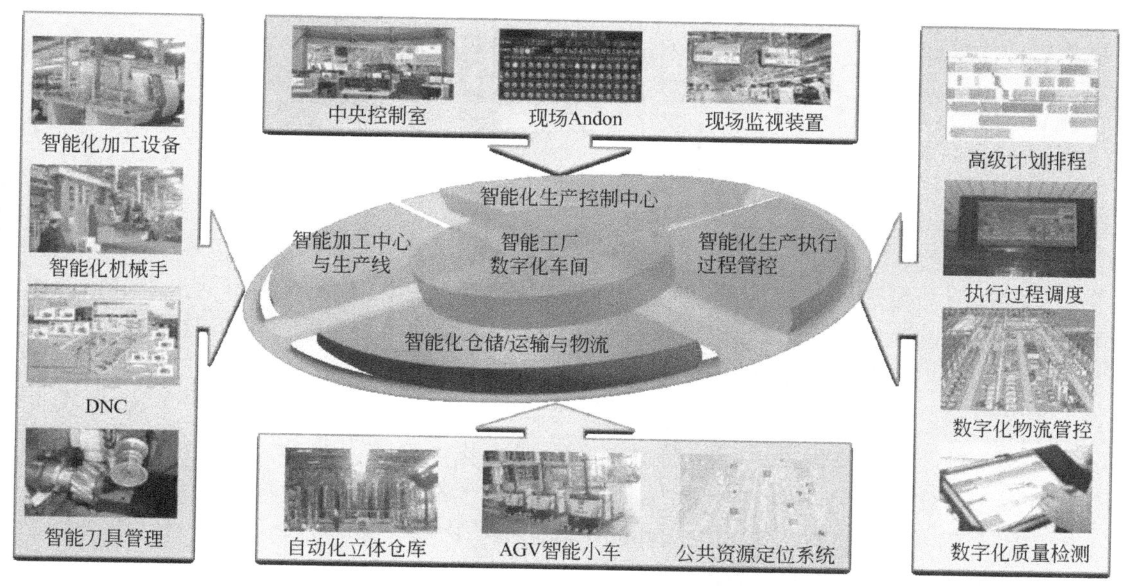

图 8-14 工程机械制造行业智能工厂总体架构图

据传输，使机台使用率最大化。

基于物联网平台集成的现场设备数据、生产管理数据和外部数据，运用机器学习、人工智能等大数据分析与挖掘技术，建立产品、工艺、设备、产线等数字化模型，提供生产工艺与流程优化、设备预测性维护、智能排产等新型工业应用。

3）柔性和协同生产：多车间协同制造环境下计划与执行一体化、物流配送敏捷化、质量管控协同化，实现混流生产与个性化产品制造，以及人、财、物、信息的集成管理。

集成 MES 系统与 ERP 系统，实现了客户订单下达到生产制造、产品交付以及售后追踪的全流程信息化，实现了生产制造现场与客户的实时交互。客户的个性化需求可以第一时间到达计划、制造、商务等相关部门，制造人员就能直接按照客户的要求进行快速生产和交付，客户也可以随时了解所购买设备的生产进度。

生产现场以 MES 系统为主线，辅助智能派工、现场 LED 看板等可视化信息，集成化计划/物流/质量等控制系统，从生产计划下达、物料配送、作业标准查询、质量管理等维度进行在线管控，实现了人员、资源实时调度，生产制造现场与生产管控中心的实时交互。

三、流程型智能制造

1. 流程型制造特征

流程型制造（Process Manufacturing）包括重复生产（Repetitive Manufacturing）和连续生产（Continuous Manufacturing）两种类型。重复生产又叫大批量生产，与连续生产有很多相同之处，区别仅在于生产的产品是否可分离。重复生产的产品通常可一个个分开，它是由离散制造的高度标准化后，为批量生产而形成的一种方式；连续生产的产品是连续不断地经过加工设备，一批产品通常不可分开。

如图 8-15 所示，流程工业是以原材料为主产品，原料进入生产线的不同装备，通过

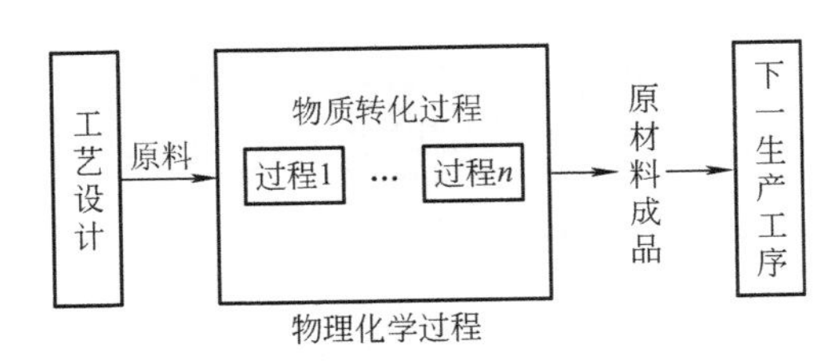

图 8-15 流程工业特点

物理化学反应乃至进一步的形变、相变过程，在信息流与能源流的作用下，经过物质流变化形成合格的产品。工艺和产品较固定，产品不能单件计量，产品加工过程不能分割，若生产线的某一工序产品加工出现问题，会影响生产线的最终产品。流程工业的关键难点是工艺设计的优化与生产全流程的全局优化。

流程工业智能制造发展的目标是高效化和绿色化。高效化的含义是在市场和原料变化的情况下，实现产品质量、产量、成本和消耗等生产指标的优化控制，实现生产制造全过程安全可靠运行，从而生产出高性能、高附加值产品，使企业利润最大化。

2. 流程型智能制造应用案例

石化行业智能工厂主要是构建智能化联动系统，实现管理、生产、操作协同，如图 8-16 所示，整体分为三个层次：

一是管理层。以资源管理（ERP）系统应用为主，包括实验室信息管理系统（Laboratory Information Management System，LIMS）、原油评价系统、计量管理系统、环境监测系统等，主要是对生产中的人、物、数据进行管理。

二是生产层。包括生产执行系统（MES）、生产计划与调度系统、流程模拟系统，并生成企业运行数据库，管理层的原油评价数据、分析数据，以及各项目标在这一层转换成具体操作指令。

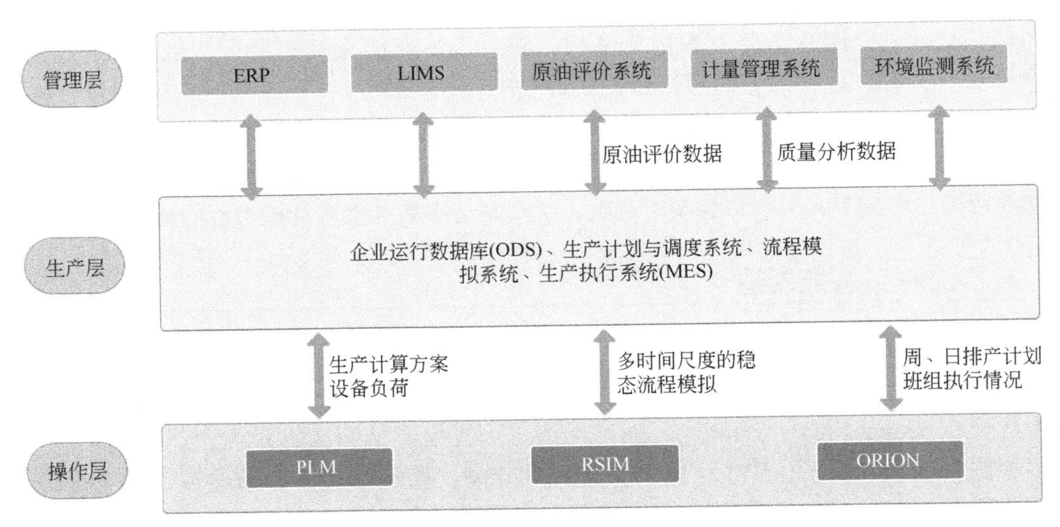

图 8-16 石化行业智能制造信息化系统一体化模式

三是操作层。包括产品生命周期（PLM）、流程模拟（RSIM）、ORION，具体主要根据周、日的排产计划，监测生产设备负荷、仪器仪表运行、采集实时数据等。

（1）建立生产管控中心，实现连续性生产智能化　流程型制造的工艺过程是连续进行，不能中断。为此，在生产环节建立生产管控中心，该中心集生产运行、全流程优化、环保监测、DCS控制、视频监控等多个信息系统于一体。通过应用先进信息、通信及工程技术，实时汇集传递生产、安全、环保、工艺、质量等信息，通过数据分析，制定出精细化的生产安排，整个生产流程不再局限于单一的生产，而是一个数字化的操作集成。

（2）搭建内外协同联动系统，实现数据连续性精准传输　流程型制造要保障生产数据的准确和及时反馈，通过内外联动系统，实现了中控室与生产现场操作及时互通。当数字监控系统发现生产数据信息异常或者在日常检查中发现设备问题时，外出的操作人员就能及时将异常信息通过移动终端反馈到中控室，中控室再根据整个生产流程的运行参数、设备信息等综合数据做出评判，给出解决方案，并向现场操作人员发出指令，进而解决问题。该联动系统借助了移动终端设备、数字监控系统等数字化设备。

（3）应用智能仓储系统实现大宗物料、发货无人化　流程型制造企业的产品往往因重量、安全等因素，比如各种腐蚀性化学品等，对仓储要求较高。为此，利用物联网等技术，建成了智能化的立体阀门仓库，仓储作业、配货送货效率显著提升。通过建设智能仓库，实现仓储、配货、灌装、发货流程无人化，既保障了化学物品管控的安全性，也大大提高了仓储管理效率。

（4）构建协同一体化管控模式，实现各流程环节高效管理　引入ERP、MES、先进过程控制等管理方式，对管理层、生产层进行信息系统集成，实现了整个生产运营过程的数字化管控，极大地提升了对各项生产指标的预测、预警，以及动态分析与辅助决策能力。通过数字化、自动化、智能化的运营管理模式，生产优化能力由局部优化提升为一体化优化，由事后的离线优化转变为实时在线优化。

四、大规模个性化定制

1. 大规模个性化定制特征

1987年，斯坦·戴维斯（Start Davis）在《Future Perfect》一书中首次将这种生产方式称为“Mass Customization”，即大规模定制。大规模定制的基本思想在于通过产品结构和制造流程的重构，运用现代化的信息技术、新材料技术、柔性制造技术等一系列高新技术，把产品的定制生产问题全部或者部分转化为批量生产，以大规模生产的成本和速度，为单个客户或小批量多品种市场定制任意数量的产品。

大规模定制（Mass Customization，MC）是一种集企业、客户、供应商、员工和环境于一体，在系统思想指导下，用整体优化的观点，充分利用企业已有的各种资源，在标准技术、现代设计方法、信息技术和先进制造技术的支持下，实现设计和生产“柔性化”，形成柔性的、满足个性化需求的高效能、大批量生产模式，供应链各环节的联系和协作加强，设计、生产、仓储、配送和销售效率提高。

打造了大规模个性化定制供应链生态体系，用工业化的效率和手段进行定制生产和服务。打造了“用户直连制造”（Customer-to-Manufactory，C2M）生态管理平台，实现多品类产品在线定制、企业资源共享、自组织管理和商业大数据管理等功能，实现“零库存、高利润、低成本、高周转”的运营能力。

2. 智能制造应用案例

服装行业大规模个性化定制基于新型商业模式，以定制订单信息流为线索，以射频芯片卡为载体，将订单全生命周期实现过程中的资源信息如人、机、物、料等通过射频识别技术自动采集，通过各节点相应的应用软件和网络有机地整合到统一的物联网综合数字化平台中，支持电子商务、研发设计、敏捷生产、客户服务等产生直接效益的基本活动以射频识别技术在生产执行过程中自动采集人、机、料等相应资源信息，实现高效率、低成本支撑战略，追求生产执行体系的卓越。体系架构如图 8-17 所示。

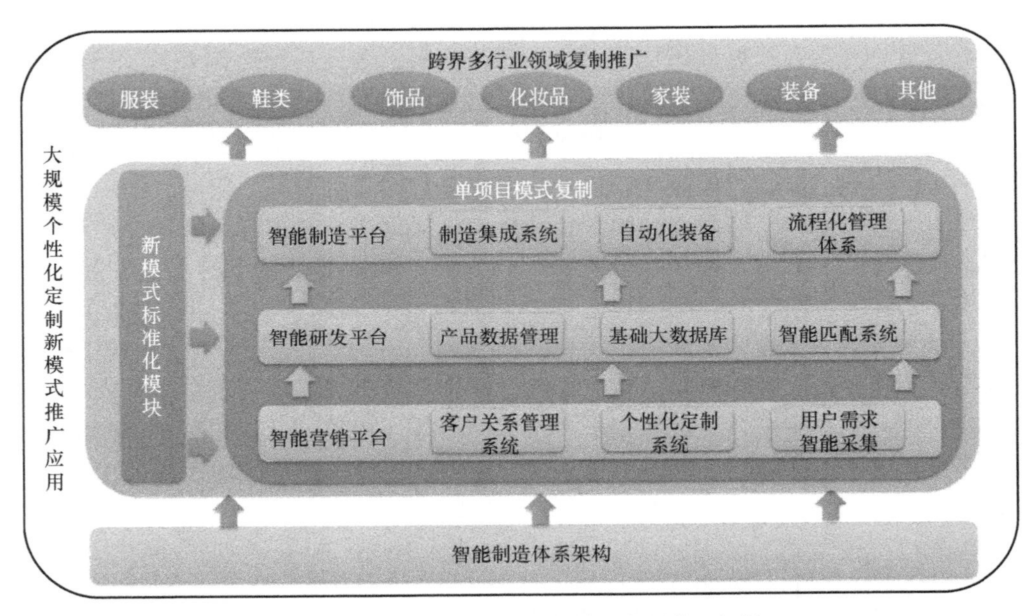

图 8-17 服装行业大规模个性化定制体系架构

（1）打造以产品为主体的开放性个性化定制互联网平台 推进企业的信息化。在研发设计、生产过程、企业管理、采购营销等环节组织 CAD、CAM、ERP、SCM、CRM 的单项应用，围绕装备、产品、营销、管理信息化组织集成应用，实现内部全部业务流程的集团管控。

构建并依托互联网平台进行集成设计、协同制造、在线营销，专注于服装个性化定制的思路。世界各地的客户都可以在网上参与设计、提交个性化服装的需求，客户需求立即传到定制平台，依托平台形成数字模型，并完成自动化单件制版—智能化裁剪—柔性化缝制与加工—网络化成品检验与发货，形成了工商一体化的 C2M 商业生态，打造以消费品工业领域为主体的开放性全球个性化定制互联网平台，集合客户订单提交、产品设计、协同制造、采购供应、营销物流、售后服务等多项功能于一体。

（2）基于工业互联网标识应用的网络架构 智能工厂信息化支撑系统，具有高可靠、多适应、可扩展的显著特点，可扩展至细分生产环节或服务单元，低成本对接不同系统、不同平台，打通企业现有的各种流程，帮助企业搭建具有灵活扩展能力的个性化定制产业互联网平台。

（3）数据驱动的C2M定制的互联网直销平台　C2M定制直销平台带动产业链上下游协同创新。支撑C2M、B2M、M2M多品类多品种的线上交互交易，分为三大部分：C端（面向企业和消费者）、平台端（数据平台）、M端（面向制造企业、供应链相关方）。C端是产品呈现面，将企业的优势通过各种营销手段和形式展示给用户并吸引到平台上，是用户的入口。平台端为所有交易提供服务支撑，形成数据沉淀，为整个价值链输出数据支持。M端是企业价值链，通过系统集成，各个企业间无缝合作，提供定制产品与服务。

五、网络协同制造

1. 网络协同制造特征

从生产流程管理、企业业务管理一直到研究开发产品生命周期的管理而形成“协同制造模式”（Collaborative Manufacturing Model，CMM）。CMM协同制造模式为制造行业的变革提出了一个理论依据和行之有效的方法。它利用信息技术和网络技术，通过将研发流程、企业管理流程与生产产业链流程有机地结合起来，形成一个协同制造流程，从而使得制造管理、产品设计、产品服务生命周期和供应链管理、客户关系管理有机地融合在一个完整的企业与市场的闭环系统之中，使企业的价值链从单一的制造环节向上游设计与研发环节延伸，企业的管理链也从上游向下游生产制造控制环节拓展，形成一个集成工程、生产制造、供应链和企业管理的网络协同制造系统。

当前，网络化的信息空间和现实化的物理空间可共同组成协同空间，信息空间对未来制造业的发展和竞争力将产生至关重要的影响，未来制造业将进入虚实交互的协同时代。

网络化协同制造是五种智能制造模式之一，主要适用于产品结构复杂、设计周期长、制造环节多的大型装备产品，如飞机、大型船舶等。飞机制造生产部门多，要优化各种制造资源，提升制造能力，协同要求高，必须实现主设计商、主制造商、供应商、专业化生产单位和航空公司单位之间的高度协调，将研发、采购、制造、客服融为一体。通过飞机协同开发与云制造平台，在飞机设计过程中，实现飞机概念设计、详细设计、仿真计算、工艺设计的异地全程参与，针对用户的每一个调整，设计部门可以及时跟进调整，并与制造厂和零部件供应商沟通方案调整的可操作性，进而实现设计环节的快速高效联动。

2. 智能制造应用案例

实现设计、制造、服务各环节高效联动是网络化协同制造的核心。网络化协同制造的过程中（见图8-18），在研发设计环节，以客户需求为出发点，同时兼顾生产制造的可行性，利用数字技术，实现全三维产品关联设计、产品工艺并行协同设计、仿真计算与设计优化；在产品制造环节，通过对制造资源的共享，依托数字化车间，将设计数据转化为产品，并通过对产品设计、制造缺陷的挖掘和反馈，进而实现产品性能的优化和改进；在产品服务环节，基于共同的信息数据标准，加强对产品的远程诊断与维护，同时加强在产品应用中的数据采集，加强数据管理，将应用数据反馈到设计和制造中，对产品进行改进。通过协同联动机制，避免不必要的返工，提高生产效率。

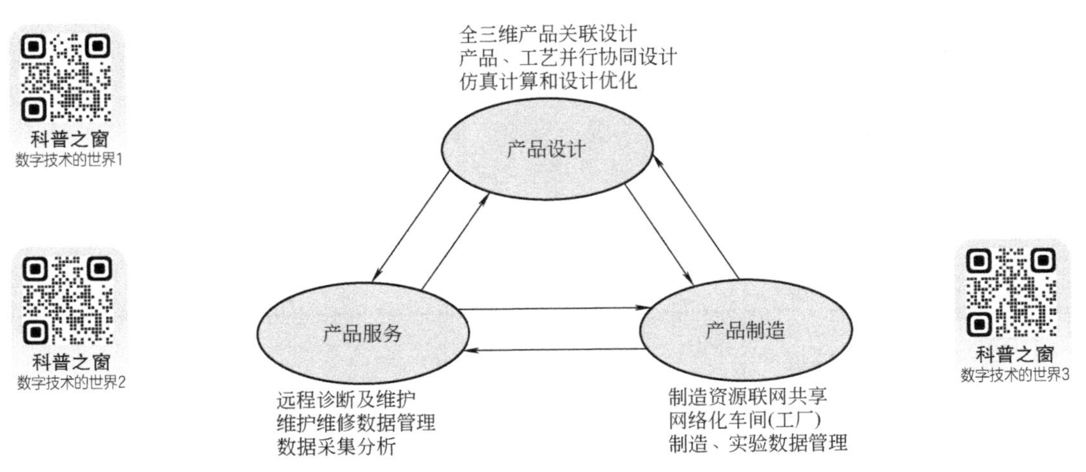

图 8-18 网络化协同制造中的联动机制（扫描上方二维码观看数字技术相关视频）

数字化技术和信息网络平台是开展网络化协同制造的基础。网络化协同制造需要在设计、制造、服务整个产品生命周期环节中，形成统一的信息和标准，构建多方参与的网络平台，实现整个流程的高效运作。这就需要在搭建网络化共享平台的基础上，广泛应用数字化技术，将传统的二维图纸、产品工艺等转变为数字信息，融入到三维设计当中，保证信息在设计、制造、服务过程中数据的一体化。通过基于模型设计（Model Based Design，MBD）技术进行三维设计，实现了制造模式由二维向三维的转变，进而可以广泛应用数字化工艺/工装设计与仿真、数字化制造、数字化检测等。在信息平台上，搭建协同制造平台，实现了协同研制平台、生产组织管理、底层制造执行之间的信息集成，有效提高了航空产品的研制效率和质量，研制能力进一步提升。

“互联网＋”协同制造将成为未来智能制造的核心，协联网平台具体应满足三个“CM”要素。在前端，顾客对工厂（C2M）将提供自己的标准化模块供消费者组合，或是吸引消费者参与到设计、生产的环节中来；在内部，通过并行制造（CM）提升生产组织能力，以柔性化的智能制造去服务于海量消费者的个性化定制需求；在后端，通过云制造（CM）积极调整供应链，使之具备更强的资源整合能力，做到低成本、高效率和短工期。

第四节 《中国制造 2025》与智能制造

一、中国制造 2025 概述

2015 年 5 月 8 日，国务院发布《中国制造 2025》，明确提出分“三步走”建设制造强国的战略目标、主要任务和重大举措，这是我国实施制造强国战略第一个十年的行动纲领，以推进智能制造为主攻方向，以满足经济社会发展和国防建设对重大技术装备的需求为目标，强化工业基础能力，提高综合集成水平，完善多层次多类型人才培养体系，促进产业转型升级，培育有中国特色的制造文化，实现制造业由大变强的历史跨越。

《中国制造 2025》明确提出，着力发展智能装备和智能产品，推进生产过程智能化，培育新型生产方式，全面提升企业研发、生产、管理和服务的智能化水平。

《中国制造 2025》的发展体现为四大转变和一条主线，这就是由要素驱动向创新驱动转变，由低成本竞争优势向质量效益竞争优势转变，由资源消耗大、污染物排放多的粗放制造向绿色制造转变，由生产型制造向服务型制造转变；其主线是体现信息技术与制造技术的深度融合。最终目标是打造中国制造升级版，进入制造强国行列，实现工业化。

二、战略目标

立足国情，立足现实，力争通过“三步走”实现制造强国的战略目标，如图 8-19 所示。

第一步：力争用十年时间，迈入制造强国行列。

到 2020 年，基本实现工业化，制造业大国地位进一步巩固，制造业信息化水平大幅提升。掌握一批重点领域关键核心技术，优势领域竞争力进一步增强，产品质量有较大提高。制造业数字化、网络化、智能化取得明显进展。重点行业单位工业增加值能耗、物耗及污染物排放明显下降。

到 2025 年，制造业整体素质大幅提升，创新能力显著增强，全员劳动生产率明显提高，两化（工业化和信息化）融合迈上新台阶。重点行业单位工业增加值能耗、物耗及污染物排放达到世界先进水平。形成一批具有较强国际竞争力的跨国公司和产业集群，在全球产业分工和价值链中的地位明显提升。

第二步：到 2035 年，我国制造业整体达到世界制造强国阵营中等水平。创新能力大幅提升，重点领域发展取得重大突破，整体竞争力明显增强，优势行业形成全球创新引

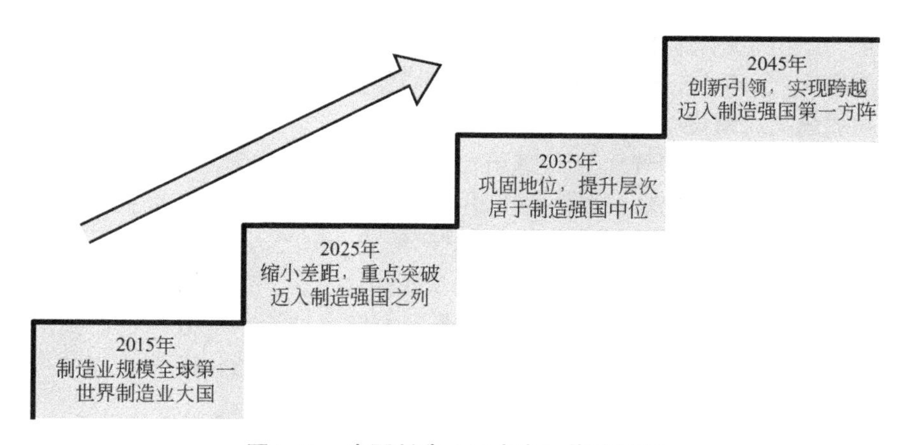

图 8-19　中国制造“三步走”战略规划

领能力，全面实现工业化。

第三步：新中国成立一百年时，制造业大国地位更加巩固，综合实力进入世界制造强国前列。制造业主要领域具有创新引领能力和明显竞争优势，建成全球领先的技术体系和产业体系。

三、战略任务和重点

实现制造强国的战略目标，必须坚持问题导向，统筹谋划，突出重点；必须凝聚全社会共识，加快制造业转型升级，全面提高发展质量和核心竞争力。图 8-20 列出了《中国制造 2025》重大工程项目。

图 8-20 《中国制造 2025》重大工程项目

1. 提高国家制造业创新能力

完善以企业为主体、市场为导向、政产学研用相结合的制造业创新体系。围绕产业链部署创新链，围绕创新链配置资源链，加强关键核心技术攻关，加速科技成果产业化，提高关键环节和重点领域的创新能力。

2. 推进信息化与工业化深度融合

加快推动新一代信息技术与制造技术融合发展，把智能制造作为两化深度融合的主攻方向；着力发展智能装备和智能产品，推进生产过程智能化，培育新型生产方式，全面提升企业研发、生产、管理和服务的智能化水平。

3. 强化工业基础能力

核心基础零部件（元器件）、先进基础工艺、关键基础材料和产业技术基础等工业基础能力薄弱，是制约我国制造业创新发展和质量提升的症结所在。要坚持问题导向、产需结合、协同创新、重点突破的原则，着力破解制约重点产业发展的瓶颈。

4. 加强质量品牌建设

提升质量控制技术，完善质量管理机制，夯实质量发展基础，优化质量发展环境，努力实现制造业质量大幅提升。鼓励企业追求卓越品质，形成具有自主知识产权的名牌产品，不断提升企业品牌价值和中国制造整体形象。

5. 全面推行绿色制造

加大先进节能环保技术、工艺和装备的研发力度，加快制造业绿色改造升级；积极推行低碳化、循环化和集约化，提高制造业资源利用效率；强化产品全生命周期绿色管理，努力构建高效、清洁、低碳、循环的绿色制造体系。

6. 大力推动重点领域突破发展

瞄准新一代信息技术、高端装备、新材料、生物医药等战略重点，引导社会各类资源集聚，推动优势和战略产业快速发展。

7. 深入推进制造业结构调整

推动传统产业向中高端迈进，逐步化解过剩产能，促进大企业与中小企业协调发展，进一步优化制造业布局。

8. 积极发展服务型制造和生产型服务业

加快制造与服务的协同发展，推动商业模式创新和业态创新，促进生产型制造向服务型制造转变。大力发展与制造业紧密相关的生产型服务业，推动服务功能区和服务平台建设。

9. 提高制造业国际化发展水平

统筹利用两种资源、两个市场，实行更加积极的开放战略，将引进来与走出去更好结合，拓展新的开放领域和空间，提升国际合作的水平和层次，推动重点产业国际化布局，引导企业提高国际竞争力。

四、十个重点发展领域

2015 年国家正式发布《〈中国制造 2025〉重点领域技术路线图》，明确了十大重点领域及 23 个重点方向，如图 8-21 所示。国家将引领社会各类资源聚集，大力推动以下十大重点领域突破发展。

1. 新一代信息技术产业

1）重点方向 1：集成电路及专用设备。

2）重点方向 2：信息通信设备。

3）重点方向 3：操作系统与工业软件。

4）重点方向 4：智能制造核心信息设备。

2. 高档数控机床和机器人

1）重点方向 5：高档数控机床与基础制造装备。

2）重点方向 6：机器人。

3. 航空航天装备

1）重点方向 7：飞机。

2）重点方向 8：航空发动机。

3）重点方向 9：航空机载设备与系统。

4）重点方向 10：航天装备（扫码了解我国探月工程）。

我们的征途 中国探月工程1

我们的征途 中国探月工程2

我们的征途 中国探月工程3

精神的追寻 探月精神

4. 海洋工程装备及高技术船舶

重点方向 11：海洋工程装备及高技术船舶（扫码了解蛟龙号和鲲龙 AG600）。

5. 先进轨道交通装备

重点方向 12：先进轨道交通装备（扫码了解轨道上的交通）。

科普之窗 中国创造：蛟龙号

科普之窗 中国创造：鲲龙AG600

科普之窗 轨道上的交通

6. 节能与新能源汽车

1）重点方向 13：节能汽车。

2）重点方向14：新能源汽车。

3）重点方向15：智能网联汽车（扫码了解无人驾驶技术）。

7. 电力装备

1）重点方向16：发电设备（扫码了解超级镜子发电站）。

2）重点方向17：输变电装备。

8. 农业装备

重点方向18：农业装备。

9. 新材料

1）重点方向19：先进基础材料。

2）重点方向20：关键战略材料。

3）重点方向21：前沿新材料。

10. 生物医药及高性能医疗器械

1）重点方向22：生物医药。

2）重点方向23：高性能医疗器械。

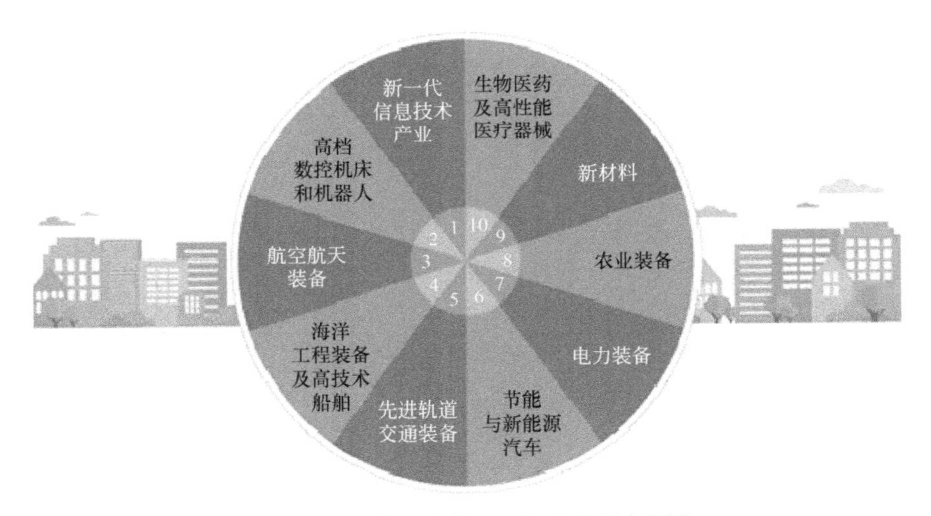

图 8-21 《中国制造 2025》十大重点领域

参 考 文 献

[1] 张立勋，孟庆鑫，张今瑜．机电一体化系统设计［M］．哈尔滨：哈尔滨工程大学出版社，1997.

[2] 赵松年，李恩光，裴仁清．机电一体化系统设计［M］．北京：机械工业出版社，2004.

[3] 机电一体化技术手册编委会．机电一体化技术手册［M］．北京：机械工业出版社，1994.

[4] 周祖德，唐泳洪．机电一体化控制技术与系统［M］．武汉：华中理工大学出版社，2003.

[5] 黄筱调，赵松年．机电一体化技术基础及应用［M］．北京：机械工业出版社，2003.

[6] 徐志毅．机电一体化实用技术［M］．上海：上海科学技术文献出版社，1995.

[7] 殷际英．光机电一体化实用技术［M］．北京：化学工业出版社，2003.

[8] 机电一体化技术应用实例编委会．机电一体化技术应用实例［M］．北京：机械工业出版社，1994.

[9] 张建民．机电一体化系统设计［M］．北京：北京理工大学出版社，1996.

[10] 姜培刚，盖玉先．机电一体化系统设计［M］．北京：机械工业出版社，2003.

[11] 王苗，李颖卓，张波．机电一体化系统设计［M］．北京：化学工业出版社，2005.

[12] 程树康，蔡鹤皋．新型电驱动控制系统及其相关技术［M］．北京：机械工业出版社，2005.

[13] 高钟毓，王永梁．机电控制工程［M］．北京：清华大学出版社，2002.

[14] 骆涵秀，等．机电控制［M］．杭州：浙江大学出版社，1994.

[15] 邓星钟，周祖德．机电传动控制［M］．武汉：华中科技大学出版社，2005.

[16] 徐元昌．机械电子技术［M］．上海：同济大学出版社，1995.

[17] SHETTY D，KOLK R A. 机电一体化系统设计［M］．张树生，等译．北京：机械工业出版社，2006.

[18] 袁哲俊，王先逵．精密和超精密加工技术［M］.2 版．北京：机械工业出版社，2016.

[19] 盛鸿亮，等．精密机械与结构设计［M］．北京：北京理工大学出版社，1993.

[20] 王生洪，等．电子设备机械设计［M］．西安：西安电子科技大学出版社，1994.

[21] 实用数控机床技术手册编委会．实用数控机床技术手册［M］．北京：北京出版社，1993.

[22] 黄真棠，许纪．机械控制工程［M］．广州：华南理工大学出版社，1994.

[23] 陈伯时．电力拖动自动控制系统［M］．北京：机械工业出版社，2003.

[24] 赵良炳．现代电力电子技术［M］．北京：清华大学出版社，2003.

[25] 王锦标．计算机控制系统［M］．北京：清华大学出版社，2004.

[26] 赖寿宏．微型计算机控制技术［M］．北京：机械工业出版社，1996.

[27] 张迎新．单片微型计算机原理、应用及接口技术［M］．北京：国防工业出版社，1993.

[28] 魏庆福，等．STD 总线工业控制机的设计与应用［M］．北京：科学出版社，1991.

[29] 周伯英．工业机器人设计［M］．北京：机械工业出版社，1995.

[30] 张宪民．机器人技术及应用［M］.2 版．北京：机械工业出版社，2017.

[31] 胡泓，姚伯威．机电一体化原理及应用［M］．北京：国防工业出版社，2005.

[32] 周济，李培根，周艳红，等．走向新一代智能制造［R］．北京：中国工程院，2018.

[33] 国务院．国务院关于印发《中国制造 2025》的通知［Z/OL］．（2015 - 5 - 19）. http://www. gov. cn/zhengce/content/2015 - 05/19/content_9784. html.

[34] 工业和信息化部，国家标准化管理委员会．国家智能制造标准体系建设指南（2018 年版）[Z/OL]．(2018-10-15). http://www.miit.gov.cn/n1146285/n1146352/n3054355/n3057497/n3057498/c6428869/content.html.

[35] 中国电子技术标准化研究院．信息物理系统白皮书（2017）[Z/OL]．(2017-3-2). http://www.cesi.ac.cn/201703/2251.html.